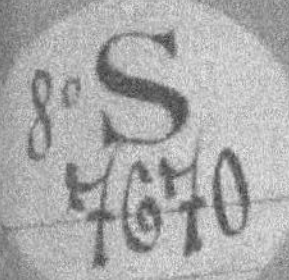

TRAITÉ
DE
ZOOLOGIE

PAR

EDMOND PERRIER
MEMBRE DE L'INSTITUT
DIRECTEUR DU MUSÉUM D'HISTOIRE NATURELLE DE PARIS

FASCICULE VII
LES BATRACIENS

MASSON ET Cie, ÉDITEURS
LIBRAIRES DE L'ACADÉMIE DE MÉDECINE
120, BOULEVARD SAINT-GERMAIN, PARIS
1925

TRAITÉ

DE

ZOOLOGIE

FASCICULE VII

TRAITÉ DE ZOOLOGIE

par Edmond PERRIER

Fascicule I. — **Zoologie générale**, avec 458 figures . . . . 15 fr.

— II. — **Protozoaires et Phytozoaires**, avec 243 figures . . 12 fr. 50

— III. — **Arthropodes**, avec 278 figures . . . . 10 fr.

— IV. — **Vers, Mollusques**, avec 566 figures . . . . 20 fr.

— V. — **Amphioxus, Tuniciers**, avec 97 figures . . . . 7 fr. 50

— VI. — **Poissons**, avec 206 figures . . . . 12 fr. 50

— VII. — **Les Batraciens**, avec 120 figures.
Fascicule publié par les soins de Rémy Perrier, professeur à la Faculté des Sciences de Paris.

— VIII. — *(En préparation)*.

TRAITÉ

DE

ZOOLOGIE

PAR

EDMOND PERRIER

MEMBRE DE L'INSTITUT

DIRECTEUR DU MUSÉUM D'HISTOIRE NATURELLE DE PARIS

FASCICULE VII

publié avec le concours de RÉMY PERRIER

professeur à la Faculté des sciences de Paris

LES BATRACIENS

MASSON ET Cie, ÉDITEURS

LIBRAIRES DE L'ACADÉMIE DE MÉDECINE

120, BOULEVARD SAINT-GERMAIN, PARIS

1925

IIe SOUS-EMBRANCHEMENT

VERTÉBRÉS MARCHEURS (TÉTRAPODES)

Les Vertébrés dont les membres sont conformés pour la marche et constituent des *pattes* forment une série ramifiée, qui a évolué parallèlement à celle des Poissons ou Vertébrés nageurs. Par ses formes inférieures, encore retenues près des eaux, et qui sont groupées dans la classe des Batraciens, elle se rattache aux Poissons de l'ordre des Dipnés, qui comptent parmi les Cténobranches primitifs, et se distinguent surtout parce qu'à leur appareil de respiration aquatique, représenté par les branchies, se superpose un appareil de respiration aérienne, qui n'a rien de commun avec la vessie natatoire des autres Poissons, et en qui l'on peut voir l'origine des *poumons* des Vertébrés aériens (p. 2476).

Les Batraciens passent, en général, dans l'eau la première partie de leur existence, et conservent encore, dans leurs formes inférieures, notamment en ce qui concerne leur appareil rénal, des traits d'organisation rappelant ceux des Poissons primitifs, tels que les Cyclostomes. Comme celui des Poissons, l'embryon des Batraciens se développe sans être protégé par des enveloppes telles que celles qui se produisent autour des embryons des autres Vertébrés marcheurs et qui constituent l'*amnios* et l'*allantoïde* (1). En s'appuyant sur cette différence, signalée par Von Baër, Henri Milne Edwards a séparé les Batraciens des autres Vertébrés marcheurs et les a réunis aux Poissons, dans un sous-embranchement des Anamniens ou Anallantoïdiens; mais c'était rompre, au profit d'une ressemblance passagère, indiquant à la vérité une commune origine avec les Poissons, leur analogie définitive, qui les lie aux Reptiles et aux Mammifères, dont ils sont les progéniteurs. Il est donc légitime de les unir à ceux-ci dans un sous-embranchement des Vertébrés tétrapodes, dans lequel ils devront être mis à part, en leur qualité de représentants d'un groupe ancestral, qui a donné naissance, d'une part, aux Reptiles et aux Oiseaux, que l'on peut, avec Huxley, réunir dans un groupe des Sauropsidés, caractérisés par leur *peau sèche, écailleuse ou couverte de plumes* et qui sont tous ovipares; — d'autre part, aux Mammifères, à peau très riche en glandes et couverte de poils. De ces Mammifères, quelques-uns sont encore ovipares et pondent de gros œufs qu'ils couvent: ce sont les Ornithorhynques et les Échidnés, qu'on peut séparer, sous le nom de Monotrèmes, des autres Mammifères; ces derniers sont tous vivipares et leurs œufs se développent dans la matrice maternelle, suivant un type identique à celui des ovipares, ce qui implique qu'ils descendent d'ovipares

(1) Voir plus loin la partie relative à l'embryogénie de ces animaux.

dont le vitellus a cessé de se produire, l'embryon, par hérédité, conservant les processus de développement que sa présence lui avait imposés.

La classification que nous suivrons sera donc la suivante :

1re *Division* : ICTHYOÏDÉS

Tétrapodes anamniens ou anallantoïdiens, naissant sous forme de larves icthyoïdes pourvues de branchies externes et d'arcs branchiaux. — Peau riche en glandes.

Classe unique : Batraciens.

2e *Division* : SAUROPSIDÉS

Tétrapodes ovipares, à gros œufs ; embryons passant dans l'œuf les phases icthyoïdes, très abrégées, de leur développement, dépourvus de branchies externes, mais ayant des fortes branchiales et des arcs branchiaux internes ; produisant un amnios et une allantoïde. — Peau sèche.

Classe I : Peau écailleuse ; température variable : Reptiles.

Classe II : Peau couverte de plumes ; température constante : Oiseaux.

3e *Division* : MAMMIFÈRES

Peau riche en glandes, dont quelques-unes produisent du lait pour l'alimentation des jeunes. Peau couverte de poils.

Classe I : Ovipares couvant leurs œufs ; un cloaque : Monotrèmes.

Classe II : Vivipares, ne produisant tout au plus qu'une ébauche de placenta : Marsupiaux.

Classe III : Vivipares, produisant un placenta de forme variée : Placentaires.

PREMIÈRE DIVISION

VERTÉBRÉS-MARCHEURS AMPHIBIES ou ANAMNIENS ANALLANTOIDIENS

CLASSE UNIQUE

BATRACIENS

Description extérieure ; généralités. — Division en ordres. — L'histoire des Batraciens montre par quelles étapes successives un Vertébré essentiellement nageur, incapable de respirer l'air autrement que dissous dans l'eau, a pu graduellement se transformer en un Vertébré terrestre, ne respirant plus que l'air atmosphérique, à l'état gazeux. En même temps, ce Vertébré, d'abord exclusivement nageur, est devenu capable de marcher à terre, à l'aide de pattes, dont la structure générale, très différente de celle des nageoires, persistera, à part quelques modifications de détail, chez tous les autres vertébrés marcheurs.

Si les étapes du passage des nageoires des poissons ancestraux aux pattes des Batraciens, nous sont totalement inconnues (p. 2757), les modifications de l'appareil respiratoire sont actuellement si graduelles que certaines espèces semblent encore, à ce point de vue, dans un état d'équilibre instable. Les Sirènes, les Protées, les *Typhlomolge*, les Ménobranches (*Necturus*) gardent leurs branchies toute leur vie (fig. 1852); les Axolotls (*Siredon-Amblystoma*), certains Tritons les gardent ou les perdent suivant les circonstances; les Cryptobranches (*Menopoma*, *Amphiuma* (fig. 1853); *Megalobatrachus* (fig. 1854) conservent un orifice branchial de chaque côté du cou.

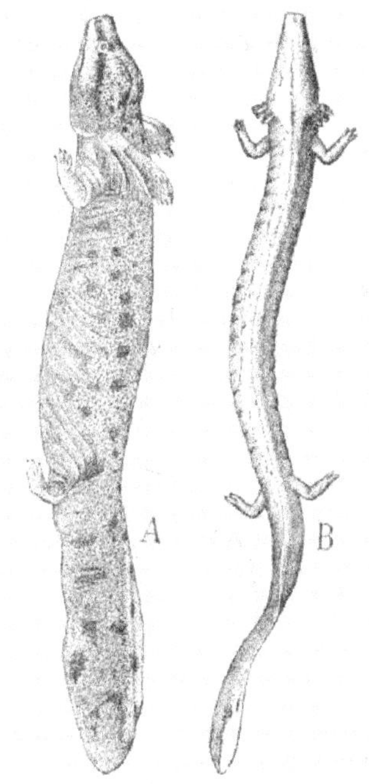

Fig. 1852. — Batraciens Pérennibranches. A, *Necturus*; B, Protée.

Tous ces animaux constituaient autrefois l'ordre des Pérennibranches; mais il a suffi que quelques Axolotls fussent accidentellement placés, à la Ménagerie du Muséum d'Histoire naturelle de Paris, dans une trop faible quantité d'eau pour qu'ils perdissent leurs branchies; cette transformation a été accompagnée d'une autre plus profonde, au cours de laquelle ils ont revêtu les caractères d'un genre de Salamandrines, bien connu en Amérique : le genre *Amblystoma*.

La conclusion à tirer de cette observation est donc que les Axolotls ne sont que des larves d'Amblystomes vivant dans des conditions respiratoires trop constantes pour que leurs branchies ne soient pas demeurées fonctionnelles; il en est peut-être de même des Ménobranches relativement aux *Spelerpes*, également américains; et cette conclusion est corroborée par le fait qu'on peut, par ce procédé, conserver leurs branchies aux Tritons de nos pays. Il serait donc possible que ce fut le cas de certains autres Pérennibranches, tels que les *Typhlomolge* et les Protées des lacs souterrains (1).

(1) En 1882, Kollmann a désigné sous le nom de *néoténie* (Voir page 2839) la faculté qu'ont certains animaux de prolonger plus que d'habitude leur période larvaire. Dans ce cas, il peut arriver que l'animal demeure asexué (*néoténie partielle*) ou qu'il acquière des organes génitaux (*néoténie totale*); c'est le cas de l'Axolotl.

La néoténie n'est, en fait, qu'un *arrêt de développement* (pour employer l'expression de Geoffroy Saint-Hilaire), qui peut porter sur l'organisme tout entier — et celui-ci devient alors stérile, — ou laisser hors de cause les organes de reproduction, qui ne demandent pour évoluer que d'être abondamment nourris, tandis que les organes de la nutrition et de relation ont

Les Protées ont, en effet, subi d'autres régressions, résultant de leur genre de vie; c'est ainsi que leurs pattes se sont raccourcies et que le nombre de leurs doigts s'est réduit. Toute une série de réductions de ce genre s'observe chez les *Speterpes*, où, à côté d'espèces à pattes normales, d'autres (*S. parvipes*, de Colombie, *S. lineolus*, d'Orizaba) présentent une réduction du nombre des doigts, ou bien (*S. uniformis*, de Costa-Rica) ont les doigts ou même les membres réduits à des moignons inutilisables. Comme chez les Protées, la queue, en revanche, s'allonge et le corps prend l'aspect de celui d'un serpent. La disparition des pattes est complète chez les Cécilies (fig. 1855), qui vivent

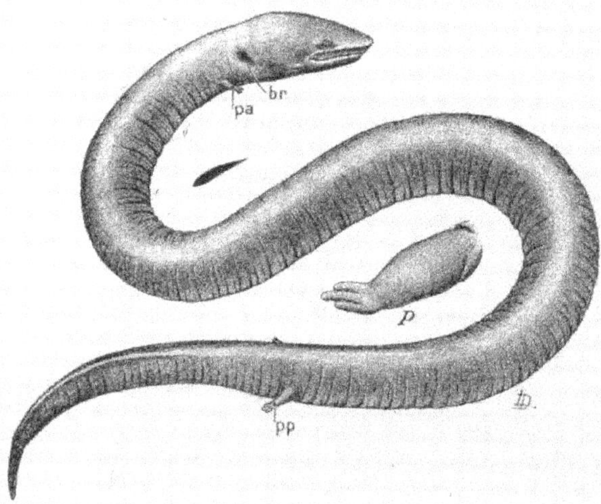

Fig. 1853. — *Amphiuma tridactylium*, de l'Amérique du Nord. — *br*, orifice branchial; *pa*, *pp*, pattes rudimentaires antérieures et postérieures. — *p*, patte postérieure plus grossie (d'après nature).

sous terre, comme les Lombrics; mais ici, la queue a, elle aussi, complètement disparu chez l'adulte. Par l'annulation régulière de leur corps, le faible développement de leur squelette, la structure de leur appareil néphridien, les Cécilies semblent les plus primitifs des Batraciens et se placent presqu'au niveau des Poissons Cyclostomes; mais il s'agit ici, comme le montrent leurs embryons, d'une série de phénomènes de régression liés à leur genre de vie. Les Cécilies pondent effectivement sous terre; mais dans l'œuf, leurs germes n'en acquièrent pas moins de magnifiques branchies, qui trahissent leur origine aquatique, et une petite queue. Nulle autre part,

comme le pensait Lamarck, besoin de fonctionner pour évoluer. Si les conditions de fonctionnement font défaut, les conditions de nutrition demeurant excellentes pour les éléments génitaux, comme cela a lieu souvent chez les animaux parasites, il peut arriver que l'évolution rapide, ou tachygénèse, des éléments génitaux enraye celle des autres organes, lesquels peuvent demeurer à l'état larvaire (*pédogenèse* des Cécidomyies; femelles de nombreux Insectes aptères), ou s'atrophier entièrement (femelles de nombreux Crustacés parasites). Cette tachygénèse des organes génitaux peut avoir atteint des classes entières d'animaux tels que les Nématodes (Wintrebert, *Essai sur le déterminisme de la métamorphose chez les Batraciens*. A. F. A. S., Reims, 36ᵉ session, 1908).

on n'observe des preuves aussi nettes d'une transformation totale dans le genre de vie et des régressions qui en sont la conséquence.

Les Batraciens Pérennibranches sont franchement une forme larvaire devenue permanente des Batraciens Urodèles, qui ont réalisé pour la première fois la forme extérieure qu'on retrouvera si stable chez les Reptiles, où s'observent également des réductions semblables des membres.

Parmi les Urodèles, il en est, comme les Salamandres, qui passent à terre

Fig. 1854. — *Megalobatrachus maximus*, du Japon.

la plus grande partie de leur existence, qui arrivent même, comme la *Salamandra atra* des Pyrénées, à ne plus revenir à l'eau pour y pondre et qui sont vivipares. D'autres, au contraire, comme la plupart des Tritons (*Molge*), sont presque constamment dans l'eau, sans avoir pour cela conservé leurs branchies, ce qui indique un retour récent à la vie aquatique, une désadaptation à la vie terrestre. Cette désadaptation apparaît pour la première fois nettement chez les *Menopoma*, qui gardent toute leur vie une fente branchiale, d'un seul côté; les deux fentes persistent toujours chez les *Amphiuma*; il y en a trois accompagnées de branchies externes chez les *Menobranchus*, les *Typhlomolge* et les Protées, où la désadaptation s'accuse, et elle atteint son dernier terme chez la *Siren lacertina*, où la conservation des branchies s'accompagne de la disparition des pattes postérieures, de sorte que l'animal est maintenu à la première phase de la métamorphose ordinaire.

Les Batraciens sans queue constituent l'ordre des ANOURES. Leurs membres postérieurs sont remarquables, non seulement par leur longueur, mais aussi par le grand développement du tarse, qui les fait paraître pourvus d'un segment de plus que les membres ordinaires. Leur grande longueur les rend propres au saut quand l'animal est sur terre, à une natation rapide qnand il est dans l'eau ; la longueur des orteils unis par une grande palmure en fait des rames particulièrement efficaces (fig. 1856).

De ces deux adaptations, en apparence contradictoires, il est vraisemblable que l'adaptation au saut s'est produite la première et qu'elle a secondairement fait de l'animal sauteur un excellent nageur. L'activité croissante des pattes postérieures, désormais pourvues d'une double fonction, a amené leur apparition précoce et la résorption à leur profit de la queue de moins en moins utilisée.

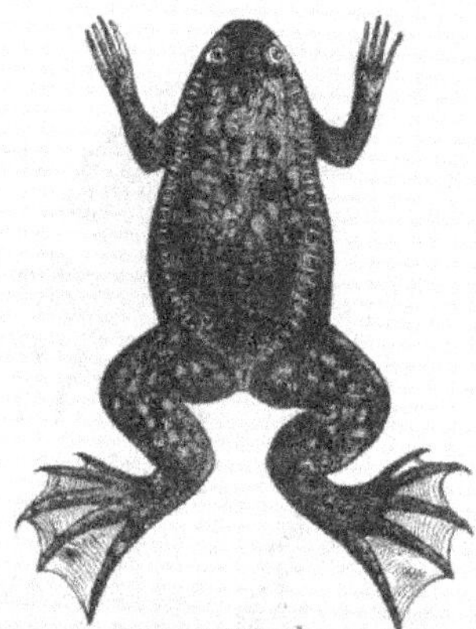

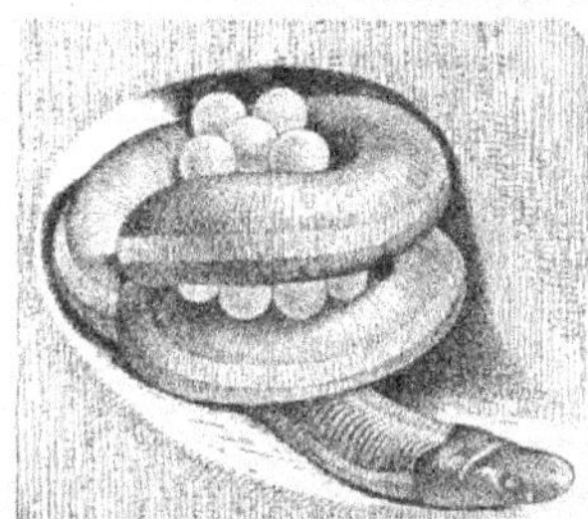

Fig. 1855. — *Ichtyophis glutinosus*. Exemple de Batraciens Apodes Vermiformes (Cécilies).

Fig. 1856. — *Xenopus capensis*. Exemple de Batraciens Anoures.

Sauf chez les Proteidæ, le nombre des doigts, aussi bien chez les Urodèles que chez les Anoures, est de quatre aux membres antérieurs et de cinq aux membres postérieurs. Cette différence tient à l'avortement du pouce, qui existe encore, mais très réduit, chez quelques Anoures (p. 2701). Il peut, en outre, exister le rudiment d'un doigt précédant le pouce, le *préhallux*. Les doigts se terminent généralement en pointe ; ils peuvent présenter un rudiment d'ongle chez les espèces marcheuses. Chez les espèces qui vivent sur les arbres (Hylidæ), les doigts se terminent, au contraire, par une sorte de disque adhésif ou de ventouse fixatrice. Leur extrémité se divise en étoile chez le *Pipa*. Chez les *Rhacophorus*, les doigts s'allongent et se garnissent d'une vaste palmure, qui permet, dit-on, à ces animaux de se soutenir dans l'air assez longtemps pour qu'on leur ait donné le nom de « Grenouilles volantes ».

En résumé, il convient de distinguer trois ordres de Batraciens : les Vermiformes, les Urodèles et les Anoures. Entre ces trois ordres, il n'existe, dans la nature actuelle, aucun terme adulte de transition. A la vérité, on peut dire que les Anoures et même les Vermiformes traversent, au cours de leur développement, une phase urodèle ; mais le développement n'est pas aussi nettement patrogonique qu'on pourrait le croire. Les Urodèles conservent, en effet, leurs branchies externes longtemps encore après que les deux paires de pattes se sont développés; les branchies disparaissent au contraire avant que les pattes ne se montrent chez les Anoures. Les pattes antérieures se développent les premières chez les Urodèles, et les Sirènes s'arrêtent là; ce sont, au contraire, les pattes postérieures qui se montrent d'abord chez les Anoures.

Téguments : glandes cutanées (1). — Le tégument comprend,

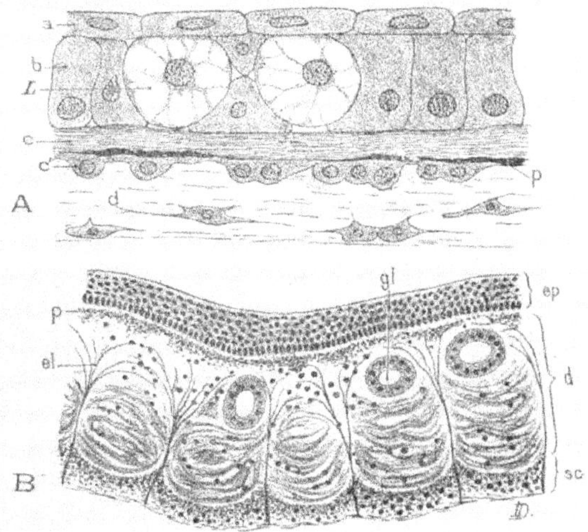

Fig. 1.857. — A, coupe de la peau d'une jeune larve de *Triton tæniatus* : *a*, couche externe; *b*, couche interne de l'épiderme; *L*, cellules de Leydig; *c*, derme; *c'* ses cellules; *d*, tissu sous-cutané; *p*, cellules pigmentaires, (Gegenbaur). — B, coupe de la peau de la face ventrale de *Rana esculenta* : *ep*, épiderme; *d*, derme, *sc*, tissu sous-cutané; *gl*, glandes muqueuses; *p*, cellules pigmentaires; *el*, fibres élastiques (Tonkoff).

comme chez tous les Vertébrés, un *épiderme* et un *derme*. Chez les larves très jeunes, l'épiderme est d'abord vibratile sur presque toute son étendue; les cils battent de telle sorte que leurs mouvements poussent le jeune animal en avant, lorsqu'il est tranquille. Une cuticule ne tarde pas à apparaître sur certaines parties du corps et le revêtement ciliaire disparaît à mesure qu'elle s'étend. Cette disparition est plus ou moins rapide suivant les types : les cils persistent, par exemple, sur la queue du têtard de Grenouille, alors qu'ils disparaissent de bonne heure sur celle des larves d'Urodèles. Sous la cuticule, les cellules épidermiques superficielles sont aplaties, ou même, durant la vie larvaire, pavimenteuses (*Salamandra maculosa*).

Chez l'embryon et la larve naissante (*Salamandra maculosa*), l'épiderme est épais, le derme mince et fragile (2).

(1) Mme Phisalix-Picot, Recherches sur les glandes à venin de la Salamandre terrestre. *Thèse*, Paris, 1900.

(2) Leydig, Ueber die allgemeinen Bedeckungen der Amphibien. *Arch. f. mikroscopische*

L'épiderme comprend deux couches : le *stratum corneum* et le *stratum mucosum* ou *corps muqueux de Malpighi*. Le *stratum corneum* est formé d'un épithélium pavimenteux régulier (fig. 1857 A, *a*), recouvert d'une cuticule striée, au-dessus de laquelle il est finement pigmenté. Les cellules, à gros noyaux, prolifèrent extérieurement par division mitosique. Pfitzner y a également décrit des cellules en forme de bouteilles, s'ouvrant au dehors. Le *stratum mucosum* est aussi formé, au début, d'une seule assise de cellules cylindriques, parmi lesquelles se développent, sauf sur les membres et quelques autres régions, de volumineux éléments, les *cellules muqueuses* de Leydig (*L.*), communiquant protoplasmiquement entre elles par les pores de leur membrane.

Plus tard (fig. 1857 B), le nombre des assises des cellules du corps muqueux augmente jusqu'à quatre ou cinq, tandis que les cellules de Leydig reviennent à l'état de cellules ordinaires ou se remplissent de pigments jaunes et que de nombreuses cellules pigmentaires envahissent la couche muqueuse. Pendant la vie larvaire, on trouve encore dans l'épiderme des organes sensitifs correspondant aux organes de la ligne latérale des Poissons (voir p. 2806); chacun d'eux a la forme d'un bouton conique, dont la base s'appuie sur le derme, tandis que le sommet correspond à un petit orifice de la cuticule; ce bouton est formé de deux assises de cellules piriformes dont le sommet est prolongé par un bâtonnet, suivi (Leydig) par un flagellum libre. Ces organes disparaissent à la métamorphose.

On observe, chez le *Triton tæniatus*, à peu près les mêmes dispositions; seulement les cellules plates à cuticule striée sont suivies d'une assise de hautes cellules parmi lesquelles apparaissent les cellules temporaires de Leydig, qui se transforment plus tard, soit en cellules pigmentaires comme chez *Salamandra maculosa*, soit en cellules cylindriques ordinaires, soit en cellules caliciformes (glandes unicellulaires), dont l'extrémité périphérique se termine en une sorte de cou, s'ouvrant à la surface de la cuticule. Le nombre des assises cellulaires épidermiques augmente aussi avec l'âge.

Les cellules de Leydig constituent, chez les Pérennibranches, des glandes unicellulaires permanentes, comparables à celles des Poissons; de même, les organes de la ligne latérale persistent à l'état adulte chez ces animaux. Sous la cuticule, le protoplasme des cellules épithéliales se différencie en une couche striée verticalement, striation qui rappelle celle des cellules ciliées. Plus tard, la cuticule disparaît et les cellules des couches superficielles s'aplatissent, formant plusieurs assises, dont le contenu se transforme en une substance cornée. La formation de cette couche cornée est, sans aucun doute, en rapport avec l'existence aérienne; sa présence chez les Pérennibranches, confirme leur origine terrestre.

Dans certains cas, la couche cornée présente des épaississements locaux, constituant des verrues ou des pointes (*Cryptobranchus*, *Pipa*); elle est sujette à des *mues* : la portion de tégument abandonné est rejetée toutd'une

Anatomie, Bd. XII, 1876, p. 119. — Carrière, Die postembryonale Entwickelung der Epidermis von *Siredon*. *Ibid.*, Bd. XXIV, 1885, p. 19. — Paulicki, Ueber die Haut der Axoloтl. *Ibid.*, Bd. XXIV, 1885, p. 120.

pièce et mangée par l'animal; généralement, elle se détache chez les Urodèles tout autour de la bouche et l'animal en sort en la retournant comme un gant; chez les Anoures, elle se fend le long de la ligne médiane dorsale. La première mue a lieu d'ordinaire à la fin de la métamorphose, au moment du passage de la vie aquatique à la vie terrestre; les autres se suivent à des

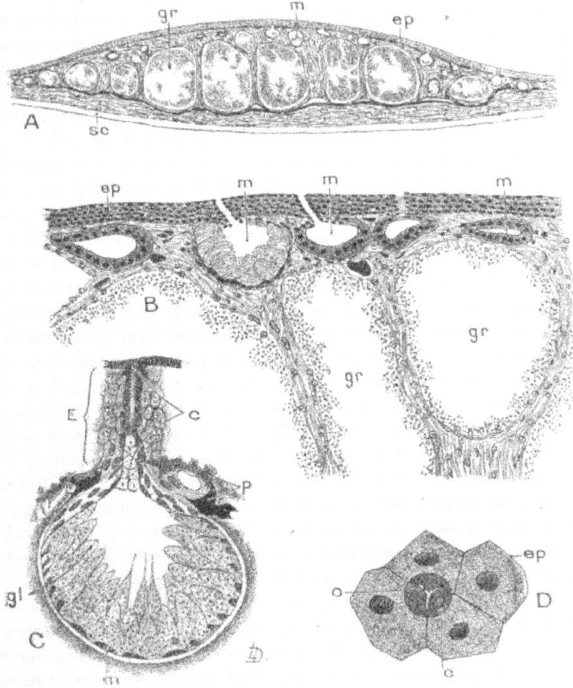

Fig. 1858. — Glandes cutanées de la Grenouille (*Rana esculenta*). — A, coupe générale; *ep*, épiderme; *m*, glandes muqueuses; *gr*, glandes granuleuses; *sc*, tissu sous-cutané. — B, coupe analogue plus grossie; mêmes lettres (GAUPP). — C, coupe d'une glande muqueuse; *E*, épiderme; *gl*, cellule glandulaire; *m*, myoblastes; *c*, canal excréteur de la glande; *p*, cellules pigmentaires. — D, orifice (*o*) d'une glande muqueuse; *ep*, cellules épithéliales; *c*, cellule du canal (JUNIUS).

intervalles d'autant plus longs que l'animal grandit moins vite; elles ont lieu, chez la plupart des Urodèles terrestres, quand l'animal revient à l'eau pour s'y reproduire; les Anoures muent plus souvent et à terre, au moins quand ils sont jeunes. Le tégument, après la mue, est mou et gluant, mais durcit rapidement.

Une couche, formée de cellules épidermiques modifiées, sépare, chez les Anoures, l'épiderme proprement dit du derme. Certaines cellules de l'assise la plus profonde de l'épiderme peuvent se transformer en fibres musculaires lisses, qui traversent verticalement le derme (*Rana*) ou se développent en même temps que les glandes dont nous parlerons plus loin, en formant autour de celles-ci une assise immédiatement en contact avec leur épithélium.

Les Batraciens présentent déjà, à l'extrémité de leurs doigts, une kératinisation de la couche superficielle de leur épiderme (*stratum corneum*), qui est un premier pas vers la formation d'un ongle. Cette kératinisation peut être observée déjà chez les *Necturus*; elle se complique, chez les *Siren*, d'une courbure de l'extrémité des phalanges, qui prennent l'apparence d'une griffe. Chez les SALAMANDRINÆ et la plupart des Anoures, cette kératinisation ne se développe qu'au sommet ou à l'extrémité des doigts; de pointue qu'elle était d'abord, elle devient obtuse. Les trois premier orteils des *Xenopus* et *Hymenochirus* se terminent cependant en griffe. Cette griffe prend un grand développement chez les *Onychodactylus*, parmi les Urodèles. On peut déjà distinguer dans les griffes des Batraciens une plaque unguéale dorsale et une sole unguéale ventrale, comme dans celles des Reptiles.

Divers Batraciens (*Euproctus*, *Pleurodeles*) présentent enfin des formations épidermiques qui ne diffèrent des poils que par leur faible longueur et l'absence de follicules d'implantation (1). Sur la partie postérieure du tronc du *Trichobatrachus robustus* (fig. 1860), il se développe, par contre, de longs appendices serrés imitant des poils, mais qui sont formés d'éléments vivants, différant par là de ceux qui constituent les poils des Mammifères (voir plus loin).

Glandes cutanées. — Il existe, en général, dans la peau des Batraciens, deux catégories de glandes (fig. 1858) qui peuvent être, les unes et les autres, venimeuses, mais fonctionnent dans des circonstances différentes : les *glandes muqueuses* et les *glandes granuleuses* (2).

Les *glandes muqueuses* sont petites, nombreuses, simples, uniformément disséminées sur toute la surface du corps. Elles produisent un liquide limpide, filant, qui exsude à la moindre excitation mécanique, physique ou chimique. Il est particulièrement abondant à la suite d'injections d'atropine ou de pilocarpine. Sous l'action de cet exsudat, la peau devient assez glissante pour que l'animal échappe quand on essaie de le retenir. Les glandes muqueuses existent parfois seules (*Proteus*) et leur sécrétion peut être complètement inoffensive (*Proteus*, *Rana temporaria*); souvent inodore et insipide, elle peut aussi acquérir une saveur fade (*Salamandra*), un peu piquante (*Triton* [*Molge*] *cristatus*, *Discoglossus*), une odeur d'ail (*Alytes*), de raifort (*Molge cristatus*), de salol (*Megalobatrachus japonicus*) et même être capable de provoquer l'éternuement (*Triton*, *Alytes*). Sauf ces rares exceptions et peut-être quelques autres, c'est un venin paralysant, comme le venin de vipère, et dont l'activité peut être aussi grande. En

(1) LOUIS ROULE, Sur la structure des protubérances épidermiques de certains Amphibiens Urodèles et sur leurs affinités morphologiques avec les poils. *Comptes rendus de l'Académie des Sciences*, t. CL, 1910.

(2) MARIE PHISALIX, Répartition et signification des glandes cutanées des Batraciens. *Annales des Sciences naturelles*, 9e série, t. XII, 1910. — Divers mémoires du même auteur, dans le *Bulletin du Muséum d'histoire naturelle*, 1910-1912, dans *les Comptes rendus de la Société de Biologie*, 1909 et les *C. R. de l'Académie des Sciences*, 1910. — En outre : Recherches embryologiques, histologiques et physiologiques sur les glandes à venin de la Salamandre terrestre. *Thèse*, 1900. — *Animaux venimeux et venins*, Paris, Masson, 1922, t. II.

revanche, il peut être utilisé comme vaccin contre le venin de vipère et aussi, dans une certaine mesure, en le combinant avec ce dernier, contre le virus rabique (1).

Les *glandes granuleuses* sont beaucoup plus volumineuses que les glandes

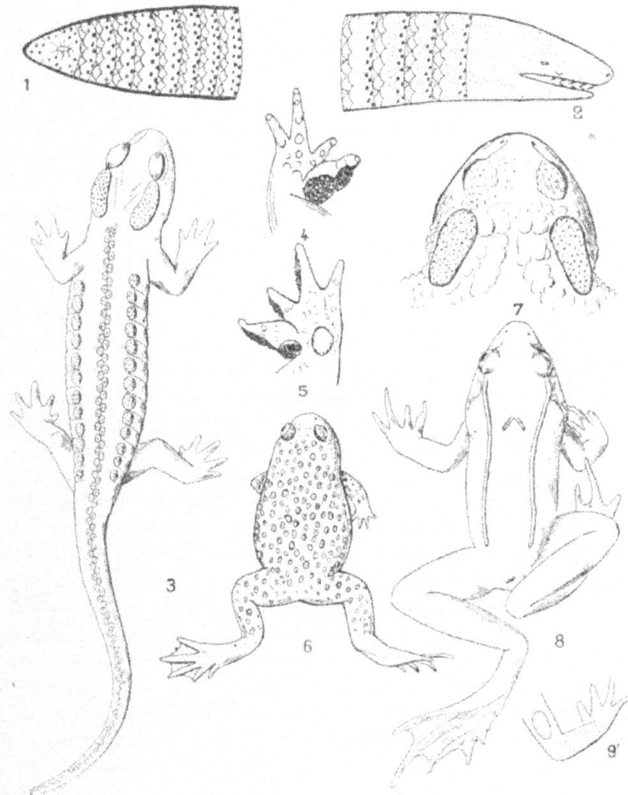

Fig. 1859. — Disposition des glandes cutanées chez les Batraciens. — 1, 2, *Ichthyophis glutinosus* : 1, région postérieure du corps ; 2, régions antérieure et moyenne. — 3, *Salamandra atra*. — 4, Excroissances nuptiales de la patte antérieure du mâle d'un *Rana temporaria*. — 5, Les mêmes chez le *Bufo vulgaris*. — 6, Pustules dorsales du *Bombinator pachypus*. — 7, Glandes parotoïdes et tubercules pustuleux dorsaux de *Bufo bufo* (*B. vulgaris*). — 8, plis glandulaires dorsaux de la *Rana temporaria*. — 9, glande brachiale de *Pelobates cultripes* (Marie Phisalix, en partie d'après Boulenger).

muqueuses; elles présentent une tendance très nette à se grouper en *acini* et déterminent souvent des boutons ou tubercules saillants au-dessus de la peau, qu'elles font parfois paraître pustuleuse. Chez les Batraciens Vermi-

(1) Marie Phisalix, Vaccination contre la rage expérimentale par la sécrétion cutanée muqueuse des Batraciens, puis par le venin de Vipère aspic. *Comptes rendus de l'Académie des Sciences*, t. CCLVIII, 1914.

formes, elles sont très volumineuses (fig. 1863) et affectent, comme les écailles au devant desquelles elles forment plusieurs rangées (fig. 1859, *1* et *2*), une disposition métamérique confirmant ainsi l'origine que nous avons attribuée aux Vertébrés (p. 2160 — 2169). Elles sont d'abord uniformément réparties, comme les écailles, sur tout le pourtour des segments du corps (*Ichthyophis, Herpele*); puis, dans les genres où les écailles disparaissent de la face ventrale sur la région antérieure du corps, les glandes granuleuses disparaissent aussi (*Hypogeophis, Cæcilia, Dermophis, Uræotyphlus*). Elles conservent cette disposition métamérique dans les genres non écailleux (*Siphonops*), et on la retrouve chez la *Siren lacertina*, l'*Amphiuma means* et aussi chez quelques Anoures (*Pelobates cultripes*).

Elles peuvent aussi se localiser sur certaines régions, sur la queue par exemple (*Plethodon oregonensis*); elles forment, chez les *Spelerpes* et les *Chioglossa*, la plus grande partie de la couche sous-cutanée du crâne. La disposition métamérique de ces glandes, reproduisant celle des organes sensitifs de la ligne latérale, est nettement accusée chez les embryons des Urodèles, où elles apparaissent avant les glandes muqueuses; chez les embryons de *Salamandra maculosa*, il en existe de chaque côté une ligne longitudinale ventrale et une dorsale, à raison d'une glande par métamère, comprenant entre elles un groupe de glandes latérales.

Lorsque les glandes granuleuses sont de dimensions relativement faibles et uniformes, la peau demeure à peu près lisse (*Rana, Hyla*, etc.); mais elles se groupent souvent suivant des lignes régulières, symétriques deux à deux, qui peuvent courir de chaque côté de la ligne médiane dorsale (*Salamandra atra* (fig. 1859, *3*), *Tylotriton verrucosus*), ou se doubler de chaque côté d'une ligne latérale (*Pipa americana*), qui peut exister seule (*Alytes obstetricans*), former deux arcs, l'un antérieur, l'autre postérieur (*Leptobrachium fee*), un V dorsal ouvert en avant, accompagné de lignes obliques de papules oblongues (*Ceratophrys cornuta, Otolyphus margaritifer, Bufo typhonius*).

Indistinctes chez les Pérennibranches, les Plethodontidæ, quelques espèces d'*Ambiystoma* (*A. opacum, Jeffersonianum, tenebrosum, texalum*), quelques familles d'Anoures, elles s'esquissent chez les *Triton alpestris et cristatus*, s'accentuent chez les *T. Poneti, Tylotriton verrucosus, Pachytriton breviceps* et surtout chez le *T. montanus* et les *Salamandra*. Elles peuvent former des amas plus ou moins volumineux, dits *glandes parotoïdes*, occupant une position analogue à celle des parotides des Mammifères.

Les glandes parotoïdes sont bien développées chez le Crapaud commun; il en existe deux, de chaque côté, l'une sur le cou, l'autre sur l'épaule chez le *Bufo cruentatus*, de Java, confondues en une masse énorme chez le Crapaud agua (*Bufo marinus*), de l'Amérique du Sud, à qui elles ont valu le nom d'« Épaule armée »; une masse analogue se prolonge le long des flancs chez le *Phyllomedusa bicolor*, du Brésil. Il peut aussi exister des amas glandulaires sur les membres (*Bufo viridis, B. calamita*). D'autres fois, les glandes granuleuses forment de chaque côté une série métamérique d'amas glandulaires (*Salamandra maculosa, S. atra, Tylotriton verrucosus*). Chez le *Pleurodeles Waltlii*, ces amas sont traversés par les côtes, qui peuvent même faire saillie au dehors. Les glandes parotoïdes de l'*Anaxyurus melancholicus* sont coiffées chacune d'une petite papille cornée, disposition qui rappelle les rapports des poils des Mammifères avec les glandes sébacées et sudoripares, et pourrait servir à expliquer leur origine. C'est la seconde fois que nous rencontrons des organes piliformes (p. 2736).

L'exsudat des glandes granuleuses est un liquide blanc, laiteux, très amer; c'est un poison convulsivant (Salamandres) ou agissant sur le cœur (Crapauds). Le sang contient des substances analogues (1).

Autour des glandes granuleuses, les téguments peuvent s'épaissir et constituer des verrues, qui peuvent se disposer en séries linéaires et former alors des plis longitudinaux, comme ceux qui bordent les flancs de la Salamandre géante du Japon (fig. 1854).

Des espèces du même genre ou de la même famille peuvent d'ailleurs avoir la peau lisse comme une Rainette (*Callula*, *Rhinophrynus*, *Discoglossus*, *Bufo jerboa*) ou pustuleuse comme un Crapaud (*Calophrynus*, *Bombinator*, *Bufo vulgaris*).

D'autres glandes, également permanentes, sont en rapport avec les *excroissances nuptiales* qui prennent un grand développement à l'époque de la reproduction chez les mâles de divers espèces d'Anoures : glandes brachiales du *Pelobates fuscus*; bourrelets ou pelotes adhésives de la base du pouce des Crapauds et des Grenouilles. (fig. 1859, *4*, *5*).

Fig. 1860. — *Trichobatrachus robustus*. A droite (*b*) un appendice piliforme.

Le *Trichobatrachus robustus*, du Congo, porte sur les flancs et sur la partie interne de la face supérieure des cuisses, une épaisse toison de filaments, longs d'un centimètre et demi environ et d'un demi-millimètre de diamètre (fig. 1860). L'axe de ces filaments, qui n'ont rien à faire avec des poils, est un prolongement du derme, revêtu par l'épiderme ordinaire. Dans l'épaisseur du filament, les glandes muqueuses et granuleuses sont développées comme dans les autres parties de la peau.

Les glandes de la peau des Batraciens ont pour origine une cellule initiale unique dont la nature, épidermique (Heidenain) ou mésodermique (M. Phisalix), est encore discutée. Cette cellule se multiplie par division; mais, à partir d'un certain moment, le volume de la glande s'accroît surtout par l'augmentation des dimensions de ses cellules et du derme. Vers la fin de la

(1) Césaire Phisalix et Langlois, Action physiologique des venins de la Salamandre terrestre. *C. R. de l'Académie des Sciences*, 2 et 16 sept. 1889, et *Bulletin de la Société de Biologie*, 3 mai 1890, 14 mars 1891.

période larvaire, ces glandes acquièrent un canal excréteur, par simple écartement des cellules de l'épiderme avec lesquelles la glande se trouve en contact presque immédiat. Sur la surface externe, des cellules glandulaires, sont appliquées des fibres musculaires lisses suivant le méridien de la glande.

Derme. — Le derme est essentiellement constitué par quatre couches distinctes : 1° une *couche conjonctive supérieure*, mince, sur la face profonde de laquelle sont appliquées des cellules conjonctives, de dimensions très variables; 2° une *couche vasculo-pigmentaire supérieure*, constituée essentiellement par un réseau capillaire, dont les mailles sont occupées ou traver-

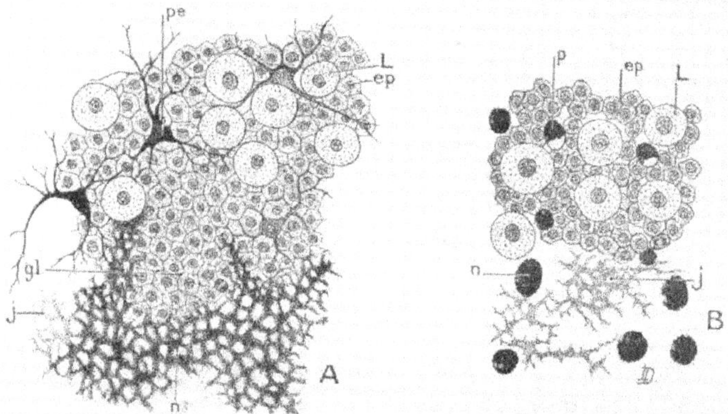

Fig. 1861. — Coupes optiques, légèrement obliques par rapport à la surface de la peau, d'une larve de *Salamandra maculosa*. — A, maintenue dans de l'eau froide (6°-7°) et presque noire. — B, jaune, dans l'eau à 15-18 degrés. (La partie supérieure des figures montre l'épiderme; la partie inférieure, le derme) : *ep*, cellules de l'épiderme; *L*, cellules de Leydig; *pe*, cellules pigmentaires, émigrées de l'épiderme; *gl*, glande cutanée; *j*, cellules pigmentaires jaunes (*xantholeucophores*), *n*, cellules pigmentaires noires (*mélanophores*) (Fischer).

sées par des cellules pigmentaires; 3° une *couche conjonctive inférieure*, assez épaisse, formée de lamelles, entre lesquelles on observe de nombreuses cellules conjonctives fixes, et, comme dans la supérieure, des fibres élastiques; 4° une *couche vasculo-pigmentaire inférieure*, dont les capillaires sont un peu plus gros que ceux de la première couche. Le derme est, en outre, riche en cellules granuleuses ramifiées, capables de se fragmenter spontanément, d'où le nom *clasmatocytes* que leur a donné Ranvier.

Le derme se soulève souvent par places en papilles isolées ou serrées, recouvertes par l'épiderme, qui contribuent à rendre plus ou moins verruqueuse la surface du corps (*Bufo*, *Bombinator*), ou se disposent en séries sur toute sa longueur (*Cryptobranchus*). Certaines de ces papilles (*Megalobatrachus*) tiennent la place d'organes sensoriels temporaires qui ont disparu; d'autres saillies du derme ne sont pas de véritables papilles, mais correspondent, comme chez les Salamandres et les Crapauds, à des glandes dermiques dont il sera question plus loin. Dans les papilles dermiques se ramifient en général des capillaires sanguins, qui, lorsqu'elles sont très nombreuses, peuvent jouer un rôle important dans la respiration, et pénètrent, chez les Vermiformes, jusque dans des interstices spéciaux pratiqués entre les cellules épidermiques.

Il se produit dans le derme de certains Batraciens (*Bufo*) des dépôts calcaires, susceptibles de former, sur les parois latérales du corps et des membres, des plaquettes contiguës, régulièrement disposées.

Le derme contient également de nombreuses cellules colorées par des granulations pigmentaires qui forment souvent des traînées verticales dans son épaisseur, mais se rassemblent d'ordinaire en une même couche, immé-

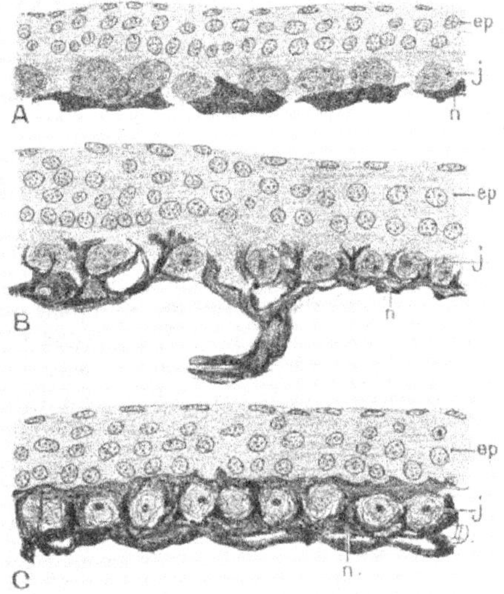

Fig. 1862. — Coupes verticales dans la peau d'une Rainette (*Hyla arborea*). — A, individu tout à fait clair ; les mélanophores, *n*, se sont rétractés et laissent les xantholeucophores à nu. — B, individu vert de teinte un peu foncée ; les mélanophores engainent les cellules jaunes, et leurs prolongements apparaissent dans les intervalles de celles-ci. — C, individu très foncé ; les cellules jaunes sont entièrement englobées par les noires (Ehrmann).

diatement au-dessous de l'épiderme (fig. 1861 et 1862). Ces *chromatophores*, très ramifiés, sont susceptibles de mouvements amiboïdes, soumis à l'action du système nerveux. Les pigments qu'ils contiennent sont habituellement jaunes, rouges, bruns ou noirs; ils peuvent aussi contenir des granulations blanches de guanine. Les chromatophores d'une certaine couleur peuvent se contracter ou se relâcher en même temps (mêmes figures); il en résulte pour l'animal une aptitude à changer de couleur suivant les circonstances et même à prendre une teinte avoisinant celle des objets qui les entourent (*Hyla arborea* (1), *Bufo variabilis*, et, à un degré moindre, *Rana esculenta*). Cette faculté est poussée à un degré déconcertant chez certaines Rainettes (*Hyla Goughi*, de la Trinité).

Les cellules pigmentaires du derme émigrent souvent dans l'épiderme,

(1) Biedermann, Ueber den Farbenwechsel der Frösche, *Archiv. f. ges. Physiol.*, t. LI, 1892.

mais, en y pénétrant, elles multiplient de plus en plus leurs pseudopodes, de sorte que, contrairement à ce qui a lieu dans le derme, le corps de ces cellules devient beaucoup moins volumineux que l'ensemble de ces prolongements Les teintes bleues et vertes ne sont pas dues à des pigments, mais à des phénomènes d'interférence.

L'épiderme de la Rainette commune (fig. 1862) est dépourvu de pigments. Dans le derme, on reconnaît une couche de cellules prismatiques, dont la moitié externe est parsemée de gouttelettes jaunes. la moitié profonde étant granuleuse et incolore; au-dessous se trouve une couche de chromatophores noirs. à prolongements anastomosés, et qui sont susceptibles de s'insinuer entre les cellules prismatiques (B) et de les envelopper complètement (C). La chaleur, l'arrêt de la circulation contractent les chromatophores, et la Rainette paraît alors jaune ou verte; le froid, l'asphyxie par l'anhydride carbonique les dilatent et la Rainette devient alors vert foncé. Le contact des feuilles ramène au vert clair, soit une Rainette pâlie par la sécheresse, soit une Rainette foncée par le froid ou par le contact d'un corps rugueux; cette action se produit aussi bien à l'obscurité qu'à la lumière, sur une Rainette aveugle que sur une Rainette normale; elle est donc simplement liée à l'action exercée par le contact des feuilles sur la peau. La destruction des tubercules bijumeaux et celle des couches optiques (*thalamus opticus*) arrêtent les changements de couleur; mais ils se produisent. quand on excite un nerf, sur la partie de la peau à laquelle ce nerf se distribue.

Les changements de couleur de la Grenouille verte dépendent de la température et de l'humidité de l'air, ainsi que de la teinte du milieu dans lequel l'animal est maintenu. Le milieu agit par l'intermédiaire des yeux (1). Mais, comme des changements de couleur se produisent aussi, chez un animal aveugle, par le contact des feuilles ou par celui d'un corps rugueux, il faut admettre que l'animal sain associe inconsciemment la sensation que produit ce contact sur la peau de son ventre à la couleur que perçoivent ses yeux lorsqu'il est posé sur les feuilles (2).

Écailles. Os dermiques. — Sauf une partie des Batraciens Vermiformes, les Batraciens actuels sont dépourvus de revêtement écailleux. Au contraire, parmi les Batraciens de la période primaire, les *Branchiosaurus* étaient couverts de petites écailles. En outre, beaucoup de Batraciens de cette époque présentaient dans leurs téguments des pièces solides, dont certaines ont été intercalées dans le squelette définitif des Vertébrés actuels. Chez les *Dissorophus*, du sommet de chaque apophyse épineuse partaient des arcs osseux qui s'étendaient jusqu'aux côtés et étaient eux-mêmes contigus de manière à former une carapace. Au dessus de ces arcs et en correspondance avec eux, des séries transversales de pièces osseuses dermiques se disposaient tout autour de l'animal en anneaux complets. Le plus souvent, le squelette dermique était limité aux membres et à la face ventrale et formé de séries transversales de pièces, les séries d'un côté cons-

(1) Hans Gadow, The Cambridge Natural History : *Amphibia und Reptilia*, 1901, p. 36.
(2) Boulenger, *Hyla Goughi*, *Proceedings of Zoological Society of London*, Décembre 1911, pl. LXIV.

tituant des chevrons avec celles du côté opposé (*Actinodon*, *Enchirosaurus*, *Gondwanasaurus*). Ces pièces étaient externes et imbriquées chez les *Limnerpeton*; elles s'enfonçaient sous les téguments et alternaient régulièrement d'une rangée à l'autre (*Archegosaurus*), se disposaient sans ordre (*Sclerocephalus*), ou formaient des arcs indépendants (*Pelrobates*). En se soudant entre elles et en s'enfonçant plus profondément, elles paraissent avoir formé des pièces ressemblant à des côtes, telles que celles qui constituent le squelette abdominal des *Sphenodon* et des Crocodiles actuels.

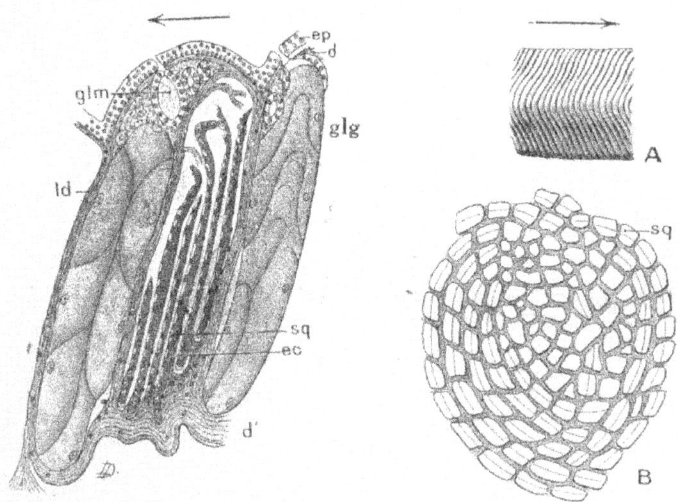

Fig. 1863. — Écailles cutanées d'*Ichthyophis glutinosus*. — A, un fragment de la peau de la face ventrale montrant les sillons à concavité antérieure (la pointe de la flèche indique la direction de la tête). — B, une écaille vue par la surface supérieure, recouverte de squamules, *sq*. — C, coupe longitudinale à travers un des anneaux cutanés : *ep*, épiderme ; *glg*, glandes géantes; *glm*, glandes muqueuses; *d*, *d'*, couches superficielle et profonde du derme; *ld*, lamelle verticale dermique les réunissant et déterminant des compartiments, occupés par les écailles et les glandes géantes ; *ec*, écaille avec son faux épithélium ; *sq*, squamules (P. et J. Sarasin).

Les petites écailles en rapport avec les glandes granuleuses de la partie postérieure des segments des Batraciens Vermiformes rappellent soit les écailles cycloïdes des Poissons, soit de véritables ossifications : c'est ainsi que chez l'*Ichthyophis glutinosus*, elles sont logées dans des compartiments qui alternent avec les glandes granuleuses géantes (fig. 1863, *glg*).

Des crêtes plus ou moins saillantes de la région inter-orbitaire s'ossifient également chez divers Crapauds (*B. empusus* et *B. peltocephalus*). L'ossification s'étend à presque toute la peau du crâne de quelques Rainettes (*Hyla nigromaculata*), formant parfois un véritable casque (*Triprion*, *Hemiphractus*, *Ceratohyla*, *Calyptocephalus*); elle peut envahir la région antérieure du tronc (*Ceratophrys dorsata*) et former finalement (*Brachycephalus ephippium*) un bouclier, soudé avec les apophyses de la 2e vertèbre dorsale et des cinq suivantes. La peau de l'*Hyla dasynotus*, du Brésil, est rendue presque entièrement rigide par les formations solides qu'elle contient. C'est un retour au processus par lequel s'est formée la carapace dermique des Batraciens primaires. Un certain nombre des pièces de la carapace ont peu à peu émigré vers l'intérieur et constitué, du côté dorsal les *omoplates*, du côté ventral l'*episternum*, les *clavicules*, les *paraclavicules*, les *coracoïdes*. Leur migration peut être suivie chez les *Archegosaurus*, *Branchiosaurus*, *Discosaurus*, etc. (1).

Squelette : I, Squelette céphalique. — Au crâne cartilagineux, construit sur le type à peu près constant (p. 2603), qui se retrouve chez tous les embryons de Vertébrés, succède un crâne osseux, différant surtout de celui des Ganoïdes et des Dipnés (p. 2398) par l'absence des pièces operculaires, corrélative du caractère, désormais le plus souvent temporaire, des branchies. Le crâne osseux primitif, tel qu'on le retrouve chez les *Branchiosaurus* du Carbonifère (fig. 1864), est formé, du côté dorsal, par quatre paires médianes de pièces d'origine tégumentaire : 1° les *os nasaux*, qui bordent les narines, en arrière ; 2° les *os frontaux*, situés entre les yeux ; 3° les *os pariétaux*, entre lesquels existe une fontanelle, probablement occupée par un *œil pariétal* impair, comme celui du *Sphenodon* actuel ; 4° en arrière, enfin, les *supra-occipitaux*. Sur ces os médians viennent s'appuyer d'autres os latéraux : les *jugaux*, qui, de chaque côté des nasaux, forment avec eux un arc, dont ceux-ci occupent le sommet, et sur lequel vient se juxtaposer l'*arc maxillaire*, constitué, de chaque côté, par le *prémaxillaire* et le *maxillaire*, qui portent des dents, suivis eux-mêmes du *quadrato-jugal* et du *carré*, qui occupent l'extrémité de l'arc.

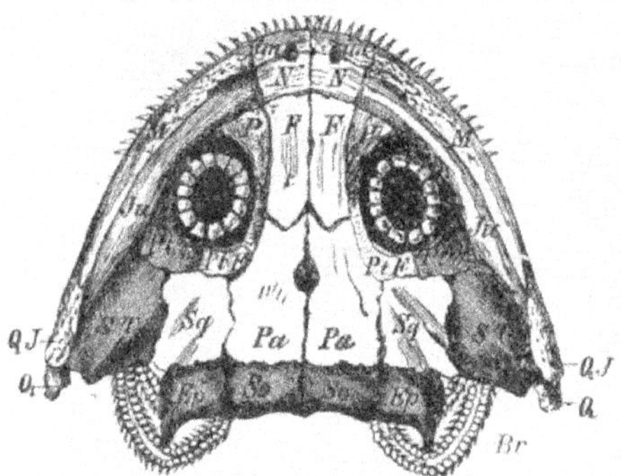

Fig. 1864. — Vue dorsale du crâne de *Branchiosaurus*. — *N*, nasal ; *F*, frontal ; *Pa*, pariétal ; *So*, supra-occipital ; *Ju*, *M*, jugal ; *im*, inter ou prémaxillaire ; *M*, maxillaire ; *QJ*, quadrato-jugal ; *PtF*, post-frontal ; *Pto*, postorbitaire ; *Sq*, squamosal ; *ST*, supra-temporal ; *Ep*, épiotique ; *Br*, arcs branchiaux.

Les os jugaux forment le bord inférieur de l'orbite, complété : en avant, par les *préfrontaux*, qui s'accolent aux frontaux ; en arrière, par les *post-frontaux*, qui s'accolent au bord latéral antérieur des pariétaux, et par les *post-orbitaires*, qui relient les post-frontaux aux jugaux. Sur la moitié postérieure du bord latéral de chaque pariétal s'accole un *squamosal*, suivi d'un *supra-temporal*, qui s'intercale entre le squamosal et le jugal, et forme avec le squamosal et le pariétal une série transversale d'os se terminant en arrière, au même niveau. En arrière, un *occipital latéral* semble prolonger exactement le pariétal, tandis qu'un *épiotique* prolonge de la même façon le squamosal et s'étend au-dessus des arcs branchiaux ; les *post-orbi-*

(1) Credner. Die Stegocephalen aus dem Rothliegenden. *Zeitschr. d. deutsch. geolog. Ges.*, 1881-1883.

taires et les *supra-temporaux* sont les derniers restes des os supra-scapulaires des Poissons ; ils ont disparu chez les Batraciens actuels. Les supra-occipitaux résultent, comme on l'a vu page 2401, de l'ossification des apophyses épineuses des vertèbres annexées au crâne.

Les diverses pièces osseuses des Batraciens primitifs ont éprouvé, chez les Batraciens actuels, de nombreuses modifications (fig. 1865 à 1868) (1). Les os nasaux et les pré-fontaux manquent, en général, chez les Pérennibranches. Les pariétaux se soudent sur la ligne médiane, chez les *Pipa*, les *Xenopus*,

Fig. 1865. — Crâne de *Cryptobranchus alleghaniensis*, vu : A, par la face supérieure ; B, par la face inférieure ; C, de profil (Les os de membrane, en clair, n'ont été représentés que du côté gauche des figures A et B). — *bo*, basioccipital ; *co*, condyles de l'occipital ; *c. ol*, capsule olfactive ; *c. ot*, capsule otique ; *eo*, exoccipital ; *eth*, région ethmoïdale du crâne primordial ; *f*, frontal ; *mx*, maxillaire ; *n*, nasal ; *os*, orbitosphénoïde ; *pmx*, prémaxillaire ; *pét*, os pétreux ou pétrosal ; *pf*, préfrontal ; *ps*, parasphénoïde ; *pt*, ptérygoïdien ; *q*, *Q*, partie cartilagineuse et partie ossifiée du carré ; *pq*, apophyse palatine du carré ; *so*, supra-occipital ; *sq*, squamosal ; — *V*, orifice du trijumeau ; *VII*, orif. du facial ; *IX-X*, trou commun du vague et du glossopharyngien ; — *cm*, cartilage de Meckel ; *an*, angulaire ; *de*, dentaire ; *lig*, ligaments ; *ch*, cératohyal ; *bb*, basihyal ; *ep*, épibranchial ; *cb*, cératobranchial ; *1*, *2*, *3*, *4*, les 4 arcs branchiaux (WIEDERSHEIM).

les *Pelobates* ; les frontaux et les pariétaux d'un même côté ne forment qu'un seul os, le *fronto-pariétal*, chez les Anoures. Les préfrontaux sont conservés chez quelques Vermiformes (*Ichthyophis*, *Uræotyphlus*) et la plupart des Urodèles (*Amblystoma*, *Cryptobranchus*, *Triton*, *Salamandra*). Le squamosal présente, chez les Tritons, une apophyse qui l'unit au frontal et contribue à délimiter une fosse temporale, analogue à celle que nous retrouverons fréquemment chez les Reptiles ; il présente également, chez les Anoures, une apophyse extérieure, qui peut rejoindre une apophyse correspondante du maxillaire (*Pelobates*, *Discoglossus*), se terminer librement (*Rana*), ou demeurer rudimentaire (*Bufo*). Il existe des *lacrymaux* (?) indépendants chez les *Hynobius* et les *Ranidens*.

(1) HUXLEY, On the structure of the skull and of the heart of *Menobranchus*. *Proceed. Zool. Soc.*, 1874. — O. HERTWIG, Ueber das Zahnsystem der Amphibia und seine Bedeutung für die Genese des Skelettes der Mundhöle. *Arch. f. mikroskopische Anatomie*, Bd XI, Suppl., 1874. — W. PARKER, On the structure and development on the skull in common Frog, — in the Urodelous Amphibia, — in the Batrachia ; *Philosophical Transactions*, London, t. CLXI, CLXVII, CLXXII, 1871, 1877, 1881. — DAVISON, A contribution on the anatomy and phylogeny of *Amphiuma means*. *Morph. Journal*, vol. XI, 1895.

Les pièces osseuses résultant de l'ossification du crâne cartilagineux sont extrêmement variables d'un groupe à l'autre. Chez les Vermiformes, une pièce osseuse unique s'étend sur la région ethmoïdale et sur la région antérieure de l'orbite. Elle est remplacée, chez les Anoures, par une pièce osseuse tubulaire, située plus en arrière, qui entoure le crâne cartilagineux à la naissance même des orbites : c'est l'*os en ceinture* de Cuvier, le *sphénethmoïde* de Parker. La région suivante n'est pas ossifiée chez les Anoures; elle est, au contraire, occupée, chez les Urodèles, par deux os symétriques, les *orbito-sphénoïdes*. Viennent ensuite les os qui se développent autour de la capsule auditive; le principal est le *prootique*, qui contribue à limiter le pourtour de la fenêtre ovale, sur le bord antérieur de laquelle se trouvent les trous de sortie du *nerf trijumeau*. Il s'y ajoute, chez les Sirenidæ, les Proteidæ et les Amphiumidæ, un *épiotique*, ou *occipital externe*, et un *ptérotique*, derniers restes des os correspondants des Poissons; l'*épiotique* existait aussi chez les Stégocéphales. Les os occipitaux sont réduits à deux occipitaux latéraux qui laissent entre eux une fontanelle plus ou moins étendue et se réunissent parfois (*Cryptobranchus*); ces os portent les trous de sortie du *nerf vague*.

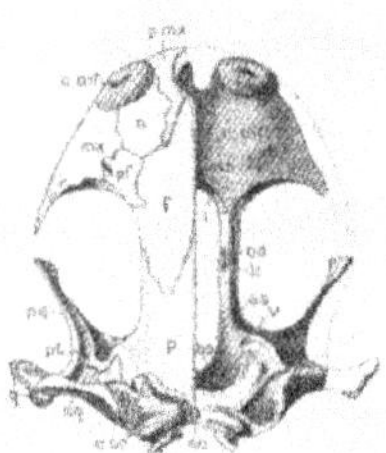
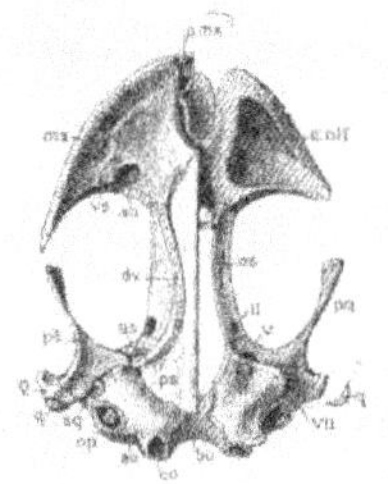

Fig. 1866. — Crâne de *Salamandra atra*. — Mêmes lettres que fig. 1865 ; en outre : *I*, trou du nerf olfactif; *II*, trou optique; *as*, alisphénoïde; *vp*, voméro-palatin; *dv*, dents voméro-palatines; *c. sc*, relief des canaux semi-circulaires.

Les pièces les plus antérieures du squelette prébuccal sont les *prémaxillaires*, ou *intermaxillaires*, émettant un prolongement dirigé vers les nasaux, mais pouvant atteindre jusqu'aux frontaux; ils sont très petits et dépourvus de dents chez les *Siren*, soudés entre eux chez les *Amphiuma*, *Cryptobranchus*, *Triton*. Les maxillaires, entre lesquels ils sont compris, forment, en général, le bord de la mâchoire supérieure; ils s'étendent sur toute la région ethmoïdale, et présentent souvent une partie latérale libre, dirigée en arrière; ils font défaut aux Proteidæ. Chez les Vermiformes, ils sont solidement reliés au *carré* et au *squamosal* par une plaque osseuse, le *quadrato-jugal*, dont les rapports sont exactement ceux du préopercule chez le Polyptère. Il est constant, mais assez petit, chez les Stégocéphales, rudimentaire chez les Anoures, réduit à un ligament chez les Urodèles. Il est précédé, chez les Stégocéphales, par un *jugal*, qui soutient à sa place le maxillaire et qui peut être rapproché des deux petites pièces osseuses situées sous le préopercule du Polyptère. Chez la plupart des Salamandridæ l'espace orbito-temporal est divisé en une *fosse orbitaire* et une *fosse temporale*, par un arc résultant de la rencontre de deux processus, issus, l'un du squamosal, l'autre du frontal.

Cet arc demeure souvent ligamenteux. En arrière des prémaxillaires et entre les maxillaires, la voûte buccale est soutenue, dans sa région médiane, par deux os qui sont souvent pourvus de dents sur leur bord antérieur. Ces os symétriques sont les *vomers*, suivis d'un os impair, le *parasphénoïde*, avec lequel ils s'articulent. Très grands chez les Urodèles, ces os se réduisent chacun à une lame étroite chez les Anoures. Cette lame porte en arrière et en dehors un long prolongement lui donnant la forme d'une L. A l'extérieur de ces os, se trouvent latéralement de grands *ptérygoïdes*, rappelant l'ectoptérygoïde des Poissons, et qui s'appliquent en avant sur l'apophyse ptérygoïde du cartilage palatocarré des Salamandrines ou sur la région correspondante chez les Anoures. Un os transversal particulier, le *palatin*, absent chez les *Bombinator* et les *Pelodytes*, est en rapport chez les Anoures et quelques Urodèles (*Necturus*, *Proteus*, *Siredon*) avec la partie antérieure de ce cartilage; il unit le vomer et l'extrémité antérieure du sphénethmoïde avec le ptérygoïde. Chez les *Amblystoma* adultes et la plupart des Urodèles, cet os se soude au vomer, et il se constitue ainsi un os unique, le *voméro-palatin*. Des soudures analogues peuvent se retrouver entre quelques-unes des autres pièces que nous venons d'énumérer. C'est ainsi que le ptérygoïde s'unit au squamosal chez les Vermiformes et avec le palatin chez les Pérennibranches, que le parasphénoïde des Vermiformes s'unit aux occipitaux latéraux et aux périotiques pour ne former qu'une seule pièce osseuse, l'*occipito-sphéno-rupéal* de Dugès.

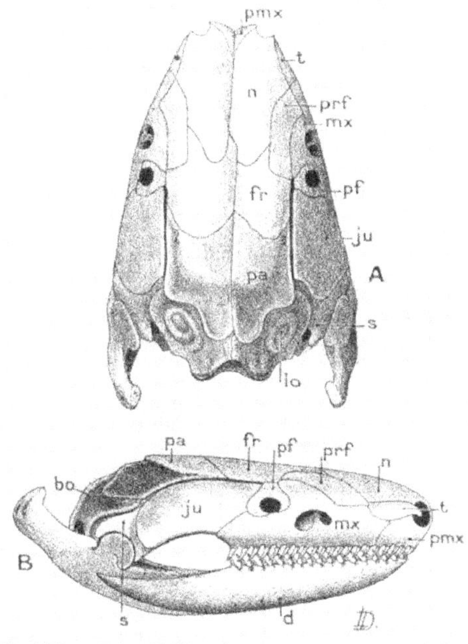

Fig. 1867. — Crâne d'*Ichthyophis glutinosus* : A, vu par la face dorsale; B, vu de profil : — *bo*, basioccipital ; *pa*, pariétal ; *fr*, frontal ; *ju*, quadrato-jugal ; *pf*, post-frontal ; *prf*, préfrontal ; *t*, turbinal, *n*, nasal ; *pmx*, prémaxillaire ; *mx*, maxillaire ; *s*, suspensorium (squamosal) ; *lo*, relief des canaux semi-circulaires de l'oreille (P. et J. Sarasin).

Sur le cartilage mandibulaire se développent : un *os dentaire*, le plus important et le plus constant de tous, qui occupe les parties antérieure et latérale du cartilage, puis un os *angulaire*, qui le suit, portant souvent une apophyse coronoïde, s'étendant jusqu'à l'angle de la mâchoire et se prolongeant considérablement en arrière chez les Vermiformes; quelquefois, un *articulaire* se développe sur la région postérieure de la mandibule; mais, le plus souvent, cette partie reste cartilagineuse. Dans la région de l'angulaire se trouve aussi un petit *os operculaire* ou *sphénial*, qui porte des dents; il est bien développé chez les Vermiformes et les *Siren*, se résorbe durant la période larvaire chez les Salamandridæ, et fait défaut chez les Anoures.

Des pièces osseuses qui se rattachent au squelette branchial, l'opercule, d'abord cartilagineux, se transforme en une pièce osseuse se rattachant par un ligament au cartilage carré ; elle représente probablement l'hyomandibulaire: la colonnette cartilagineuse s'ossifie également chez les Anoures et représente le symplectique des Poissons. Ces deux pièces sont soudées chez les Vermiformes en un os unique, traversé par une artère et en rapport avec l'os carré, caractères qui sont ceux de l'*étrier* de l'oreille moyenne des Vertébrés supérieurs. Le rôle de suspenseur de la mandibule passe tout entier à la région du cartilage palato-carré qui s'est ossifiée, de façon à constituer l'*os carré*. Cet os est dirigé en avant chez les Pérennibranches; il est oblique chez les Vermiformes, dirigé en dehors chez les Salamandridæ, latéralement et en arrière chez les Anoures; il porte, chez les *Ichthyophys*, une apophyse, qui s'articule avec l'étrier et réalise ainsi une disposition isolée dans le groupe des Batraciens, mais qui deviendra générale chez les Mammifères.

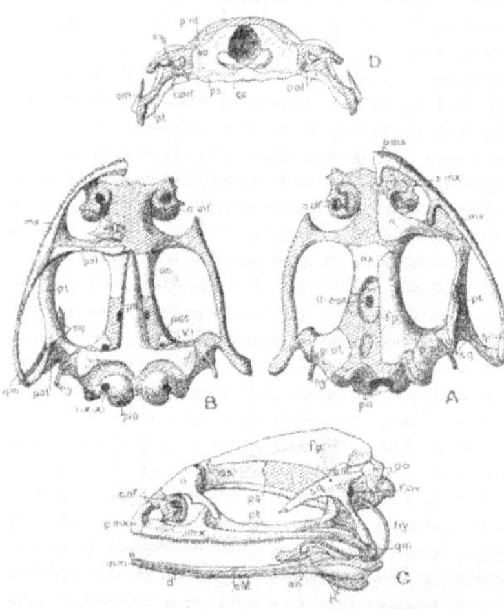

Fig. 1868. — Crâne de *Rana esculenta*, vu : A, par la face dorsale ; B, par la face ventrale ; C, de profil ; D, par derrière. — *mx*, maxillaire ; *pmx*, prémaxillaire ; *smx*, supramaxillaire ; *n*, nasal ; *c. olf* (ou *c. of* en C), capsule olfactive ; *fp*, fronto-pariétal ; *os*, os en ceinture (= sphénethmoïde) ; *p. ot*, prootique ; *sq*, squamosal ; *pt*, ptérygoïde ; *qm*, quadrato-maxillaire ; *hy*, hyoïde ; *po*, paroccipitaux ; *vo*, vomer ; *pal*, palatin ; *ps*, parasphénoïde ; *f. ov*, fenêtre ovale ; *an*, angulaire ; *d*, dentaire ; *mm*, mento-maxillaire ; *cM*, cartilage de Meckel ; *H*, os hyoïde. — *II* (*opt.*) trou de sortie du nerf optique ; *V*, du nerf trijumeau ; *IX-XI*, des nerfs glosso-pharyngien, vague et spinal.

Squelette branchio-hyoïdien. — Le squelette branchio-hyoïdien des larves aquatiques se modifie profondément lorsqu'elles deviennent aériennes. Pendant la période larvaire, il existe toujours quatre arcs branchiaux. Ces arcs complets, presque égaux entre eux, portant des saillies en forme de denticules ou de tubercules comme celles qui forment les rateaux branchiaux des Poissons Cténobranches, semblent avoir été à découvert chez les Batraciens primaires (*Batrachosaurus*), qui ne présentent aucune trace d'opercule (fig. 1864). Ces arcs demeurent également au nombre de quatre chez la Sirène lacertine adulte, l'Amphiume et le Ménopome; il n'y en a plus que trois chez les Ménobranches (*Necturus*) et deux chez les *Megalobatrachus*, si voisins cependant des Ménopomes.

Chez les Axolotls (*Siredon*), l'arc hyoïdien et les deux suivants sont divisés en deux pièces, dont la plus inférieure (*hypohyal* et *hypobranchial*) se relient à une copule, l'autre étant libre; les deux arcs suivants sont réduits à une seule pièce, qui n'atteint pas la copule. Celle-ci se prolonge en une pièce cartilagineuse, qui se divise postérieurement en deux branches, dont l'extrémité ossifiée représente probablement le 5ᵉ arc branchial. Cette disposition est légèrement modifiée chez les larves d'Urodèles, où la copule ventrale est plus courte, et où le 3ᵉ et le 4ᵉ arcs, réduits à une seule pièce, se rattachent par leur extrémité inférieure à l'arc précédent; les arcs vont en diminuant de longueur du premier au dernier (fig. 1871 A); trois petites pièces indépendantes et disposées en triangle représentent le 5ᵉ arc (*Triton*). La réduction est poussée plus loin chez les Vermiformes (fig. 1870), où le 1ᵉʳ et le 2ᵉ arcs, plus larges que les autres, s'attachent à la copule, tandis que

Fig. 1869. — Appareil hyo-branchial de *Megalobatrachus maximus*. — *h*, arc hyoïdien; *b₁*, *b₂*, arcs branchiaux. (GEGENBAUR).

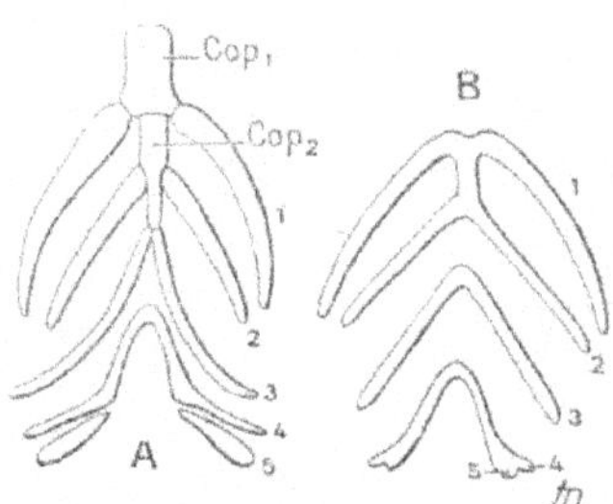

Fig. 1870. — Appareil hyo-branchial d'*Ichthyophis glutinosus*. — A, chez la larve; B, chez l'adulte; *1-5*, les 5 arcs successifs; *cop₁* et *cop₂*, copula (P. et J. SARASIN).

le 3ᵉ s'unit à son symétrique pour former une pièce en forme de V, le 4ᵉ demeurant indépendant. Les deux os hyoïdiens du *Megalobatrachus maximus* (fig. 1869) sont unis l'un à l'autre, indépendants de la copule et forment une lyre à branches très larges, dirigées en arrière; la copule est elliptique à grand axe transverse et porte un appendice postérieur médian, auquel se rattache le 1ᵉʳ arc; le 2ᵉ, formé de deux pièces, s'attache lui-même au sommet de cet appendice.

Les dispositions que présentent les autres Urodèles sont variables, mais se rattachent assez facilement aux précédentes. Les deux pièces hyoïdiennes sont toujours plus développées que les pièces branchiales, et se détachent de la copule; le 1ᵉʳ arc branchial, réduit à son cératobranchial, se soude par son extrémité antérieure à celle du 2ᵉ cératobranchial, que prolonge un long épibranchial distinct (*Spelerpes*), ou qui est représenté par un prolongement cartilagineux du cératobranchial (*Salamandra*); un ou deux (*Salamandra*) petits os se trouvent de chaque côté de la copule, à laquelle ils peuvent se souder (*Spelerpes*), constituant une pièce dite *étrier*.

Enfin, chez les Anoures, le squelette hyoïdien branchial du têtard est profondément modifié (fig. 1871 C). Il comprend un arc hyoïdien très large et continu, sans aucune division transversale; les deux arcs hyoïdiens se fusionnent sur la ligne médiane ventrale, et leur région commune supporte à sa partie postérieure les arcs branchiaux. Ceux-ci sont au nombre de quatre, légèrement dentelés, en forme d'arcs, mais ils se fusionnent à leurs deux extrémités, de manière à former deux corbeilles symétriques rattachées à l'hyoïde. Cet appareil, chez l'adulte (même fig., D), se modifie de manière à former une large plaque médiane, présentant latéralement deux plaques cartilagineuses comprises chacune entre deux prolongements

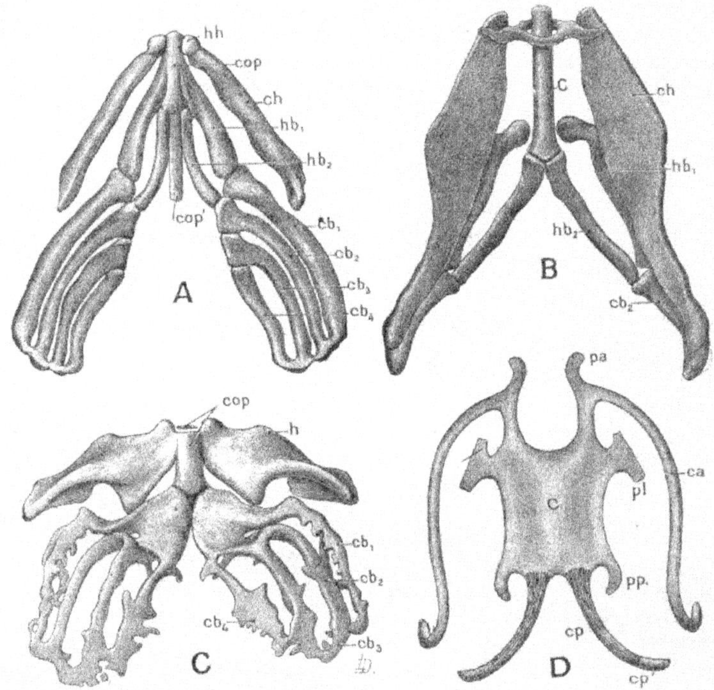

Fig. 1871. — Squelette branchio-hyoïdien (vue dorsale) : A, d'une larve de *Triton tæniatus* longue de 2 centimètres (grossi environ 20 fois). — B, après la métamorphose (même grossissement). — C, d'une larve de *Rana fusca* de 29 millimètres de long (grossi environ 12 fois). — D, d'une jeune Grenouille de 2 centimètres de long (même grossissement) : — *hh*, hypohyal ; *ch*, cératohyal ; *h*, hyal ; *cop*, copula (corps de l'hyoïde) ; *hb*, hypobranchiaux ; *cb*, cératobranchiaux. — En outre, pour la figure D : C, corps de l'hyoïde : *ca*, cornes antérieures (arc hyoïdien) ; *cp*, cornes postérieures (arcs branchiaux fusionnés) ; *cp₁*, leur partie ossifiée ; *pa*, processus antérieurs ; *pl*, processus alaires, *pp*, processus postérieurs (GAUPP, in O. HERTWIG).

osseux ; du prolongement antérieur part une tige osseuse courbée en S, dirigée en arrière, qui est l'arc hyoïdien, tandis que le prolongement postérieur représente les quatre arcs branchiaux fusionnés ; postérieurement, la plaque se prolonge en deux appendices, dont la partie médiane est ossifiée et comprend entre ses branches le sac vocal.

II. Squelette du tronc. Constitution des vertèbres ; leurs diverses formes. Colonne vertébrale. — De même que celles des Poissons (p. 2.048 et suivantes), les vertèbres des Batraciens passent successivement par des étapes différentes, dont les premières ne se rencontrent que dans les fossiles primaires. La corde dorsale n'est jamais entièrement résorbée. Les éléments squelettiques qui entrent dans la constitution d'une vertèbre complète se disposent autour d'elle en un anneau divisé en quatre paires de pièces, auxquelles on applique la dénomination générale de *pièces arcuales*. Des quatre paires d'arcuales, deux sont placées sur la face supérieure de la corde, deux sur sa face inférieure; ce sont les *basidorsales*, les *interdorsales*, les *basiventrales*, et les *interventrales*, les basi-arcuales étant placées en avant des inter-arcuales correspondantes. Ces pièces n'existent généralement pas toutes à la fois et, en tout cas, n'atteignent pas un égal développement dans un même segment vertébral; dans les formes inférieures, elles peuvent être remplacées par un anneau osseux continu, d'épaisseur uniforme ou s'épaississant dans sa région moyenne, en resserrant plus ou moins la corde : la vertèbre est alors *lépospondyle*. Les pièces d'une même paire peuvent se souder, le corps de la vertèbre demeurant constitué cependant de plusieurs os distincts, la vertèbre est alors *temnospondyle*; elle est *stéréospondyle* si le corps n'est pas divisé. Ces trois dispositions se rencontrent chez les Batraciens Stégocéphales de la période primaire : la première est celle des *Branchiosaurus*; la seconde, celle des *Archegosaurus*; la troisième, celle des *Labyrinthodon*.

Chez tous les Batraciens, les éléments dominants du corps des vertèbres sont empruntés aux arcuales dorsales, ce qu'on exprime en disant que la vertèbre est *notocentrique*; au contraire, chez les Reptiles actuels, ce sont les arcuales ventrales, qui les fournissent : la vertèbre est *gastrocentrique*. Les *Cryops*, *Cricotus*, *Hylonomus*, qu'on rattache souvent aux Stégocéphales, sont des formes de passage entre les deux groupes.

Dans la classe des Batraciens, les vertèbres les plus primitives sont celles des Vermiformes, qui sont *pseudocentriques*; il en est de même de celles des BRANCHIOSAURIDÆ et de celles des AÏSTOPODES dépourvus de membres.

Chez les Batraciens fossiles, la structure des vertèbres est assez variée. Dans les vertèbres du tronc des Stégocéphales les plus primitifs (*Chlamydosaurus*, *Sphenosaurus*), les 4 paires typiques d'arcuales étaient bien développées; les *Trimerorachis* et les *Archegosaurus* n'en avaient plus que trois et les interdorsales ébauchaient une sorte de centre; mais les vertèbres caudales avaient, dans ce dernier genre, conservé la disposition primitive. Les *Artinodon*, *Buchirosaurus*, *Gondwanasaurus* étaient également temnospondyles. Enfin les genres *Trematosaurus*, *Capitosaurus*, *Metopias*, *Loxomma* étaient stéréospondyles.

Tous les Batraciens actuels sont stéréospondyles, mais les faces terminales de leurs vertèbres se présentent sous trois formes différentes : elles sont *procèles* quand leur face antérieure est concave et leur face postérieure convexe (la plupart des Anoures); *opisthocèles* quand c'est le contraire (DESMOGNATHINÆ, SALAMANDRINÆ, parmi les Urodèles; AGLOSSA, DISCOGLOSSIDÆ, *Asterophrys*, *Megalophrys*, parmi les Anoures), *amphicèles*, quand leurs deux faces, débarrassées de cartilages, sont concaves (AMPHIUMIDÆ, PROTEIDÆ). La plupart des vertèbres opisthocèles appartiennent, chez les Anoures, à des types redevenus presque entièrement aquatiques (*Bombinator*, *Pipa*, *Xenopus*) : cette réacclimatation semble avoir également déterminé chez eux une réduction, ou même une disparition du tympan, qui, tout au moins, n'est plus apparent extérieurement (*Pipa*, *Xenopus*).

Toutes les vertèbres portent des arcs neuraux (fig. 1872 et 1873, *an*) ; les arcs hémaux ne sont bien développés que dans la région caudale et ils sont intervertébraux ; ceux d'une même paire se réunissent inférieurement en une courte hémapophyse. L'apophyse épineuse est, elle aussi, peu développée, mais il existe souvent des *zygapophyses articulaires* antérieures et

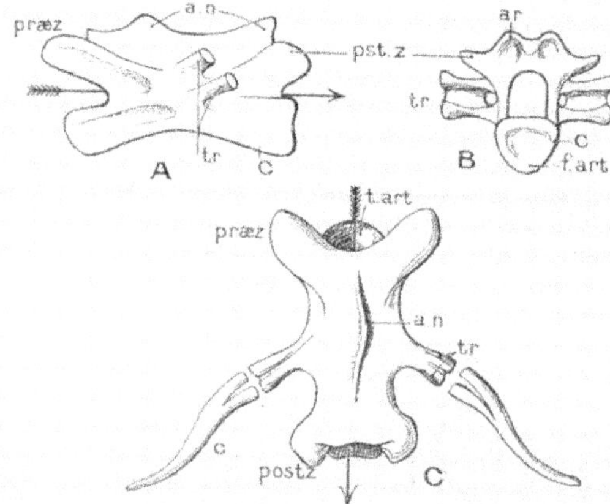

Fig. 1872. — Vertèbre du tronc de *Salamandra maculosa* : A, vue du côté gauche ; B, vue postérieurement ; C, vue par la face dorsale : — *C*. corps : *f. art*, fossette articulaire postérieure (vert. opisthocèle) ; *t. art*. tête articulaire antérieure ; *an*, arcs neuraux et neurépine ; *at*, apophyse transverse, perforée, portant la côte à deux racines, *c* ; *præz*, apophyses articulaires antérieures (præzygapophyses ; *postz*, postzygapophyses (Bütschli).

postérieures. Les apophyses articulaires d'une vertèbre s'unissent, par des surfaces articulaires cartilagineuses, aux apophyses antérieures de la vertèbre suivante. Chaque vertèbre porte, en outre, des apophyses transverses, bien développées, chez les Anoures, surtout chez les *Pipa*. La base de ces apophyses est percée, chez les Urodèles (fig. 1872 B, *tr*), d'un trou ou d'une fossette, semblant indiquer que chaque apophyse résulterait de la soudure de deux pièces originellement distinctes, correspondant peut-être à la diapophyse et à la parapophyse des Polypteridæ (fig. 1705, p. 2414). Ce trou fait souvent défaut aux vertèbres antérieures des Anoures.

Comme toujours, c'est chez les formes dont toutes les parties du corps sont utilisées de la même façon pour la progression, c'est-à-dire chez les Batraciens Vermiformes, que le nombre des vertèbres est maximum ; il peut s'élever à 230. Il était de 150 chez les Aïstopodes, aussi dépourvus de membres, du Carbonifère ; il tombe à 99 chez les *Amphiuma*, à 57 chez le *Siren lacertina*, à 58 chez le *Proteus*, varie de 57 à 47 chez la *Salamandrina perspicillata*, de 53 à 37 chez les diverses espèces de Tritons, tombe à 49 chez l'*Amblystoma tigrinum* et à 44 chez la *Salamandra maculosa*.

Le nombre des vertèbres du tronc paraît à peu près constant chez les individus d'une même espèce ; celui des vertèbres de la queue, au contraire, est assez variable.

Ces nombres ne sont d'ailleurs que des nombres apparents, car, d'une part, la colonne vertébrale se prolonge, dans la queue des Urodèles, en une tige cartilagineuse indifférenciée, qui représente plusieurs vertèbres, et d'autre part, chez les mêmes animaux, la première vertèbre apparente, l'*atlas*, se prolonge entre les deux condyles occipitaux en une apophyse dentiforme contenant un prolongement de la corde et qui est probablement un corps de vertèbre, dont les parties dorsales se sont soudées au crâne. Cette apophyse dentiforme manque à l'atlas des Anoures. L'atlas des Batraciens n'est d'ailleurs pas l'équivalent morphologique de celui des Amniotes, car, chez ces derniers, les nerfs spinaux comptent parmi les nerfs craniens, tandis qu'ils sont encore, chez les Batraciens, des nerfs rachidiens.

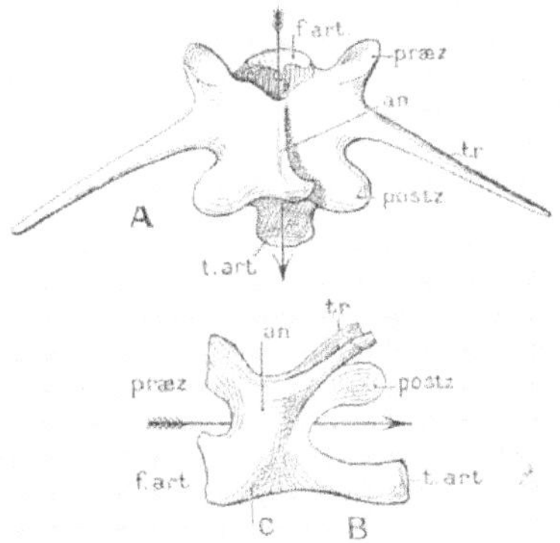

Fig. 1873. — Vertèbre du tronc de *Rana mugiens* : A, vue par la face dorsale ; B, vue de profil ; — Mêmes lettres que dans la figure précédente ; mais *f. art*, fossette articulaire antérieure (v. procèle) ; *t. art.*, tubercule articulaire postérieur (O. Bütschli).

L'atlas des Aglossa est très épais, très large, et porte de longues apophyses transverses. Chez un certain nombre d'Anoures, il se soude plus ou moins à la seconde vertèbre (*Palæobatrachus* fossile, souvent *Ceratophrys*, *Breviceps*, accidentellement *Xenopus*, *Pelobates*, *Bufo*, *Rana*).

La ceinture pelvienne se rattache d'une façon de plus en plus étroite à la colonne vertébrale quand on va des Pérennibranches aux Anoures. Un simple ligament unit, chez les *Necturus* et les *Proteus*, l'iliaque à un prolongement costiforme de l'une des vertèbres, qui devient ainsi la vertèbre sacrée, et sépare nettement la région dorsale de la colonne vertébrale de sa région caudale. L'iliaque se fixe directement à une côte chez les Salamandrines (fig. 1874, S) ; il s'unit à l'apophyse transverse d'une vertèbre correspondant à la vertèbre sacrée, chez les Anoures. Cette apophyse peut simplement s'allonger et s'élargir (*Rana*, fig. 1882, *s*), ou se dilater en plaque à son extrémité (*Hyla*, *Bufo*) ; il y a deux vertèbres sacrées, dont les apophyses transverses soudées forment une pièce en forme de hache chez les *Pipa*, *Hymenochirus* et *Pelobates*.

La position de la vertèbre sacrée est très variable chez les Urodèles ; elle peut être la 63ᵉ (*Amphiuma means*), la 30ᵉ (*Proteus anguinus*), la 22ᵉ (*Siren lacertina*, *Megalobatrachus maximus*), la 21ᵉ (*Cryptobranchus alleghaniensis* (fig. 1874, *S*), *Cr. Scheuchzeri*, la 20ᵉ (certains spécimens de *Cr. alleghaniensis*), la 19ᵉ (*Necturus maculatus*), la 17ᵉ (*Salamandra macu-

losa, *Triton cristatus*, certains *Amblystoma tigrinum*), la 16e (d'autres *A. tigrinum*. *Spelerpes fuscus*), la 15e (*Triton tæniatus*, *Salamandra perspicillata*), la 14e (*T. palmatus*).

Chez les Anoures, la vertèbre sacrée occupe généralement le 9e rang (fig. 1882), elle recule parfois jusqu'au 11e chez le *Bombinator igneus*. Chez les formes où il existe deux vertèbres sacrées, la première de ces vertèbres occupe le 10e rang chez les *Pelobates*, le 8e chez le *Pipa*, le 6e chez l'*Hymenochirus*, qui est le Vertébré où le nombre des vertèbres dorsales est le plus réduit. Les vertèbres qui suivent sont fusionnées, chez les Anoures, en un seul os, l'*urostyle* ou *coccyx*. La 11e vertèbre est encore libre durant l'état larvaire chez le *Bombinator*, la 10e demeure plus ou moins distincte et porte de petites diapophyses chez les Discoglossidæ adultes, où le coccyx lui-même en présente des rudiments à sa base. Cette 10e vertèbre n'est distincte qu'à l'état larvaire chez les autres Anoures.

Il y a des raisons de penser que le nombre des vertèbres qui se sont fusionnées pour former le *coccyx* n'est pas inférieur à 12, ce qui porterait à 21, comme chez les Urodèles, le nombre des vertèbres dorsales primitives. Le bassin se serait également articulé sur la 21e vertèbre. Mais, les côtes faisant défaut et la queue cessant de fonctionner, il aurait peu à peu glissé en avant, tandis que les vertèbres qu'il abandonnait seraient devenues rudimentaires, à mesure qu'elles étaient inutilisées et se seraient soudées entre elles. Les bandes cartilagineuses dorsale et ventrale se développent sur le coccyx comme dans le reste du rachis ; mais le cartilage ventral a perdu toute trace de métaméridation ; il forme presqu'à lui seul la moitié postérieure du coccyx. Le coccyx est, en général, simplement articulé avec la vertèbre sacrée, quand il n'y en a qu'une ; il se soude cependant complètement avec elle chez le *Bombinator*; quand il y en a deux, il se soude toujours avec la seconde (*Pipa*, *Hymenochirus*, *Pelobates*).

Côtes. — Les côtes ne font défaut que chez les Anoures; elles sont bifurquées à leur extrémité proximale ; la branche ventrale de cette bifurcation s'unit toujours à l'apophyse transverse; la branche dorsale s'unit à l'apophyse articulaire antérieure de la vertèbre chez les Vermiformes, à la branche dorsale de l'apophyse transverse chez les Urodèles (fig. 1872, *c*, *tr*). Toutefois, cette bifurcation peut faire défaut ou n'être qu'indiquée, soit sur toutes les côtes (*Cryptobranchus*), soit sur les postérieures seulement. Sur la base simple des côtes du *Cryptobranchus*, il existe un trou qui peut faire penser que les deux branches ordinaires des côtes se sont simplement rapprochées. Ces diverses parties délimitent ainsi un espace triangulaire qui simule celui où passe l'artère vertébrale chez les autres Vertébrés, et qui est compris entre l'apophyse transverse et la tubérosité de la côte ; mais il n'y a là qu'une apparence d'homologie ; c'est, en effet, entre le corps de la vertèbre et la branche montante de l'apophyse transverse que passe l'artère vertébrale. L'orifice qui lui correspond est entouré d'une pièce osseuse qui se relie au corps vertébral et se développe sur la base de l'arc dorsal. Les apophyses transverses semblent ainsi porter un trou spécial pour le passage de l'artère vertébrale.

Il existe des côtes, indépendamment d'arcs hémaux bien caractérisés, jusque sur la queue des Urodèles (fig. 1874, *R*).

Les côtes des Urodèles cheminent à l'intersection du septum musculaire horizontal des parois du corps avec les dissépiments transversaux de ces muscles, comme les côtes supérieures de Poissons (1); elles se dirigent ensuite vers le bas; assez souvent, leur extrémité se bifurque. Celles du *Triton* (*Pleurodeles*) *Waltlii* se terminent par une fine pointe, à l'intérieur d'un espace lymphatique et peuvent, au moins temporairement, perforer la peau.

Parmi les Anoures, il existe encore des rudiments de côtes assez allongés, et présentant une indication de bifurcation, chez les Discoglossidæ et les jeunes Aglosses; ils s'articulent sur les 2e, 3e et 4e vertèbres chez les premiers, sur les 2e et 3e chez les seconds. Sur les vertèbres suivantes, ces rudiments sont très petits et soudés à l'apophyse, avec laquelle ils se confondent chez les adultes; chez les autres Anoures, ils ne se distinguent pas de l'apophyse transverse, qui est très développée.

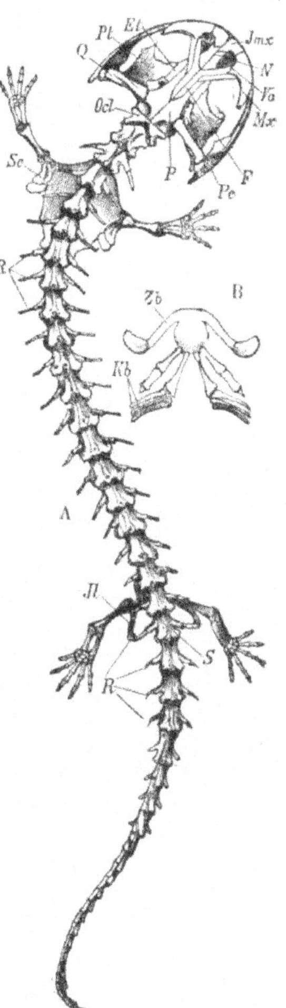

Fig. 1874. — Squelette de *Cryptobranchus alleghaniensis* : — *Ocl*, occipital latéral ; *P*, pariétal ; *Pe*, pétreux (prootique); *N*, nasal ; *Et*, ethmoïde ; *F*, frontal ; *Vo*, vomer ; *Mx*, maxillaire ; *Jmx*, intermaxillaire ; *Q*, carré ; *Pt*, ptérygoïde ; *Sc*, scapulaire ; *Jl*, ilion ; *S*, vertèbre sacrée ; *R*, côtes. — En B, Squelette branchial : *Zb*, arc hyoïdien ; *Kb*, arcs branchiaux.

Sternum. — On voit apparaître, pour la première fois, chez les Batraciens, des pièces squelettiques médianes ventrales, dont les plus antérieures sont en rapport avec la ceinture scapulaire, servant même de support, en avant, à quelques-unes de ses pièces constitutives, tandis que, latéralement et en arrière, elles sont en rapport avec un certain nombre de côtes.

Ces pièces sont les *pièces sternales*, dont l'ensemble constitue le sternum; elles ne font guère défaut que chez les Vertébrés marcheurs qui ont perdu leurs membres. Ce fait et le rapport évident du degré de développement du sternum avec le plus ou moins grand usage que l'animal fait de ses membres, sa persistance, alors même que les côtes sont rudimentaires, comme chez les Batraciens Anou-

(1) C. Knickmeyer, Ueber Entwickelung der Rippen bei *Triton tæniatus*. *Diss. inauguralis*, Munich, 1914. — E. Göppert, Morphologie der Amphibienrippen, *Morph. Jahrbuch*, Bd XXII, 1895.

res, indiquent que cette partie du squelette s'est développée sous l'influence des muscles qui font mouvoir les membres pectoraux; elle a d'ailleurs pu avoir, comme point de départ, les parties ventrales des côtes, qui, primitivement, se rejoignaient directement deux à deux sur la ligne médiane ventrale, comme elles le font encore chez un certain nombre de Reptiles (*Chamæleo*). Chez aucun Batracien actuel, les côtes n'ont cependant conservé de rapport avec le sternum.

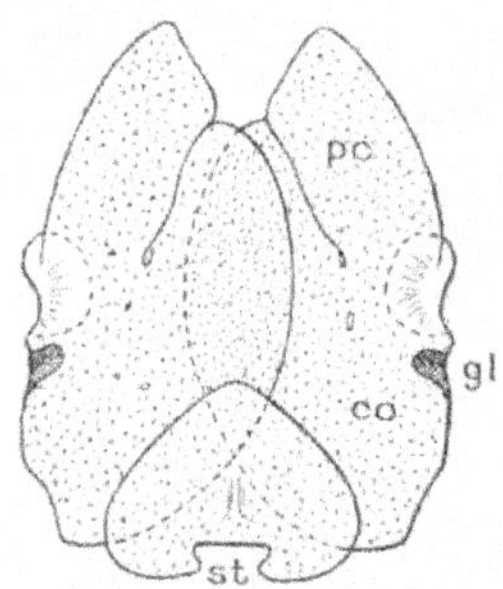

Fig. 1875. — Ceinture scapulaire et sternum de *Megalobatrachus maximus*. — *st*, sternum; *co*, coracoïde; *pc*, precoracoïde; *gl*, cavité glénoïde.

Chez les Urodèles, ce dernier est représenté par un cartilage impair, losangique, ou cordiforme, avec pointe en avant et échancrure postérieure chez les *Megalobatrachus* (fig. 1875), présentant un prolongement en arrière chez les *Triton* et les *Salamandra*. Deux rainures latérales reçoivent les coracoïdes, qui se croisent sur la ligne médiane.

Ce que l'on appelle le *sternum* chez les Anoures (fig. 1876) est l'ensemble de deux pièces médianes : l'*omosternum*, *prosternum*, ou *épisternum*, antérieur à la ceinture scapulaire, et le *métasternum*, qui lui est postérieur. L'omosternum s'attache aux cartilages précoracoïdes et se fusionne parfois avec eux. Le métasternum s'attache aux cartilages épicoracoïdes, avec lesquels il peut aussi se fusionner. L'existence de ces pièces n'est pas constante; leur forme et leur degré d'ossification sont très variables et ont été utilisés comme caractères de classification (p. 2876).

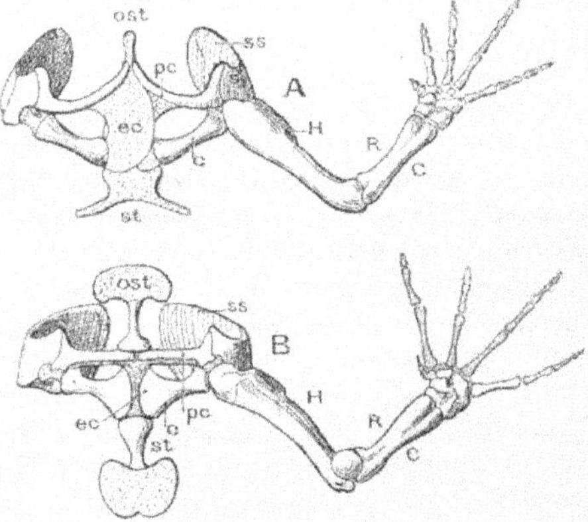

Fig. 1876. — Ceinture scapulaire et sternum des Anoures : — A, Arcifera : *Discoglossus pictus*; — B, Firmisternia : *Rana esculenta* : — *ost*, omosternum; *st*, métasternum; *c*, coracoïde; *ec*, épicoracoïde; *pc*, procoracoïde et clavicule; *s*, scapulum; *ss*, supra-scapulum; *H*, humérus; *R* et *C*, radius et cubitus (Boulenger).

L'omosternum est très réduit ou manque chez les Engystomatidæ et beaucoup de Bufonidæ. Chez les Anoures supérieurs (Firmisternia, fig. 1876 B), où il est souvent partiellement ossifié, il est séparé par une suture des précoracoïdes. Le métasternum a, le plus souvent, la forme d'une plaque ossifiée, que suit une partie dilatée, cartilagineuse; il se divise rapidement en deux cornes très divergentes chez les Discoglossidæ.

La continuité de ces pièces avec les cartilages pré- et épicoracoïdes, constante dans le jeune âge, semble indiquer qu'elles dérivent de la ceinture scapulaire et non des côtes. Leurs variations de forme fournissent des caractères très employés dans la systématique.

III. Squelette des membres. — C'est surtout avec la nageoire des Sélaciens qu'on a essayé de comparer les membres des Batraciens; mais c'est des Poissons Cténobranches, chez lesquels la nageoire du Sélacien s'était déjà modifiée en sens divers (p. 2.427), que les Batraciens se sont détachés; toute tentative de rapprochement entre leurs membres et la nageoire de ces Poissons a d'ailleurs été vaine.

L'existence constante d'un plexus de nerfs issus de plusieurs métamères à la base des quatre membres, la concordance, imparfaite, à la vérité, chez les Batraciens, entre le nombre des nerfs qui concourent à former ces plexus et celui des doigts qui terminent les membres, enfin le développement embryogénique confirment ce que nous avons dit de l'origine des membres chez les Batraciens et les Vertébrés marcheurs et témoignent que les membres des Vertébrés marcheurs ont été, en réalité, formés de parties appartenant à cinq métamères successifs, ayant fourni chacun au membre un rayon squelettique pluriarticulé. Il y a donc lieu de rechercher comment cinq séries de pièces, d'abord indépendantes et métamériquement disposées, se sont soudées pour former les os du carpe et du tarse, les deux os de l'avant-bras et de la jambe, l'os unique du bras et de la cuisse, et comment enfin les ceintures scapulaire et pelvienne ont pu se constituer en rapport avec les muscles qui mouvaient ces pièces squelettiques.

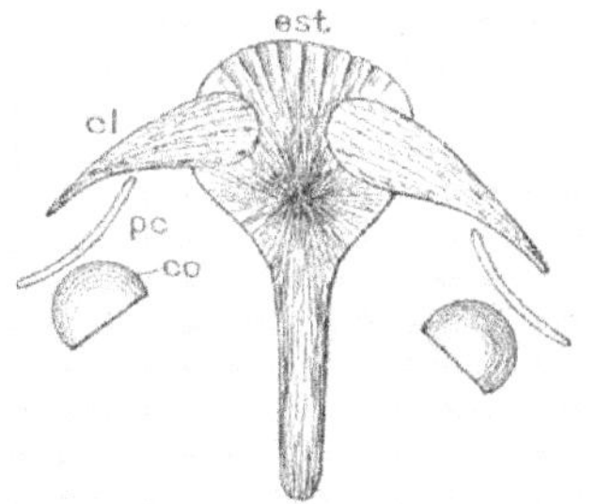

Fig. 1877. — Ceinture scapulaire d'un Stégocéphale (*Melanerpeton*). — *est*, épisternum; *cl*, clavicule; *pc*, paraclavicule (*cleithrum*); *co*, coracoïde (Credner).

1° ***Membre antérieur***. — *Ceinture scapulaire*. — La ceinture scapulaire comprend, comme le crâne, nous l'avons vu p. 2425, des os qui ont fait partie à un certain moment de la carapace tégumentaire et se sont graduellement enfoncés dans l'épaisseur des parois du corps, tandis que d'autres se sont développés directement à la place qu'ils occupent, en rapport avec les muscles moteurs du premier segment du membre. Les premiers de ces os sont les *paraclavicules* ou *cleithrum*, et les *clavicules*, qui sont en rapport avec l'épisternum; les seconds sont les *coracoïdes* et les *omoplates*.

Les *paraclavicules* et les *clavicules*, ainsi que l'épisternum médian, avaient encore conservé leur position superficielle chez les Stégocéphales (fig. 1877); les premières avaient la forme de baguettes, obliquement disposées, parfois dilatées en palette à leur extrémité distale et indépendantes des clavicules; celles-ci, plus développées, se dilataient au contraire à l'extrémité proximale, dans la région où elles étaient en rapport avec l'épisternum (*Branchiosaurus*, *Archegosaurus*), au devant duquel elles peuvent se rejoindre (*Metopias*). Ces deux couples de pièces semblaient occuper l'un par rapport à l'autre une position métamérique. Une paire de *coracoïdes* complétait la ceinture scapulaire.

Chez les Batraciens actuels, il n'y a plus de *paraclavicules*. Chaque moitié de la ceinture est représentée d'abord par un cartilage continu (fig. 1879, A), vers le milieu de la longueur duquel est creusée une cavité glénoïde, où pénètre la tête de l'humérus. Cette cavité divise le cartilage en deux parties : l'une dorsale, l'autre ventrale. La partie ventrale constitue l'ensemble des *cartilages coracoïdiens*; la partie dorsale, le *cartilage scapulaire*.

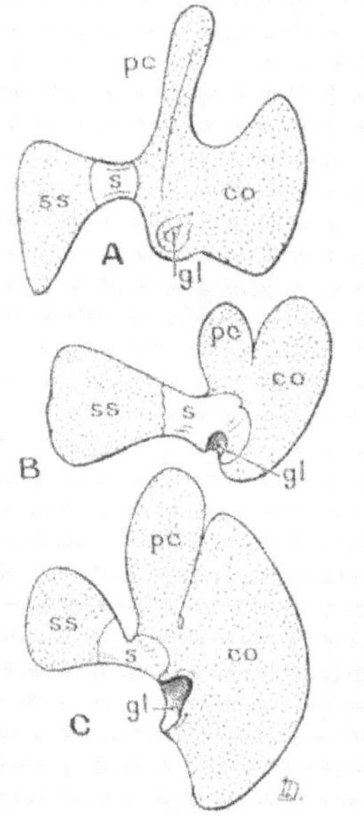

La plus grande partie de la ceinture scapulaire demeure cartilagineuse chez les Urodèles. L'omoplate et le coracoïde sont continus l'un avec l'autre, et sont élargis en forme de hache; la cavité glénoïde est située plutôt sur la plaque coracoïdienne. La partie rétrécie de l'omoplate qui se relie au coracoïde s'ossifie en général mais dans des proportions variables (même fig.). L'ossification peut demeurer limitée à l'omoplate (*Necturus*, *Menobranchus*, A, *s*), s'étendre jusqu'au voisinage de la cavité articulaire (*Megalobatrachus*, C), ou même envelopper celle-ci (*Salamandra*, B). La plaque coracoïdienne est entière chez les *Siren*; dans les autres types, une fissure profonde, commençant par n'être qu'une simple lunule, la divise en deux lobes qui demeurent unis par une membrane. Le plus étroit de ces lobes, dirigé antérieurement, est le *précoracoïde* (*pc*); le plus large est le *coracoïde* proprement dit (*co*); il est dirigé transversalement. Le coracoïde est étroit et la fissure qui le sépare du coracoïde très large chez les Proteidæ et le *Necturus*). Le coracoïde est plus large et la fissure étroite, mais très profonde chez les *Cryptobranchus*; elle devient large mais peu profonde chez la *Salamandra*.

Fig. 1878. — Moitié droite de la ceinture scapulaire des Urodèles. — A, *Necturus maculatus*. — B, *Salamandra maculosa*. — C, *Megalobatrachus maximus* : — *co*, coracoïde; *pc*, précoracoïde; *s*, scapulum ossifié; *ss*, suprascapulum (partie restée cartilagineuse du scapulum); *gl*, cavité glénoïde (Gegenbaur).

Nous avons vu que les coracoïdes se croisent en avant du sternum, dans lequel chacun d'eux est comme encastré. Le précoracoïde ne s'ossifie pas; le coracoïde lui-même n'est guère ossifié que chez les *Siren*, forme dépourvue de membres postérieurs, et chez qui les membres antérieurs ont, en conséquence, un rôle particulièrement important.

La ceinture scapulaire continue des Poissons Cténobranches se divise, chez les Batraciens Urodèles, en deux moitiés tout à fait distinctes, mais qui chevauchent l'une sur l'autre, sur la face ventrale du corps. Dans chacune d'elles, les cartilages qui remplaceront plus tard l'omoplate, le coracoïde et le précoracoïde ne forment encore qu'une pièce continue. C'est seulement lorsque des os dermiques viendront se superposer à cette ébauche commune qu'elle se divisera nettement à son tour en des parties nouvelles, qui seront conservées chez tous les Vertébrés supérieurs.

La ceinture scapulaire des Anoures (fig. 1876) est d'abord constituée, de chaque côté, comme celle des Urodèles, par un cartilage continu, dont la partie dorsale constitue la région scapulaire, la partie ventrale, la région coracoïdienne, séparées l'une de l'autre par la cavité glénoïde, où pénètre l'humérus; dans la région coracoïdienne, une lunule elliptique, ovale ou triangulaire, que ferme une membrane, sépare seule un précoracoïde et un coracoïde virtuels. On donne le nom d'*épicoracoïde* à la bande cartilagineuse qui ferme la lunule du côté de la ligne médiane ventrale, à l'opposé de la cavité glénoïde.

Les deux demi-ceintures s'entrecroisent aussi le plus souvent sur la ligne médiane; mais il n'y a pas, derrière elles, de pièce cartilagineuse sternale, dans laquelle elles puissent s'encastrer, comme chez les Urodèles. Les Anoures dont la ceinture scapulaire est ainsi constituée ont été réunis dans un grand groupe, celui des Arcifera (fig. 1876 A). Dans un second groupe beaucoup moins nombreux, celui des Firmisternia, les deux demi-ceintures s'affrontent sans s'entrecroiser sur la ligne médiane ventrale (fig. 1876 B) et sont solidement unies par une suture (Engystomatidæ, Raninæ, Dendrobatinæ, parmi les Phanéroglosses, et tous les Aglosses). Chez les *Xenopus*, qui appartiennent à ce dernier groupe, les deux branches peuvent se rejoindre sur la ligne médiane et séparer complètement dans cette région les précoracoïdes des coracoïdes.

Trois paires de pièces osseuses viennent bientôt se superposer aux diverses parties du cartilage primitif.

Une lame osseuse se développe, en général, à la surface du cartilage *précoracoïde*, mais une couche de tissu conjonctif sépare les deux formations, conduisant à les considérer comme des formations indépendantes et à voir dans la formation osseuse une *clavicule* d'origine dermique. Cette clavicule est, chez les *Bufo* et les *Rana*, à cheval sur le bord antérieur du précoracoïde, dont elle épouse la forme en s'étendant plus loin du côté ventral que du côté dorsal; mais elle peut aussi envelopper entièrement et cacher le cartilage (*Hemisus, Breviceps*).

Inversement, les clavicules et les précoracoïdes peuvent être très réduits (*Hypopachus*), représentés par de simples ligaments appliqués contre les coracoïdes, ou tout à fait absents (*Engystoma, Phrynella, Mantophryne, Cacosternum, Cacopus*, etc.).

Les coracoïdes sont toujours ossifiés; les épicoracoïdes demeurent, au contraire, toujours cartilagineux, de sorte que, même chez les Firmisternia, il persiste toujours entre les coracoïdes une bande cartilagineuse sur la ligne médiane.

La partie des cartilages scapulaires voisine de la cavité cotyloïde s'ossifie à partir de cette cavité, dont elle circonscrit toujours une partie; la région élargie, qui demeure cartilagineuse, constitue le *cartilage suprascapulaire*. Ce cartilage est souvent calcifié.

Membre antérieur. — La disposition des os du membre antérieur des Batraciens témoigne déjà que l'animal marche à l'aide d'un membre qui avait été primitivement adapté à un tout autre usage. Dans une nageoire, tous les os sont dans le même plan et, lorsque la nageoire est au repos, ce plan est perpendiculaire au plan de symétrie, c'est-à-dire habituellement horizontal.

Dans la patte antérieure des Batraciens, comme dans celle de tous les Vertébrés marcheurs, le *cubitus* est bien articulé à l'humérus, en arrière du radius, comme il devrait l'être dans une nageoire plane; mais, après avoir disposé son avant-bras verticalement, l'animal a dû, pour poser sa main horizontalement sur le sol en dirigeant les doigts en avant, ramasser dans cette direction l'extrémité inférieure du cubitus et cette position forcée a peu à peu déterminé une *torsion de l'humérus*, dont la démonstration d'abord, l'explication ensuite, ont vivement préoccupé les naturalistes. Cette torsion ne s'effacera plus chez les autres Vertébrés marcheurs.

L'humérus se termine en haut par une tête hémisphérique, qui s'engage dans la cavité glénoïde. Le radius des Urodèles s'articule avec l'humérus par une tête articulaire arrondie, qui lui laisse une grande liberté de mouvement; le cubitus s'articule, au contraire, en charnière, de sorte qu'il n'a que des mouvements antéro-postérieurs et réciproquement; encore ces mouvements sont-ils limités en arrière par le développement d'une *apophyse olécrane* (fig. 1879, *o*), qui vient butter contre l'humérus et arrête le mouvement d'extension, lorsque les deux os sont arrivés à être en ligne droite. L'humérus, ainsi d'ailleurs que le fémur, se meut dans un plan sensiblement horizontal, de sorte que le corps, n'étant en général soulevé que de la hauteur toujours faible de l'avant-bras ou de la jambe, le ventre traîne à terre pendant la marche. C'est là l'allure *rampante*, qui a été conservée chez tous les Reptiles actuels, auxquels elle a valu leur nom, et, parmi les Mammifères, chez les Monotrèmes.

Le carpe demeure fréquemment cartilagineux. La 1re rangée ne comprend que deux pièces cartilagineuses, par suite de la fusion de l'intermédiaire avec l'ulnaire (fig. 1879, *r*, $i + u$); les deux *centraux*, encore indépendants chez les *Cryptobranchus*, sont également fusionnés (*c*), soit entre eux, soit avec d'autres pièces du carpe. La 2e rangée ne comprend normalement, par suite de la disparition du 1er doigt, que quatre pièces, dont chacune peut se souder avec l'une des pièces voisines; ces soudures diverses sont liées à la très faible mobilité des os du carpe, réunis entre eux par des ligaments.

La patte antérieure des Anoures se modifie déjà (fig. 1880); le radius et le cubitus, distincts l'un et l'autre à l'état cartilagineux, se soudent au moment de leur ossification, de sorte que l'articulation du coude est seule mobile.

Le carpe des Discoglossidæ comprend 9 cartilages : un *radial*, un *cubital*, deux *centraux* (*intermédiaire* et *central*) et cinq *carpiens*. Chez les autres Anoures, la 1re rangée du carpe ne comprend que deux os, l'intermédiaire s'étant sans doute fondu avec l'ulnaire; le central a quitté sa position, pour venir s'intercaler parmi les os de la 2e rangée. Ces derniers, plus ou moins déplacés, sont encore au nombre de cinq chez les *Bombinator* (fig. 1880 B).

Le plus souvent, ils se soudent entre eux de façons diverses; d'ordinaire, les 3ᵉ et 4ᵉ carpiens, parfois très petits, se soudent avec l'un des centraux et l'autre vient se mettre en contact avec le radius; la 1ʳᵉ rangée des os du carpe semble donc se composer de 3 éléments, comme chez les Urodèles, et l'intermédiaire paraît manquer.

D'autres combinaisons peuvent se produire; les carpiens soudés sont, par exemple, les 4 et 5ᵉ chez les *Phryniscus*, les 3ᵉ, 4ᵉ et 5ᵉ chez les *Bufo*, *Hyla*, *Rana* (fig. 1880 A); le 1ᵉʳ demeure généralement plus indépendant que les autres et porte un rudiment de pouce, réduit à un métacarpien (*Bombinator*, fig 1880 B), auquel s'ajoute assez

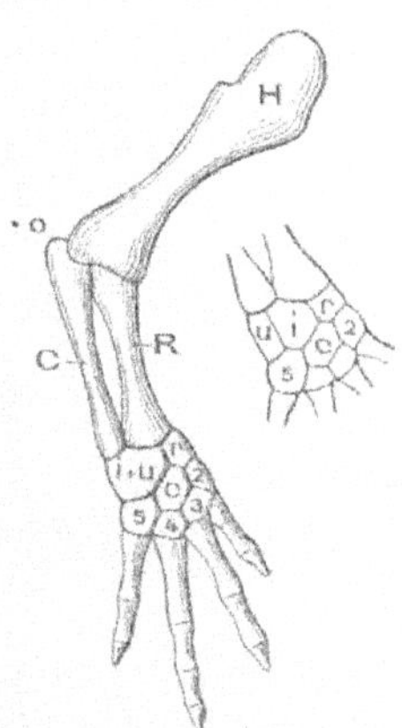

Fig. 1879. — Membre antérieur de *Salamandra maculosa* : — *H*, humérus; *R*, radius; *C*, cubitus, avec son olécrane, *o*; *r*, radial; *i* + *u*, ulnaire, soudé avec l'intermédiaire; 2-5, les 4 carpiens. Dans les premiers temps du développement, l'intermédiaire et l'ulnaire apparaissent généralement séparés (comme en B) (GEGENBAUR).

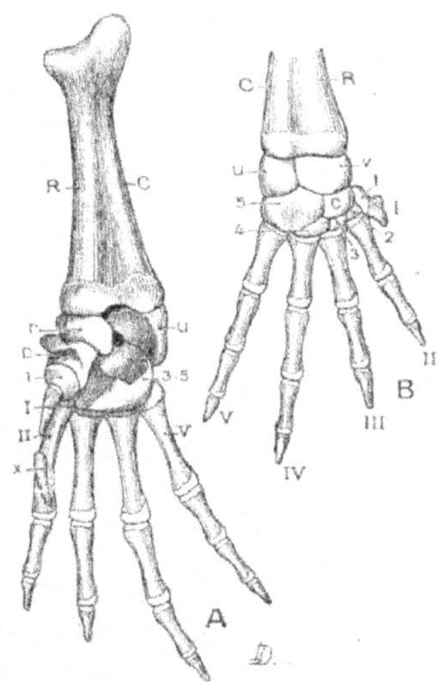

Fig. 1880. — Extrémité du membre antérieur des Anoures. — A, *Rana* (GAUPP). — B, *Bombinator* (GEGENBAUR). — Mêmes lettres que pour la fig. 1879; en outre, I-V, les cinq doigts.

fréquemment une phalange. La présence de ce pouce rudimentaire aux pattes antérieures des Anoures indique que le nombre cinq des doigts, qui se retrouve partout ailleurs, sauf d'évidentes réductions ultérieures, était aussi typique chez les Batraciens, et que c'est par suite d'une atrophie qu'il est tombé à quatre chez les *Salamandra*, ce qui s'était déjà produit d'ailleurs chez les STÉGOCÉPHALES.

Chez les *Proteus*, il n'y a que trois cartilages carpiens distincts: chez l'*Amphiuma*, l'ulnaire, l'intermédiaire et l'un des carpiens sont fusionnés, de même que le radial et le carpien voisin.

La réduction peut d'ailleurs aller plus loin. C'est ainsi que le 2ᵉ doigt des *Pseudis* est rudimentaire, que les *Amphiuma* et les *Proteus* n'ont plus que 3 doigts ou même 2. La réduction porte aussi bien sur les métacarpiens que sur les doigts. Parmi ces derniers, le 3ᵉ et le 4ᵉ, chez les Urodèles, le 4e et le 5e, chez les Anoures, ont 3 phalanges, les autres 2 (1).

Sur le bord interne du pied de beaucoup d'Anoures, il existe de deux à quatre pièces cartilagineuses, qu'on a considérées comme répondant à un doigt disparu, le *prépollex* (2). Il faudrait alors admettre que les ancêtres des Batraciens actuels avaient 6 doigts, ce qui, jusqu'ici, n'a pas été observé.

Entre le disque adhésif terminal des doigts de beaucoup d'HYLIDÆ et de RANIDÆ et la dernière phalange s'intercale une pièce cartilagineuse, qui devient une véritable phalange, chez les *Rhacophorus*, *Ixalus*, *Chiromantis*, *Chirixalus*, *Rappea*, dont les doigts ont ainsi respectivement 3. 3. 4. 4. phalanges et les orteils 3. 3. 4. 5. 4.

2° **Membre postérieur**. — **Bassin**. — Le bassin des Batraciens est d'abord constitué, comme la ceinture scapulaire, par un cartilage continu,

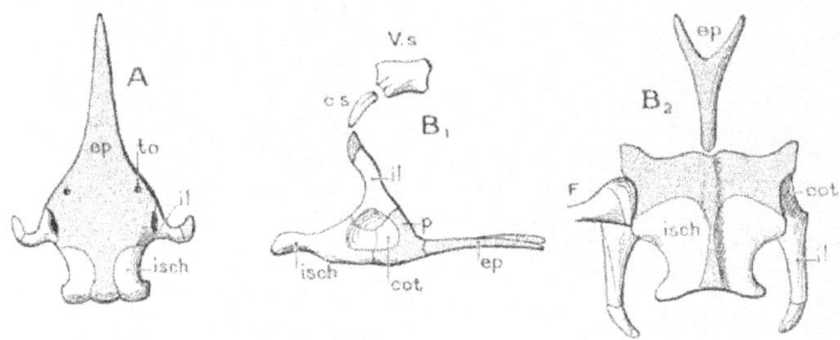

Fig. 1881. — Ceinture pelvienne d'Urodèles. — *A*, *Necturus*. — *B*1 et *B*2, *Salamandra maculosa* (vue de profil et vue ventrale) : — *p*, pubis ; *il*, ilion ; *isch*, ischion ; *ep*, épipubis ; *to*, trou obturateur ; *cot*, cavité cotyloïde ; *F*, fémur (WIEDERSHEIM).

dans lequel une cavité articulaire délimite, de chaque côté, une région *iliaque* dorsale et une région *ischio-pubienne* ventrale. Chez les *Necturus* (fig. 1881 A), la partie iliaque se réduit à une simple bandelette s'élevant obliquement d'avant en arrière vers la colonne vertébrale ; la région ischio-pubienne forme une large plaque pentagonale, dont un sommet est dirigé en avant. Chez les *Salamandra* (fig. 1881 B), la région préarticulaire du cartilage est tronquée en avant. Du milieu de son bord antérieur part un long et grêle prolongement bifurqué à son extrémité libre, *l'épipubis*, *ep*. Entre ces deux formes extrêmes viennent s'intercaler des formes très variées.

Sur sa partie élargie, la plaque ventrale porte deux trous symétriques (*to*), qui existent aussi chez les Requins pour le passage d'un nerf. La branche montante ou iliaque du cartilage atteint la colonne vertébrale chez les PÉRENNIBRANCHES et se fixe sur elle par l'intermédiaire d'une côte chez les

(1) GEGENBAUR, *Unters. zur vergl. Anat.*, Leipzig 1862-1865. — VAN DER HOVEN, Note sur le carpe et le tarse du *Cryptobranchus japonicus*. *Arch. néerlandaises des sc. exactes et nat.*, t. I, 1881. — R. WIEDERSHEIM, Die ältesten formen der Carpus und Tarsus der heutigen Amphibien. *Morphologisches Jahrbuch*, Bd. II, 1876. — G.-B. HOWES and W. RIDEWOOD, On the carpus and tarsus of Anura. *Proceed. of Zool. Society*, 1888. — JURGENSON, Structure of the hand der *Pipa* and *Xenopus*. *Annals and Magas. of nat. Hist.*, série 6, vol. VIII, 1899.

(2) KEHRER, Beiträge zur Kenntniss des Carpus und Tarsus der Amphibien. *Ber. der Naturforschergesellschaft Freiburg im B.*, Bd. I, 1886.

Salamandridæ (fig. 1881 B, *cs*), caractérisant ainsi une *vertèbre sacrée*, et fournissant aux muscles des membres une région d'insertion plus résistante à leur traction au cours de la marche. Les deux branches montantes s'ossifient à partir de la cavité articulaire, donnant ainsi les deux *ilions* ou *os*

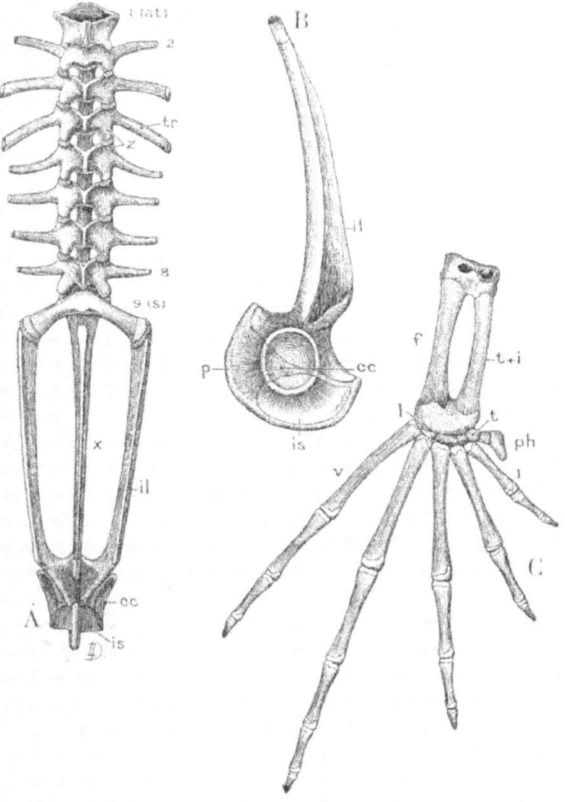

Fig. 1882. — A, Colonne vertébrale et ceinture pelvienne de *Rana esculenta* : *1* (*at*), première vertèbre (atlas) ; *8*, dernière vertèbre présacrée ; *9* (*s*.) vertèbre sacrée ; *x*, coccyx ; *tr*, apophyses transverses ; *z*, zygapophyses ; *il*, ilion ; *is*, ischion. — B, La ceinture pelvienne, vue du côté gauche : mêmes lettres ; en outre : *p*, région cartilagineuse représentant le pubis ; *cc*, cavité cotyloïde. — C, Le pied droit, vu par la face dorsale : *f*, fibulaire, *t* + *i*, tibial et intermédiaire soudés ; *l*, *t*, les os de la 2e rangée du tarse ; I-V, métatarsiens et doigts : *ph*, prehallux.

iliaques. Les deux angles de la plaque ventrale situés en arrière de la cavité articulaire s'ossifient également, donnant les deux *ischions* ou os *ischiatiques*. La région de la plaque ventrale antérieure à la cavité articulaire demeure cartilagineuse : elle correspond au *pubis*.

Chez les Anoures (fig. 1882 A et B), les deux ilions, fixés à l'apophyse transverse d'une ou rarement de deux vertèbres sacrées (p. 2753), sont extrêmement allongés et dirigés en arrière. Ils s'unissent, à leur extrémité postérieure, à une plaque verticale portant de chaque côté une cavité articulaire.

La partie de la plaque située en arrière de cette cavité est osseuse et représente les deux ischions soudés ; la partie antérieure, ou pubienne, n'est généralement formée que de cartilage calcifié ; elle présente cependant, chez les *Pelobates*, un centre ossifié, et porte, chez les *Xenopus* ou *Dactylethra*, une bandelette cartilagineuse, analogue à celle des *Salamandra*, mais s'élargissant brusquement en disque. Les deux ischions ne laissent entre eux qu'une gouttière qui assure juste le passage nécessaire à l'intestin et aux conduits urinaires.

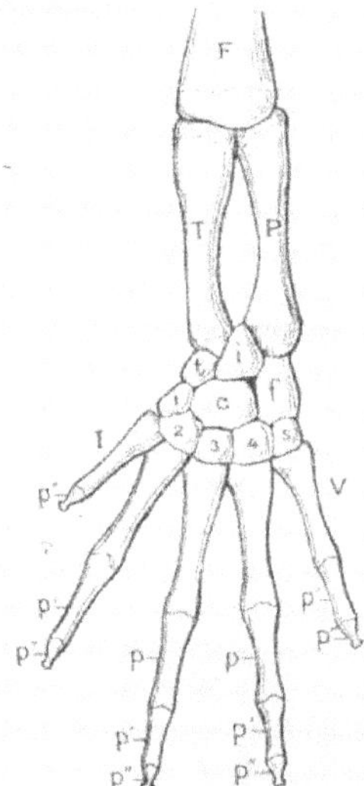

Fig. 1883. — Squelette de l'extrémité de la patte postérieure de *Salamandra maculosa*. — *F*, extrémité du fémur ; *T*, tibia ; *P*, péroné ; *t*, tibial ; *i*, intermédiaire ; *f*, fibulaire ; *c*, central ; *1-5*, os tarsiens ; *I-V*, métatarsiens ; *p*, phalanges ; *p'*, phalangines ; *p''*, phalangettes (A. Perrier).

Il existait, chez les Stégocéphales et les Labyrinthodontes, une plaque osseuse, antérieure à la cavité articulaire, et représentant, soit un pubis, soit un prépubis.

Membre postérieur. — La structure de la patte postérieure des Urodèles, fondamentalement semblable à celle de la patte antérieure, paraît cependant être demeurée plus primitive, ainsi que cela a lieu chez les animaux aquatiques ; chez les Urodèles, en effet, l'adaptation à la marche est à peine commencée ; le membre antérieur a encore conservé sa prédominance dans la locomotion ; c'est lui qui s'est essayé le premier à la marche, mais il a gardé d'autres fonctions, en raison même de sa position, tandis que l'inertie croissante de la queue faisait peu à peu du membre postérieur le membre propulseur par excellence. Dans la patte postérieure des Urodèles (fig. 1883), le fémur, le tibia, le péroné et les os du tarse sont articulés de manière à ne présenter qu'une très faible mobilité ; les deux centraux, indépendants chez les *Cryptobranchus* et quelques autres formes, se soudent fréquemment (*Salamandra*) ; il existe cinq tarsiens qui s'appuient : le 1er sur le tibial et le central, le 2e et le 3e sur le central exclusivement ; le 4e sur le central et le fibulaire ; le 5e sur le fibulaire seul ; chacun d'eux porte un métacarpien et un doigt ; des cinq doigts, le 1er n'a qu'une phalange, le 2e deux, le 3e et le 4e, trois, le 5e deux.

Les Urodèles ont généralement aussi cinq orteils ; ce nombre se restreint à quatre dans les genres *Necturus*, *Batrachoseps*, *Salamandrella*, *Batrachyperus*, *Salamandrina*, *Manculus*, à trois chez les *Amphiuma*, à deux chez les *Proteus*. Les membres postérieurs font défaut chez les *Siren*, et les quatre membres sont, d'autre part, si courts chez les *Spelerpes* et les *Batrachoseps* qu'ils sont tout à fait inutilisables.

Cette patte se modifie profondément chez les Anoures (fig. 1882 C) : le fémur s'allonge beaucoup, de même que le tibia et le péroné, qui se soudent en un seul os, portant à son extrémité distale deux os, eux-mêmes assez longs, constitués au moyen des os du tarse et considérés comme une *astragale* et un *calcanéum*; le 1er résulte, probablement, de la soudure du tibial et de l'intermédiaire, fréquente chez les Reptiles ; le 2e représenterait alors le fibulaire. Ces os se soudent entre eux, soit à leurs deux extrémités, soit, ce qui est plus rare, sur toute leur longueur (*Pelodytes*). Ils sont suivis en général de 3 ossicules, demeurant parfois en partie cartilagineux, et qui représentent les tarsiens, tandis qu'un ou plusieurs ossicules, situés bout à bout sur le bord interne du pied, représentent un 6e doigt, le *préhallux* (1). Les trois premiers tarsiens correspondent chacun à un doigt ; les 4e et 5e métatarsiens s'articulent directement sur le calcanéum ; on ignore comment cette disposition s'est produite. Le nombre des orteils est constamment égal à cinq.

Muscles. — ***Musculature de la tête.*** — Les muscles de la tête des Batraciens Pérennibranches et des larves à respiration branchiale des Urodèles correspondent, dans une assez large mesure, à ceux de la région analogue des Poissons, avec cette différence toutefois que l'immobilité de la mâchoire supérieure, la disparition de l'opercule, et la présence des branchies externes ont amené des simplifications et des modifications correspondantes. Afin de faciliter la comparaison avec les muscles des Poissons, il est avantageux d'énumérer successivement les muscles respectivement innervés par le *trijumeau*, le *facial*, le *glosso-pharyngien* et le *vague*.

Les muscles qui dépendent du trijumeau sont, de haut en bas : le *temporal* et le *masséter*, qui proviennent de la dissociation de *l'adducteur de la mandibule* en une couche externe, qui devient le temporal, et une couche interne, qui forme le masséter ; un petit muscle, le *ptérygoïdien*, qui se trouve très fréquemment en avant du temporal, en est probablement aussi une dépendance. Les deux temporaux sont contigus, le long de la ligne médiane du crâne, chez les Pérennibranches et les AMPHIUMIDÆ ; ils peuvent s'étendre en avant jusque dans la région orbitaire, en arrière jusque sur les premières vertèbres, couvrant ainsi toute la région post-orbitaire de la tête. Chez les Urodèles, le masséter constitue une puissante masse musculaire, qui couvre une partie du pariétal, du squamosal et du prootique, et s'insère d'autre part sur la surface externe de la mandibule (*Cryptobranchus*, *Megalobatrachus*) ; son insertion supérieure se localise, chez les Anoures, sur l'arcade temporale, qui fait défaut aux Urodèles.

Les muscles innervés par le facial sont ceux qui proviennent de la portion du constricteur superficiel des Élasmobranches correspondant à l'arc hyoïdien. De la région dorsale de ce muscle provient l'*abducteur de la mandibule*, formé par ses fibres profondes, et qui, prenant insertion sur le crâne et sur l'hyoïde, dont la position est variable, vient s'attacher au voisinage de l'articulation de la mandibule. En raison de ces attaches multiples, qui s'étendent assez loin en arrière, ce muscle se décompose souvent, à son origine, en plusieurs muscles secondaires ; il a peut-être aussi incorporé des muscles provenant des métamères suivants, car la branche du facial qui

(1) BORN, Die sechste Zehe der Anuren. *Morph. Jahrb.* Bd. I, 1876.
(2) GEGENBAUR, *Vergleichende Anatomie*.

l'innerve présente une anastomose avec le glosso-pharyngien. Les muscles provenant de la région ventrale du constricteur forment, en avant, la partie superficielle du plancher buccal, et, en arrière, un demi-collier constricteur des branchies, tant que celles-ci existent ; les premiers de ces muscles peuvent être désignés sous les noms d'*intermandibulaires* ou de *mylo-hyoïdiens* ; le dernier, sous celui de *constricteur du cou*.

Dans l'angle de la mandibule se trouve d'abord un petit *intermandibulaire* impair, transversal, recouvert par une aponévrose (*Cryptobranchus*) ; ce muscle est suivi par l'*intermandibulaire antérieur*, qui naît de la partie antérieure des branches de la mandibule et n'est séparé de son symétrique que par une bande tendineuse médiane. Sous ce muscle s'engage *l'intermandibulaire postérieur*, qui s'unit de la même façon à son symétrique sur la ligne médiane et s'attache en arrière à l'os hyoïde. Le constricteur du cou (*sphincter colli*) naît, par une aponévrose, de la région postérieure de la mandibule, descend vers le bas, en s'épanouissant vers la ligne médiane, pour se confondre avec la région distale de l'intermandibulaire postérieur et se fixer à une autre aponévrose. Bien développé vers le bas chez les *Necturus* et les *Cryptobranchus*, ce muscle se réduit chez les *Megalobatrachus* ; on l'observe encore chez les SALAMANDRIDÆ, mais il disparaît chez les *Anoures*.

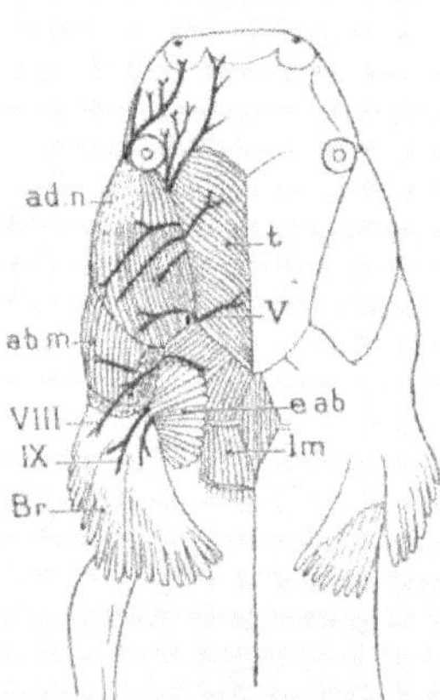

Fig. 1884. — Muscles de la tête de *Necturus lateralis* (face dorsale). — *adm* et *abm*, adducteur et abducteur de la mandibule ; *t*, temporal ; *eab*, élévateur des arcs branchiaux ; *lm*, muscle latéro-dorsal du tronc ; *Br*, branchies externes ; *V*, trijumeau ; *VIII*, glossopharyngien ; *IX*, nerf vague (GEGENBAUR).

Comme chez les Poissons Cténobranches, il existe, chez les Batraciens Pérennibranches et les larves des Caducibranches, des muscles *élévateurs des branchies*, appartenant au domaine du pneumogastrique et s'attachant à la base du crâne.

De la région dorsale du *constricteur* des branchies dérive le *m. trapèze*, dont l'insertion terminale est toujours sur le cartilage scapulaire, mais dont l'insertion initiale, d'abord placée sur l'aponévrose dorsale (Pérennibranches), s'étend ensuite jusqu'au crâne (*Salamandra*) et finit par se localiser tout à fait sur celui-ci (ANOURES), le muscle gagnant ainsi peu à peu en puissance et en précision dans ses mouvements.

Les deux omoplates sont reliés chez les Anoures par un autre muscle, innervé par la pneumogastrique, le *m. interscapulaire*, dérivé sans doute de l'adducteur des branchies des Sélaciens.

Muscles du tronc (1). — Le système musculaire du tronc présente encore,

(1) MAURER, Der Aufbau und die Entwickelung der ventraler Rumpfmuskulatur der Urodelen Amphibien. *Morph. Jahrbuch.*, Bd. XVIII, 1892. — Id... der Anuren Amphibien. *Ibid.* Bd. XXII, 1894. — KÆSTNER, Die Entwickelung der Extremitäten und Bauchmuskulatur der Anuren Amphibien. *Arch. f. Anatomie u. Physiologie*, Anat. Abth., Heft. VI, 1893.

chez les Vermiformes, la disposition métamérique primitive, d'une manière presque aussi nette que celui des Cyclostomes. Les myomères et les myocomes se succèdent avec la plus grande régularité, de la région céphalique à l'extrémité postérieure du corps, et sont marqués à sa surface presqu'aussi nettement que chez les Vers Annelés. Chez les Urodèles (fig. 1885), ils sont masqués, seulement en partie, dans les régions scapulaire et iliaque, par le développement des muscles des deux ceintures basilaires des membres, et, le long de la ligne médiane dorsale, par la disparition des myocommes. En avant, une masse musculaire se différencie, rattachant à la colonne vertébrale la tête, à la surface de laquelle elle s'étale. Chez les Anoures, la musculature métamérique n'est complète que pendant la période larvaire. Plus tard,

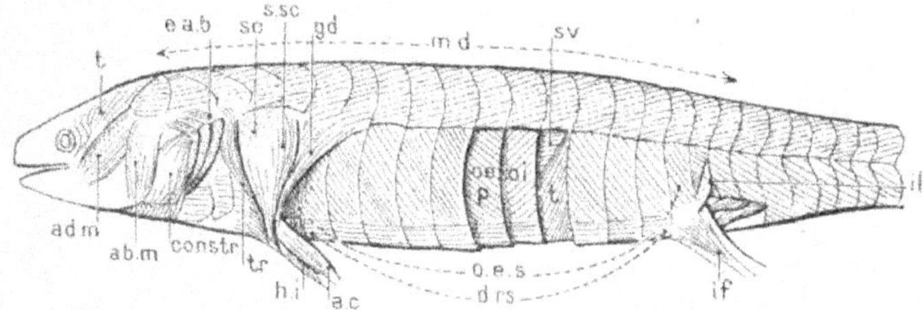

Fig. 1885. — Musculature de *Siredon pisciformis*. — *t*, temporal; *abm* et *adm*, abducteur et adducteur de la mandibule; *e. a. b*, élévateurs des arcs branchiaux; *sc*, scapulum; *s. sc*, supra-scapulaire; *gd*, grand dorsal; *md*, muscles dorsaux; *il*, ilion; *constr*, constricteur du pharynx; *tr*, trapèze; *hi*, huméro-antebrachial inférieur; *ac*, anconé; *o. e. s*, oblique externe superficiel; *oep*, oblique externe profond; *oi*, oblique interne; *t*, transverse; *sv*, subvertébral; *if*, ilio-fémoro-fibulaire (Bütschli et Maurer).

elle s'efface le long de la ligne médiane dorsale, en même temps que la queue disparaît, et il se constitue ainsi deux champs musculaires latéraux, encore métamériquement divisés par des cloisons s'attachant aux apophyses transverses des vertèbres. Les muscles qui forment ces champs sont dits *muscles intertransversaires*. La couche superficielle de la musculature s'attache à l'urostyle, et il se différencie, en outre, en arrière, une masse musculaire, qui s'attache presqu'entièrement à l'ilion.

La musculature ventrale antérieure des Batraciens semble dérivée de la musculature hypobranchiale des Poissons, innervée par les branches ventrales des nerfs spinaux. En font partie les *génio-hyoïdiens*, insérés sur l'angle de la mâchoire, continués en arrière par les *sterno-hyoïdiens superficiels* et *profonds*, suivis à leur tour des *muscles droits* correspondants. De ces divers muscles, le hyoïdien superficiel est séparé par le sternum du *droit superficiel*, tandis que le *sterno-hyoïdien* et le *droit profond* se suivent immédiatement. Les extrémités postérieures des génio-hyoïdiens peuvent se souder aux sterno-hyoïdiens par un myocomme (*Amphiuma*), ou s'insérer entre les deux moitiés de leur extrémité antérieure (*Proteus*), ou se diviser en deux, dès leur origine, pour embrasser, de chaque côté, le sterno-hyoïdien (*Rana* et autres Anoures) ou présenter encore d'autres dispositions (*Cryptobranchus*, etc.). Ils s'insinuent encore dans la muqueuse buccale et deviennent ainsi l'origine de la langue; à sa formation peuvent aussi contribuer les faisceaux latéraux du sterno-hyoïdien, d'où proviendront les muscles *génio-*

glosses et *hyoglosses*, dont la différenciation, déjà assez accusée chez certains Urodèles (*Triton*, *Salamandra*), est complète chez les Anoures. Deux myocommes du sterno-hyoïdien se fixent au péricarde chez les Pérennibranches, tandis que ce muscle est uni au génioglosse par un tendon. Il existe enfin, chez les Anoures, un muscle *omohyoïdien* bien différencié.

La partie la plus importante de la musculature ventrale, innervée par les nerfs médullaires, se présente successivement sous deux états, correspondant l'un à l'état larvaire, l'autre à l'état adulte. Dans la première période, la musculature ventrale est nettement métaméridée et présente de grandes analogies avec celle des Poissons. Il est possible qu'elle soit conservée à l'état adulte chez les Vermiformes et chez les Pérennibranches; elle l'est certainement chez les *Cryptobranchus*. Cette *musculature primaire* comprend deux couches, correspondant à celles de la musculature dorsale, et dont les premiers muscles formés sont des muscles latéraux : le *m. oblique interne* et le *m. oblique externe profond*, qui, sur la ligne médiane, passe au *muscle droit primaire*.

Une autre bande musculaire, formée d'éléments très délicats se développe le long de la *ligne latérale*, qui existe chez les larves des Batraciens, comme chez les Poissons.

A la fin de la vie larvaire, ces muscles subissent, chez les Urodèles, un clivage, à la suite duquel il se formera, à la surface, la *musculature secondaire*, dans laquelle la métamérie est, en grande partie, effacée. Sur le *muscle externe profond*, se forme ainsi le *m. oblique externe superficiel* et sur l'*oblique interne*, latéralement au précédent, le *m. transverse*. De cette musculature latérale ventrale procèdent les *m. sous-vertébraux*. Le muscle droit primaire se dédouble de même en un *m. droit superficiel* et un *m. droit profond*. Le premier se confond avec le *m. pectoral*; le second va se fixer à l'os hyoïde.

Chez les Anoures, il ne se forme d'abord qu'un seul *muscle oblique interne*, qui se transforme, à la fin de la période larvaire, en *m. transverse*. C'est à ce moment que se forme le *m. externe*, et qu'en avant du pubis, se développe un large *muscle droit* métaméridé. Latéralement, se produisent le *m. grand pectoral* et le *large dorsal* ou *latissimus*.

A l'extrémité postérieure du tronc, la musculature ventro-latérale fournit des muscles spéciaux, qui unissent à la queue la colonne vertébrale, le bassin et les membres postérieurs. De ces muscles, l'*ischio-caudal médian* va du cloaque au bassin, le *fémoro-caudal latéral* va de la queue au fémur et il peut aussi s'en détacher des faisceaux allant jusqu'au tibia (*m. tibio-ischio-pubio-caudal*). Chez les Anoures, des muscles plus ou moins analogues partent de l'urostyle, avec lequel se confond ce qui reste de la queue.

Musculature des membres. — A part le trapèze et l'interscapulaire (p. 2766) tous les muscles de la ceinture scapulaire sont dérivés de la musculature ventro-latérale.

De ces muscles, qui forment quatre couches, ne se recouvrant d'ailleurs que partiellement, les plus externes s'attachent exclusivement aux diverses parties de la ceinture thoracique, les autres vont rejoindre les muscles de la partie libre du membre ; les premiers sont innervés par les nerfs thoraciques supérieurs et inférieurs, les seconds par les nerfs brachiaux : les supérieurs deviennent les *muscles dorsaux* ou *muscles extenseurs*, les inférieurs, les *muscles ventraux* ou *muscles fléchisseurs*.

Le plus antérieur des muscles innervés par les nerfs thoraciques est l'*élévateur de l'omoplate* (*m. basi-scapulaire*), qui part de la région occipitale du crâne et va s'insérer d'abord (Pérennibranches) sur le bord antérieur du supra-scapulaire, pour gagner, dans les formes plus élevées, la surface interne de ce cartilage, et se diviser enfin (Anoures) en deux muscles. Un troisième muscle de ce système, l'*occipito-suprascapulaire*, va du crâne à l'omoplate, en passant au-dessus du trapèze, mais en conservant une innervation indépendante. Au contraire, de plusieurs segments métamériques postérieurs à l'omoplate, se dirige vers celui-ci, chez les Urodèles, le *m. thoraco-scapulaire* qui, chez les Anoures, se divise en deux autres, naissant des apophyses transverses des vertèbres. Enfin, un autre muscle, l'*abdomino-scapulaire* s'insère, chez les Salamandridæ, sur la face interne de l'omoplate et sa partie antérieure confine, chez les Anoures, à l'omohyoïdien.

A la série des muscles innervés par les nerfs brachiaux appartient d'abord, du côté dorsal, le *dorso-huméral* (*latissimus dorsi*) ; il part, chez les Urodèles, de l'aponévrose dorsale, chez les Anoures, des apophyses transverses, et va s'insérer sur l'humérus. Son tendon postérieur peut se confondre avec les muscles suivants (la plupart des Anoures) pour se prolonger jusqu'au bassin. Longeant de haut en bas son bord antérieur, le *dorso-scapulaire* naît de la surface externe de l'omoplate et va s'insérer sur la crête latérale de l'humérus. Enfin le *m. subcoraco-scapulaire* part, soit de l'omoplate et du procoracoïde, soit du procoracoïde seul, pour aller s'insérer sur la crête médiale de l'humérus. D'autres muscles de ce groupe s'étendent plus ou moins loin le long de l'humérus.

Encore peu développé chez les Pérennibranches, le *m. pectoral* devient bientôt le plus puissant des muscles ventraux. Il naît chez les Urodèles de l'aponévrose recouvrant le muscle droit, et, chez les Anoures, du procoracoïde et du sternum ou du sternum seul. En raison de ses origines multiples, il se compose de plusieurs faisceaux qui ont cependant, en général, une insertion commune sur l'humérus.

Les muscles qui naissent de la face ventrale de la ceinture scapulaire vont s'insérer sur deux points de l'humérus. Chez les Urodèles, le *m. procoraco-huméral* naît du procoracoïde ; le *m. supracoracoïde* et le court *coraco-brachial* qu'il recouvre, du coracoïde. Les insertions des muscles des Anoures peuvent être plus étendues ; c'est ainsi qu'il existe un *épisterno-cléido-acromio-huméral*, parmi d'autres muscles, dont l'assimilation avec ceux des Urodèles ne peut être faite encore d'une manière précise.

En tête des muscles du bras servant à l'extension, il faut placer l'*anconé* : il naît, chez les Batraciens, par trois branches distinctes, respectivement insérées, deux sur les faces interne et externe de l'humérus et la troisième sur l'omoplate ; cette dernière peut étendre son insertion jusque sur le coracoïde ; la branche coracoïdienne fait défaut chez les Anoures.

Une partie du muscle supracoracoïde des Urodèles et de beaucoup d'Anoures fonctionne comme *fléchisseur du bras*, et fait transition vers des fléchisseurs proprement dits, qui fonctionnent concurremment avec lui et constituent les *m. coraco-brachiaux long* et *court*, allant du coracoïde à l'humérus; ils sont renforcés par un *coraco-radial* propre, se prolongeant par un tendon jusqu'à l'avant-bras, et un *huméro-antibrachial*, allant de la face de flexion de l'humérus au radius, en longeant les tendons terminaux des précédents.

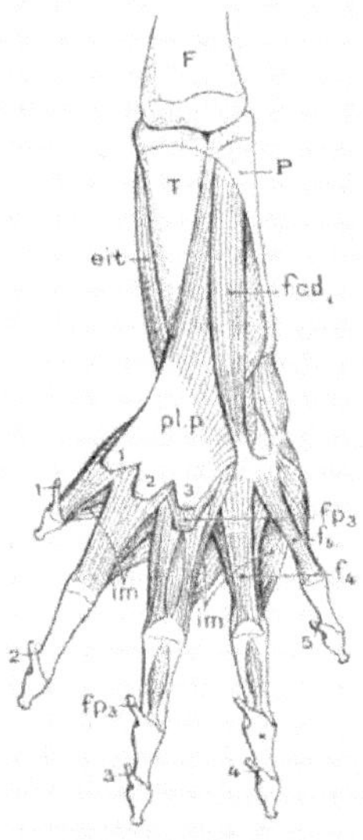

Fig. 1886. — Muscles de la face plantaire du pied de *Salamandra maculosa* (le plantaire superficiel, qui recouvrait comme une nappe le plantaire profond, a été enlevé). — *F*, fémur; *T*, tibia; *P*, péroné; *fcd*, fléchisseur commun des doigts, se subdivisant, après une bande transversale aponévrotique, en fléchisseurs individuels des doigts (f_4 et f_5); *eit*, extenseur interne du tarse; *pl.p*, plantaire profond: *1-3*, ses tendons coupés, aboutissant aux phalangettes (ceux des 4ᵉ et 5ᵉ doigts n'ont été conservés qu'à leur extrémité inférieure); fp_3, fléchisseur de la 3ᵉ phalangine (prolonger un peu la ligne index); les autres fléchisseurs ne sont pas désignés par une lettre spéciale; *im*, intermétatarsiens (ALBERT PERRIN).

Les *muscles extenseurs de l'avant-bras* prennent principalement naissance du côté du radius, les *muscles fléchisseurs* du côté du cubitus; à chacun de ces deux groupes correspond un épicondyle. Le système des muscles extenseurs comprend une couche superficielle et une couche profonde. Dans la première, le muscle médian va s'attacher aux doigts; les latéraux soit au carpe, soit aux os de l'avant-bras; les muscles de la couche profonde vont du cubitus au métacarpe. Tous ces muscles sont plus différenciés chez les Anoures que chez les Urodèles; ils sont d'ailleurs peu comparables dans les deux groupes.

Dans la masse des muscles fléchisseurs qui se développe sur l'avant-bras, naissant de l'épicondyle cubital de l'humérus et des os de l'avant-bras, on distingue aussi une couche superficielle et une couche profonde. Sa région cubitale constitue la partie du *fléchisseur cubital du carpe* fixée au cubitus et à quelques autres muscles; sa région médiane fournit un *muscle huméro-métacarpien médian*, qui s'étale en aponévrose sur la main, tout en fournissant des tendons aux doigts, et un *muscle huméro-métacarpien ulnaire* ou *palmaire superficiel*. La région radiale forme un *muscle huméro-métacarpien radial*, qui naît de l'humérus, se fixe sur une certaine longueur du radius et s'étale en aponévrose sur le dos de la main; c'est un *fléchisseur radial du carpe* et un *fléchisseur de l'avant-bras*.

Les muscles de la couche profonde se fixent sur le cubitus et se terminent soit sur le radius, soit sur la paume de la main; les premiers sont des muscles pronateurs; les seconds, des fléchisseurs profonds des doigts; il s'en détache un muscle qui se rend au 4ᵉ métacarpien (*long fléchisseur profond du 4ᵉ métacarpien*), ou des muscles allant de leurs tendons aux doigts. Outre les muscles qui viennent de l'avant-bras, la face dorsale de la main présente de petits muscles extenseurs spéciaux à chaque doigt, plus développés chez les Anoures que chez les Urodèles. De même, il existe, sur la face inférieure de la main, des muscles fléchisseurs disposés sur plusieurs couches.

Les muscles du membre postérieur répètent ceux du membre antérieur dans la mesure que comporte la différence des fonctions, différence qui a déjà amené d'importantes dissemblances dans la disposition et le mode d'articulation des pièces du squelette. Ces muscles, encore peu différenciés chez les Batraciens, sont représentés par un *ilio-fémoral* et un *pubo-ischio-fémoral interne*. De ce dernier, très puissant chez les Urodèles, se détache un muscle à double innervation, le *muscle pectiné*, auquel se rendent le *nerf fémoral* et le *nerf obturateur*.

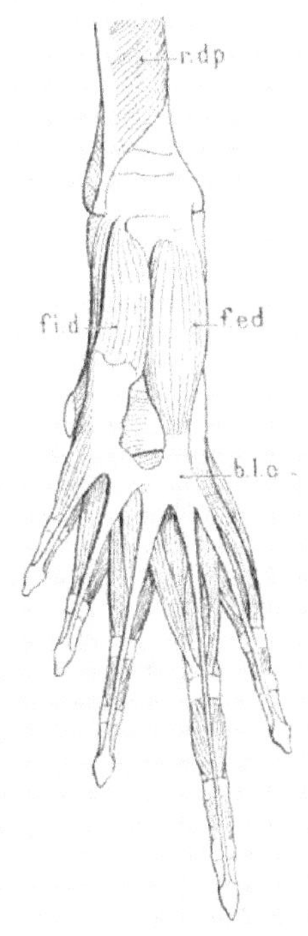

Fig. 1887. — Muscles superficiels de la face plantaire du pied droit du *Bufo pantherinus*. — *rdp*, rotateur direct du pied; *fid*, *fed*, fléchisseurs interne et externe des doigts; *btc*, bandelette transversale tendineuse commune, d'où partent les tendons individuels aboutissant aux phalangettes (Alb. Perrin).

Les muscles extenseurs de la jambe prennent naissance sur la partie antérieure et latérale de la cuisse et s'attachent aux os de la jambe. Chez les Urodèles, la partie profonde de l'*ilio-extenseur* ne dépasse pas le fémur; le *droit de la cuisse*, superficiellement situé, devient l'origine du *vaste*; une autre partie s'attache à la jambe. Les muscles fléchisseurs sont situés en arrière et du côté ventral; ils sont représentés chez les Urodèles par l'*ischio-tibial* et l'*ischio-fléchisseur*. Les *muscles adducteurs*, très importants chez les Urodèles, naissent (*Cryptobranchus*) de la région de l'ischion voisine de la symphyse et s'insèrent sur le plan poplité du tibia; leur région profonde ne dépasse pas le fémur. A la surface de l'adducteur, le *muscle grêle* va, au moins en partie, de la symphyse sacro-iliaque jusqu'à la jambe.

Les muscles du pied font immédiatement suite aux précédents. De même que les muscles extenseurs de la jambe, sont situés sur la face dorsale de la cuisse, ceux du pied sont situés sur la face dorsale de la jambe : la couche superficielle fournit, chez les Urodèles, le *long extenseur des orteils*, terminé par une membrane qui s'étale sur le pied et de laquelle se détachent autant de tendons qu'il y a d'orteils. Au ventre de ce muscle se relie latéralement un muscle comparable au *tibial antérieur*, et, du côté péronéen, deux faisceaux, détachés de l'*extenseur des orteils*, forment les *long* et *court péronéens*, qui se distinguent de l'*extenseur des orteils* par leur insertion sur le fibulaire et le 5e tarsien. Les muscles de la couche profonde, ou *courts extenseurs*, forment plusieurs couches superposées qui couvrent la surface dorsale du pied et s'étendent jusqu'aux doigts; il y en a trois chez les *Crypto-*

branchus un seul chez les *Menobranchus*. Les muscles fléchisseurs sont situés sur la face ventrale de la jambe; le plus superficiel est le *grand plantaire superficiel*, qui va du condyle latéral du fémur et de l'angle correspondant du péroné à l'aponévrose plantaire; il s'y ajoute un *petit plantaire superficiel*, qui va du péroné à l'aponévrose plantaire, et un *fibulo-plantaire*, qui se relie par du tissu conjonctif à la couche des *muscles fléchisseurs* rayonnant vers les cinq orteils. Au-dessous, le *plantaire profond* se divise en plusieurs portions, et va obliquement du péroné au tibia, rappelant par cette disposition le pronateur des membres antérieurs.

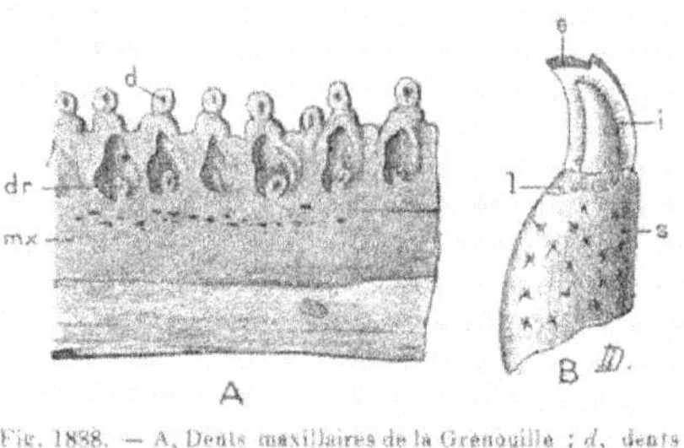

Fig. 1888. — A, Dents maxillaires de la Grenouille ; *d*, dents en service; *dr*, dents de remplacement, logées dans des cryptes creusées au-dessous des dents en service; *mx*, maxillaire (d'après nature). — *B*, une dent très grossie : *i*, ivoire; *e*, émail ; *s*, socle osseux ; *l*, partie ligamenteuse (Leydig).

Appareil digestif. — *Bouche*. — La cavité buccale des Batraciens est toujours, dans le jeune âge, en communication latéralement avec l'extérieur par 4 paires de fentes branchiales. La première de ces fentes se ferme de bonne heure et leur nombre se réduit ainsi à trois chez les *Siren* adultes; il tombe à deux, par suite de la fermeture de la première et de la dernière, chez les Proteidæ ; il ne subsiste qu'une seule fente chez les *Amphiuma*, le *Cryptobranchus alleganhiensis* et le *Pseudobranchus striatus*; cette fente disparaît elle-même chez le *Megalobatrachus*, les Salamandridæ et tous les Anoures.

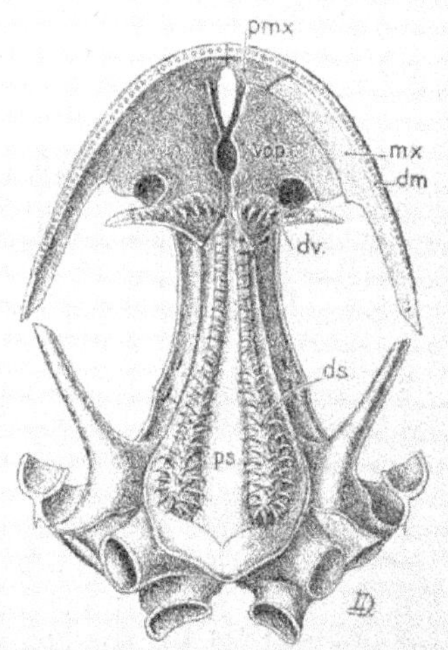

Fig. 1889. — Face inférieure du crâne de *Gyrinophrynus parphyricus* : *mx*, maxillaire; *pmx*, prémaxillaire ; *vop*, voméro-palatin ; *ps*, parasphénoïde ; *dm*, dents maxillaires; *dv*, dents vomériennes; *ds*, dents sphénoïdales (Wiedersheim).

Limitée par la muqueuse qui recouvre les mâchoires, la bouche contient, comme organes principaux, les dents et la *langue*; plusieurs glandes s'ouvrent, en outre, à son intérieur.

Les larves et la Sirène lacertine ont encore la muqueuse buccale revêtue de petits *odontoïdes* cornés, analogues à ceux des Cyclostomes (1). Ces organes sont disposés en rangées transversales, qui sont elles-mêmes, suivant les genres, agencées de diverses façons. Ils forment sur les lèvres des rangées serrées

(1) Héron-Royer et van Bambeke, Le vestibule de la bouche chez les Têtards des Batraciens Anoures. *Archives de Biologie*, t. IX, 1889. — G. Behrends, Ueber Hornzähne, *Nova Acta, Leop.-Carol. Akad.*, Bd. LVIII, n° 4, 1892.

plus ou moins continues, formant une denture dont les caractères sont très variables (fig. 1969 C, p. 2870).

Cette dentition cornée fait place, lors de la métamorphose, à une dentition proprement dite. Des dents sont encore portées, comme chez les Poissons, par d'autres os que la mâchoire (fig. 1889) : les palatins (VERMIFORMES, *Necturus*, AMPHIUMIDÆ, Urodèles), les parasphénoïdes (*Plethodon*, *Triprion*, *Diaglena*), l'operculaire (*Siren*, *Siredon*, *Pelobates cultripes*, etc.), très souvent le vomer (RANIDÆ, *Hyla*, *Hylodes*, PHYLLOMEDUSIDÆ). Ces dents, plus nombreuses chez les très jeunes individus, semblent avoir joué, comme chez les Poissons, un rôle important dans la formation des pièces squelettiques sous-jacentes (1). Chez certains Batraciens fossiles, il y en avait sur les ptérygoïdes et même sur les arcs branchiaux (*Branchiosaurus*). En revanche, les dents peuvent totalement manquer chez les BUFONIDÆ et les AGLOSSA. Il n'en existe à la mâchoire inférieure des Anoures que chez les HEMIPHRACTINÆ, les AMPHIGNATHODONTINÆ, les CERATOBATRACHINÆ et les GENYOPHRYNINÆ; encore y sont-elles toujours de petite taille, presque rudimentaires. Elles avaient originellement la forme de cônes creux, qu'elles ont conservée chez un certain nombre de types actuels. Elles sont en forme de crochet chez la plupart des Urodèles et à deux pointes chez les Anoures (fig. 1888 B). Ces dents sont souvent consolidées, chez les formes fossiles, où elles atteignent des dimensions assez grandes, par des replis de dentine qui vont du socle de la dent jusqu'à sa pointe. Ces replis étaient particulièrement compliqués chez les Labyrinthodontes.

Chez les *Lepidobatrachus*, le *Cryptotis brevis*, les *Rana adspersa*, *khasiana*, *Kuhli*, etc., les dents sont remplacées, sur la portion antérieure de la mandibule, par une paire d'appendices coniques osseux, recouverts par un dense tissu gingival.

Les narines s'ouvrent dans la bouche par un canal, dont l'orifice interne peut être tantôt antérieur, tantôt plus ou moins reculé. C'est le début de la formation d'une voie nouvelle de communication avec la cavité buccale, et, par conséquent, avec l'extérieur; cette voie prendra, chez les Vertébrés supérieurs, une importance de plus en plus grande.

Langue. — La langue est essentiellement, chez les larves des Batraciens, un organe glandulaire. Elle est constituée, au début, par une simple saillie de la muqueuse buccale, en avant de la 1re copule; un sillon sépare cette saillie de la région de la muqueuse qui recouvre les mandibules. Sur le bord antérieur de l'ébauche linguale, aux dépens de l'épithélium à deux assises de cellules de la muqueuse, se forment d'abord des organes sensoriels cupuliformes, puis de longues glandes en tube qui traversent horizontalement tout l'organe. La saillie linguale fait partie intégrante du plancher buccal et n'a d'autres mouvements que ceux de ce plancher.

Chez les *Triton* et les *Salamandra*, la langue n'est pas encore protractile. Chez les *Spelerpes*, elle a la forme d'un disque rattaché au plancher buccal par un long pédoncule extensible, et peut être décochée au dehors à une

(1) O. HERTWIG, Ueber das Zahnsystem der Amphibien und seine Bedeutung für die Genese des Skelets der Mundhöle. *Archiv. für mikroskopische Anatomie*, Bd. XI, Suppl. Heft. 1874.

certaine distance sur les proies que l'animal veut saisir (fig. 1891). Chez la plupart des Anoures, elle n'est libre qu'en arrière; l'animal ne la projette pas moins hors de sa bouche pour happer les proies; son bord postérieur est arrondi chez les *Bufo*, *Alytes*, *Hyla*; il est profondément bilobé chez

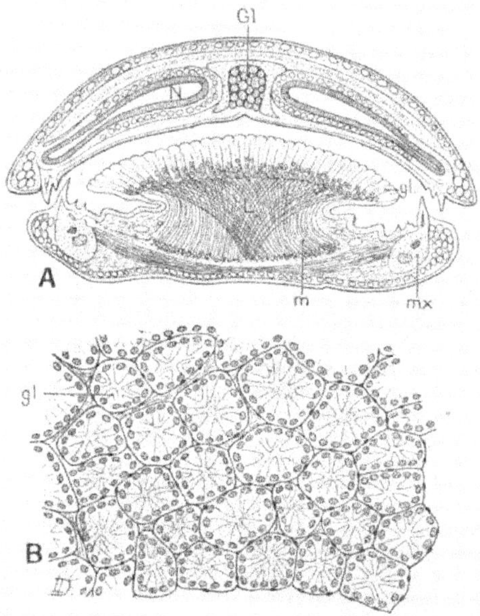

Fig. 1890. — A, coupe transversale de la tête de *Salamandra maculosa*. — *N*, fosses nasales; *Gl*, glande internasale; *L*, langue; *m*, muscles linguaux; *gl*, glandes linguales; *mx*, maxillaire inférieur. — B, coupe tangentielle de la région glandulaire.

les *Rana* (fig. 1895). La langue est totalement atrophiée chez les *Pipa* et les *Xenopus*.

Les *Proteus* sont les seuls Batraciens qui n'aient pas de glandes linguales. Au contraire, chez les Sirenidæ, Amphiumidæ, Salamandridæ, la langue

Fig. 1891. — Langue de *Spelerpes fuscus*. — A, en extension, — B, en rétraction.

est, comme chez les larves de *Triton*, coupée dans toute son épaisseur par des glandes en tubes, horizontales, sinueuses, diversement orientées et enchevêtrées; cependant, chez les *Salamandra*, ce sont des tubes droits, normaux à la surface de la langue et serrés les uns contre les autres, de manière à former une couche continue (fig. 1890). Elles sont moins nombreuses chez les Anoures et n'affectent plus cette disposition régulière.

Le développement des muscles est, en quelque mesure, inversement proportionnel à celui des glandes. Nuls chez les larves de *Triton* jusqu'au moment de la métamorphose, ils sont encore empruntés au plancher buccal chez les Sirenidæ, Proteidæ, Amphiumidæ, et chez les Tritons adultes.

Quelques faisceaux, détachés des muscles génio-hyoïdiens, et qui vont en partie s'insérer sur la muqueuse, peuvent être considérés comme le début d'un muscle génio-glosse (*Siredon*, *Necturus* et surtout *Amphiuma*); un second muscle, le *hyo-glosse*, paraît aussi se détacher du génio-hyoïdien: il part du basi-hyal ou de ses cornes postérieures, et va s'attacher, en avant,

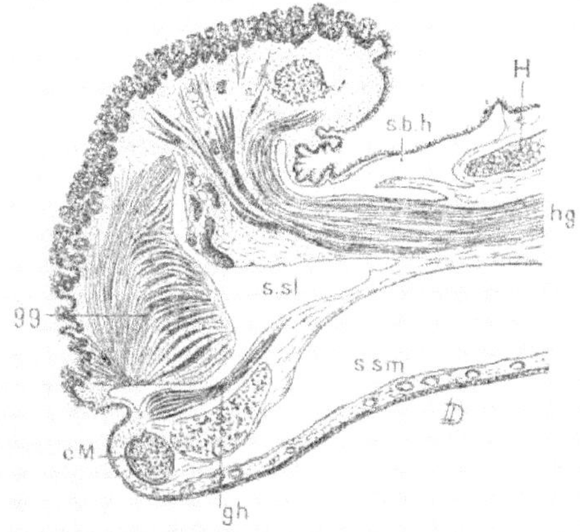

Fig. 1892. — Coupe sagittale de la langue de la Grenouille (*Rana esculenta*). — *H*, hyoïde; *hg*, muscle hyo-glosse; *gg*, génio-glosse; *gh*, génio-hyoïdien; *s. sm*, sac lymphatique sous-maxillaire; *s. bh*, sinus basi-hyoïdien; *s. sl*, sinus sublingual; *cM*, cartilage de Meckel (Gaupp).

à la langue. Chez les *Salamandra*, au-dessous de l'assise glandulaire uniforme, se trouve une couche de fibres musculaires obliques entrecroisées, qui envoient quelques faisceaux parmi les glandes. Les muscles forment enfin, chez les Anoures (fig. 1892), la partie essentielle de l'organe; les glandes s'insinuent entre eux. La surface linguale est elle-même couverte de papilles, qui commencent déjà à apparaître chez les formes inférieures. Une partie du squelette et de l'appareil musculaire des branchies, l'arc hyoïdien notamment, est mise, lors de la disparition des branchies, au service de la langue. Les formes très variées de celle-ci ont fourni à la systématique de nombreux caractères (p. 2876 et suivantes).

Le plancher buccal proprement dit est dépourvu de glandes chez les adultes. Autour de la langue, entre elle et l'orifice du larynx et en arrière de cet orifice, la muqueuse buccale présente des plis diversement disposés, mais de telle façon que la fente laryngienne semble pratiquée, en général, dans l'un de ces plis chez les Urodèles, tandis qu'elle est longitudinale chez les Anoures et soutenue par deux lames cartilagineuses, assimilables à des *cartilages aryténoïdes*.

Sacs vocaux. — Chez les mâles de beaucoup d'espèces, des évaginations de la muqueuse de la région postérieure du plancher buccal constituent des *sacs vocaux*, communiquant avec la bouche par deux fentes respectivement situées de chaque côté de la langue. Lorsque la peau s'amincit au-dessus d'eux (*Hyla arborea*), ou se fend de manière à leur permettre de saillir au dehors (*Rana esculenta*), on dit qu'ils sont *externes*; lorsqu'ils sont, au contraire, constitués, par un simple diverticule de la muqueuse sans modification extérieure de la peau (*Rana temporaria*), ils sont dits *internes* (fig. 1893). Les sacs externes peuvent faire hernie au dehors, sous l'action du muscle transverse de la mandibule.

Fig. 1893. — Sacs vocaux. — *A*, de Rainette. — *B*, de *Rana temporaria*. — *C*, de *R. esculenta* (Rémy Perrier et Cerède ; Pl. murales et trichromies).

Il peut n'exister qu'un sac médian (*Bufo*, *Hyla* [*A*], *Engystomops*, *Pseudophryne*, etc.); chez les *Bufo*, l'une des fentes latérales, tantôt la droite, tantôt la gauche, peut être oblitérée. Les sacs vocaux font défaut chez les mâles d'*Alytes*, *Pelobates*, *Rana agilis*, *Bombinator pachypus*; mais leur absence n'entraîne pas celle de la voix, qui revêt même, chez les *Pelobates*, une sonorité différente suivant les circonstances.

A l'époque de la reproduction, chez les Cystignathidæ et les *Rhinoderma*, les sacs vocaux, au lieu de s'arrêter au tronc, pénètrent fort loin en arrière dans les espaces lymphatiques sous-cutanés, et le mâle des *Rhinoderma* y entasse les œufs de la femelle, au point qu'ils envahissent la face dorsale jusqu'au niveau des pattes postérieures; les têtards y accomplissent leur métamorphose.

Les *Paludicola signifera* et *fuscomaculata* ont trois sacs vocaux : un médian et deux latéraux, qui se gonflent alternativement. Le *Paludicola fuscomaculata* miaule comme un chat. Il y a aussi un sac impair chez le *Leptodactylus typhonius*; il communique avec les deux latéraux.

La voix est produite par un larynx pourvu de cordes vocales et d'un système assez compliqué de muscles et de cartilages. Sauf de peu nombreuses exceptions, les URODÈLES en sont privés ou n'ont qu'une faible voix, et de même les femelles d'ANOURES. Chez les mâles de ces dernières, la voix a des caractères très variés. Elle est faible et sonne sur la voyelle *i* chez les *Xenopus*, sur la voyelle *a* chez les *Hyla*; sur la diphtongue *oa* chez la *Rana esculenta*; elle roule sur la diphtongue *ou* chez la *R. catesbiana*; elle est cristalline chez les *Bombinator*, flûtée chez les *Bufo*. C'est un appel dans la saison des amours; cependant, le *Pelobates fuscus* crie quand on le saisit, miaule ou aboie quand on le tourmente. Les deux sexes, dans cette espèce, sont doués de voix.

La voix de la *Rana mugiens* a été comparée à un mugissement; celle de l'*Hyla faber* ressemble au son d'une enclume frappée par un marteau et lui a valu le nom de « Grenouille forgeron ».

Glandes buccales. — Outre les glandes linguales, les Batraciens possèdent de véritables glandes buccales. Dans le palais des URODÈLES, une *glande intermaxillaire* peut se développer au point de se mélanger avec les glandes du tégument céphalique. Il existe, chez les SALAMANDRINÆ et les ANOURES, des *glandes internasales* (fig. 1890 A, *Gl*), dont les tubes s'étendent entre les prémaxillaires, pénètrent entre les capsules olfactives et peuvent se développer sur la surface du crâne jusqu'en arrière des orbites (*Chioglossa*, *Batrachoseps*, *Plethodon*, etc.); leurs canaux excréteurs sont ciliés. Il existe enfin, dans le plancher buccal, des glandes sublinguales, particulièrement développées chez les *Spelerpes* (1).

Tube digestif. — Le tube digestif est encore à peu près rectiligne chez les Batraciens VERMIFORMES (fig. 1895), à peine sinueux chez les *Proteus*, dont le tronc est très allongé. Des circonvolutions apparaissent partout ailleurs et deviennent de plus en plus nombreuses à mesure que le tronc se raccourcit. L'intestin moyen en décrit seul un petit nombre en arrière de l'estomac chez le *Siren lacertina*, dont l'estomac est très allongé, et chez l'*Amphiuma*, où l'estomac est seulement plus large et à parois plus minces. Chez les *Necturus*, à l'estomac fortement renflé et légèrement sinueux, succède un pylore à parois épaisses, situé à gauche et à la surface dorsale du foie qu'il traverse; l'intestin moyen lui fait suite. L'estomac du Ménopome (*Cryptobranchus alleghaniensis*), très large, est légèrement renflé en arrière et suivi d'un intestin grêle, très pelotonné, situé à sa gauche, puis d'un rectum renflé, ovoïde, assez allongé. Ces mêmes dispositions générales se retrouvent chez les SALAMANDRIDÆ, sauf que l'estomac est plus grêle et fusiforme; elles s'accentuent chez les ANOURES (fig. 1896), où l'œsophage et l'estomac sont plus larges, à parois plus épaisses que chez les Urodèles, le premier étant dirigé vers la gauche et le second courbé de manière à présenter sa concavité du côté droit. Cette courbure est telle, chez les Crapauds, que la moitié postérieure de l'estomac est dirigée transversalement; il prend aussi cette direction chez les Grenouilles, lorsqu'il est à

(1) WIEDERSHEIM, Die Kopfdrüsen der geschwänzten Amphibien. *Zeitsch. f. wissenschaftliche Zoologie*, Bd. XXVII, 1876.

l'état de réplétion. Une constriction sépare constamment l'estomac de l'intestin moyen, dont les premières circonvolutions sont fixées au pancréas et à la face inférieure du foie. Ces circonvolutions sont, en général, situées dans la moitié droite de l'abdomen, et l'intestin moyen peut commencer par un renflement (*Pipa*). Il est enroulé en spirale, chez les larves des Anoures, dont le corps est très ramassé, et se déroule en partie, lors de la métamorphose. L'intestin moyen est suivi d'un rectum, à peine renflé chez le Protée, mais qui s'élargit beaucoup chez les Urodèles et peut atteindre, chez la *Siren lacertina*, le double du volume de l'estomac. Les parois de cette poche rectale sont minces, et il naît sur sa face ventrale un diverticule qui joue le rôle de vessie urinaire (fig. 1896, *V*). Court chez les Sirènes, les

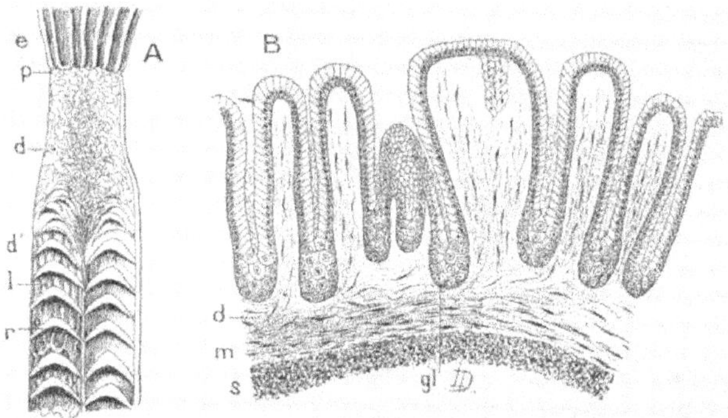

Fig. 1894. — A, surface interne de l'estomac et du duodénum de la Grenouille : *e*, estomac ; *p*, pylore ; *d*, portion initiale du duodénum avec plis réticulés ; *d'*, portion principale du duodénum avec ses replis convexes en avant et ses replis longitudinaux secondaires (Wiedersheim). — B, Coupe de la région pylorique de l'estomac : *gl*, glandes; *d*, derme ; *m*, musculeuse ; *s*, séreuse (Gaupp).

Necturus, les Salamandrines et les Anoures, le rectum est, au contraire, très allongé chez les Vermiformes, les Amphiumes et les Cryptobranches.

La structure des parois du tube digestif comprend, comme cela aura lieu chez les autres Vertébrés, une *membrane séreuse*, une *couche musculaire*, formée de fibres longitudinales suivies de fibres transversales, une *sous-muqueuse* et enfin une *muqueuse glandulaire*, recouverte par un épithélium cylindrique. Les fibres musculaires sont généralement lisses. La sous-muqueuse est constituée par une fine trame conjonctive, dans laquelle cheminent des fibres musculaires lisses, des capillaires sanguins et lymphatiques. En outre, des leucocytes se déplacent dans son épaisseur, se réunissent dans ses mailles et peuvent y former des amas, qui constituent les *follicules* ou *plaques de Peyer*. Ces cellules peuvent émigrer jusque dans l'épithélium et gagner même la cavité digestive.

La sous-muqueuse présente souvent des plis saillants ou des villosités, que recouvre l'épithélium. Ces plis, aussitôt après le pylore, se disposent, chez la Grenouille commune, en un réseau, qui se transforme à son tour en deux séries de valvules à convexité antérieure (fig. 1894 A); ils redeviennent irréguliers dans la seconde moitié de l'intestin et finissent par confluer en replis longitudinaux sinueux. Des replis peuvent se rencontrer aussi chez les URODÈLES. La surface interne de l'intestin terminal présente des villosités, dans une partie de sa longueur; mais celles-ci sont remplacées, dans la partie suivante, par des plis, qui se continuent jusqu'à l'orifice de la vessie urinaire et jusque dans le cloaque.

Toute la cavité bucco-pharyngienne, l'œsophage, une partie de l'estomac, le rectum (*Triton*) sont revêtus d'un épithélium cilié. Les cellules cylindriques du reste de l'intestin moyen ont perdu leurs cils, mais demeurent striées dans leur région basale. Cette striation ne disparaît que dans les cellules de l'intestin terminal.

Dans les parois de l'estomac se trouvent des *glandes en grappe*, des *glandes muqueuses* en tube et des glandes à pepsine, ou *glandes de Lœb*.

Les tubes des glandes muqueuses sont entièrement tapissés par les cellules cylindriques de la muqueuse digestive; dans les glandes de Lœb, cet épithélium est limité au canal excréteur; il est ensuite remplacé par de grosses cellules vésiculeuses, qui deviennent polyédriques dans le fond des culs-de-sac (fig. 1894 B). Dans la paroi de l'intestin moyen se pressent des glandes en doigt de gant, à épithélium cylindrique, de véritables *glandes de Lieberkühn*. La structure générale de l'intestin des Vertébrés supérieurs est donc déjà réalisée.

Foie. — Le foie des Batraciens se développe comme celui des Poissons (p. 2625). Il est très long et aplati en ruban chez les VERMIFORMES, (fig. 1895, *F*), SIRENIDÆ, PROTEIDÆ, AMPHIUMIDÆ, dont le corps est très allongé; il est exactement appliqué sur l'intestin, qu'il recouvre dans une grande partie de sa longueur, et se divise en deux lobes très inégaux, chez la *Siren lacertina*; le lobe gauche n'a ici que 2 ou 3 centimètres de long, tandis que le droit en a 20 ou 25 et présente vers son milieu une échancrure, dans laquelle est logée la vésicule biliaire. Le lobe gauche avorte chez les *Proteus*, les *Amphiuma* et les VERMIFORMES. Parmi ces derniers, tandis que le foie des *Cæcilia* et du *Siphonops indistinctus* reproduit sensiblement les mêmes dispositions que

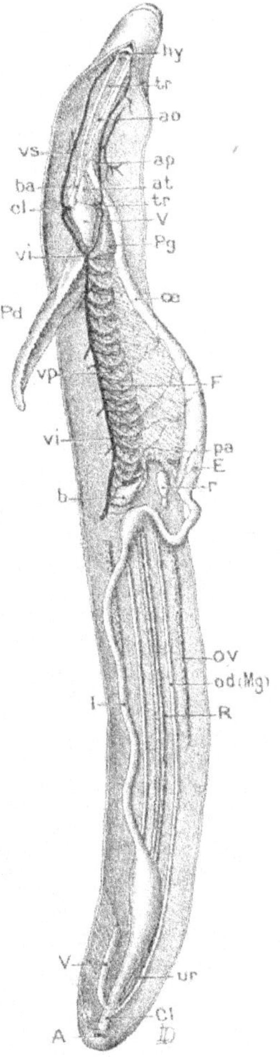

Fig. 1895. — Anatomie de *Siphonops annulatus*. — *hy*, appareil hyoïdien; *tr*, trachée-artère; *Pd*, poumon droit; *Pg*, poumon gauche; *ao*, aorte; *ap*, artères pulmonaires; *at*, oreillette; *V*, ventricule; *ba*, bulbe aortique; *vs*, veine cave supérieure; *vi*, veine cave inférieure; *cl*, canal de Cuvier; *œ*, œsophage; *E*, estomac; *F*, foie; *vp*, veine porte; *b*, vésicule biliaire; *pa*, pancréas; *r*, rate; *I*, intestin; *R*, rein; *ur*, uretère; *ov*, ovaire; *od(Mg)*, oviducte (canal de Müller); *V*, vessie urinaire; *Cl*, cloaque; *A*, anus (WIEDERSHEIM).

chez l'Amphiume, celui du *Siphonops annulatus* (fig. 1895, *F*) et de l'*Epicrium* est divisé en une série de 29 à 47 lobes discoïdes, se recouvrant les uns les autres et dont le dernier loge une grosse vésicule biliaire (*b*) ; cette division du foie en lobes a été peut-être déterminée par le mode de progression par ondulations de ces animaux.

Le foie des *Necturus* est beaucoup plus court, plus large que celui des

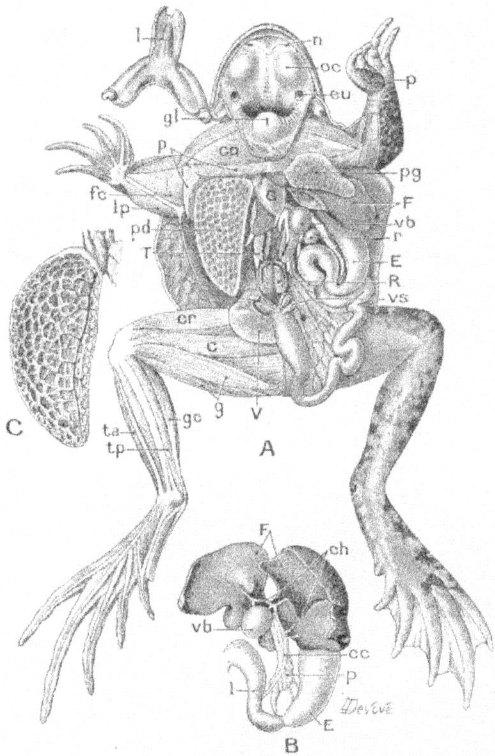

Fig. 1896. — Anatomie de la *Rana temporaria*. — *n*, arrière-narines ; *oc*, saillie de l'orbite sur le plafond buccal ; *eu*, orifices des trompes d'Eustache ; *l*, langue ; *gl*, glotte ; *C*, cœur ; *pg*, poumon gauche dégonflé ; *pd*, poumon droit ; *F*, foie ; *vb*, vésicule biliaire ; *r*, rate ; *E*, estomac ; *R*, rein ; *T*, testicule ; *vs*, vésicule séminale ; *V*, vessie ; — Muscles : *p*, pectoral ; *co*, coraco-radial ; *fc*, fléchisseurs du carpe ; *lp*, long palmaire ; *cr*, crural ; *c*, couturier ; *g*, grand et petit muscles grêles ; *gc*, gastro-cnémien ; *ta*, tibial antérieur ; *tp*, tibial postérieur. — En B, région de l'anse duodénale : *E*, estomac ; *l*, duodénum ; *F*, lobes du foie ; *p*, pancréas ; *ch*, canaux hépatiques ; *vb*, vésicule biliaire ; *cc*, canal cholédoque, servant aussi de conduit excréteur au pancréas. — En C, le poumon vu par sa face externe (Rémy Perrier et Cépède, planches murales et trichromies).

types précédents ; il est aussi très inégalement bilobé et son lobe droit, énorme par rapport au lobe gauche, porte la vésicule du fiel ; lui-même se divise en arrière en plusieurs lobes. Chez les Amphiumidæ, dont le tronc est relativement plus court et plus large, le foie se raccourcit, s'élargit encore, et la disproportion entre ses deux lobes est un peu moins grande; le lobe droit porte toujours la vésicule biliaire à son bord postérieur.

Les SALAMANDRIDÆ ont un foie semblable à celui des AMPHIUMIDÆ, mais un peu plus long et plus étroit. Enfin, chez les ANOURES, à la forme ramassée du corps correspond un foie court et large, s'étendant sur toute la surface antérieure du tronc, en avant des poumons, et nettement divisé en deux lobes, moins inégaux que chez les Urodèles; chez les AGLOSSA, il se divise en trois lobes qui ne sont reliés l'un à l'autre que par le péritoine.

Les VERMIFORMES ont un *canal hépatique* et un *canal cystique*, qui se réunissent en un *canal cholédoque*. Comme chez les Myxines, chez les Anoures et notamment chez la Grenouille, il existe plusieurs canaux hépatiques (fig. 1896 B) qui peuvent former un réseau, auquel participe parfois le canal cystique; ce système variable de conduits s'ouvre, en divers points, dans un canal *hépato-entérique* se rendant directement à l'intestin.

Pancréas. — A partir des Batraciens, le pancréas, mal défini chez les Poissons, occupe une place à peu près constante au voisinage immédiat du duodénum; il ne manque que chez la Sirène et le Protée. Il est suspendu par un repli du péritoine de telle façon que la lumière de son canal excréteur laisse toujours un facile écoulement au suc pancréatique. Chez les *Necturus*, il chevauche, du côté dorsal, sur l'intestin moyen et s'étale sur la face dorsale, concave, du foie; il se découpe en lobes nombreux, rayonnants, dont le plus grand se prolonge fort loin en arrière, en s'amincissant graduellement. Chez les AMPHIUMIDÆ et les SALAMANDRIDÆ, c'est une mince et grêle bandelette accolée au duodénum. Chez les ANOURES enfin, c'est une lame glandulaire, finement dentelée ou lobée sur son bord externe et traversée par le canal cholédoque, dans lequel ses canaux excréteurs viennent se jeter (fig. 1896 B, *p*, *cc*).

Appareil respiratoire branchial. — Sauf, dans quelques cas où, par tachygénèse, le jeune animal sort de l'œuf avec sa forme définitive, les jeunes Batraciens respirent, en naissant, à l'aide de branchies; mais, bien que dérivant des branchies des Poissons Cténobranches, leur appareil branchial s'est fortement éloigné de celui de ces derniers. Les branchies pectinées, dont les arcs branchiaux de ces Poissons sont le support, ne sont plus ici fonctionnelles et ce sont des organes accessoires, apparents à l'extérieur, et désignés, pour cette raison, sous le nom de *branchies externes*, qui assurent les échanges respiratoires.

Ces branchies externes sont d'ailleurs des dépendances des branchies internes qu'elles remplacent. Des organes de ce genre existent en réalité, comme on l'a vu, chez divers Poissons (p. 2474 et 2475, fig. 764), mais ce ne sont là que des organes simplement analogues, liés à des conditions de respiration aquatique défectueuses, auxquelles peuvent être soumis les organismes les plus divers, et ils n'impliquent aucune parenté entre les Batraciens et tel ou tel groupe des Poissons qui en sont pourvus. La parenté entre les Batraciens et les Poissons en général est pourtant nettement établie par la formation, chez les premiers, d'arcs branchiaux, arrêtés par tachygénèse dans leur développement, en raison du développement prévu d'un appareil de respiration nouveau, bien qu'en fait homologue de ceux des Poissons Cténobranches.

Comme chez ces Poissons, il se développe, en effet, chez les embryons de Batraciens, cinq poches branchiales latérales; mais avant qu'elles soient ouvertes, la région des téguments qui les sépare a déjà produit des bourgeons saillants richement pourvus de vaisseaux issus des arcs aortiques. Ce sont les ébauches des branchies externes. Ces bourgeons sont d'origine exodermique, tandis que l'épithélium des branchies des Poissons est, au contraire, d'origine endodermique; mais cette différence peut résulter simplement de la précession de la formation des branchies externes sur l'ouverture des fentes branchiales et de la suppression de l'opercule.

Tandis qu'il se forme cinq ébauches de poches branchiales, il n'apparaît jamais plus de trois paires de branchies externes. Les ébauches des poches branchiales s'ouvrent toutes au dehors chez les ANOURES. La première est située entre l'arc mandibulaire et l'arc hyoïdien; elle demeure fermée chez les larves d'Urodèles. La seconde fente branchiale se ferme également chez les Sirènes; la 4e disparaît à son tour chez les PROTEIDÆ, qui n'ont plus, en conséquence, que deux fentes branchiales; au contraire, elle demeure seule ouverte chez l'*Amphiuma* et le *Cryptobranchus alleghaniensis*. Toutes les fentes se ferment enfin à l'âge adulte chez le Cryptobranche (*Megalobatrachus maximus*) et les SALAMANDRIDÆ.

Les branchies externes qui se développent sur les arcs branchiaux ne contiennent jamais aucune formation squelettique; elles sont constituées par une saillie du tégument, qui devient la *hampe branchiale* et s'élargit souvent en une *plaque branchiale* (larves de SALAMANDRIDÆ). Tantôt la hampe se ramifie faiblement, chaque rameau portant des appendices disposés comme les barbes d'une plume (*Siren*, *Proteus*); tantôt elle se ramifie d'un seul côté, les ramifications secondaires portant à leur tour des ramifications tertiaires également unilatérales (*Necturus*); les ramifications peuvent aussi former une, ou plus souvent deux rangées à la face inférieure de la tige principale (*Siredon*, larves de SALAMANDRIDÆ).

Des branchies externes se développent aussi chez les VERMIFORMES, mais elles disparaissent avant l'éclosion. Celles des *Ichthyophis* sont au nombre de trois paires, très longues et bipennées (fig. 1966); elles coexistent, chez les *Hypogeophis*, avec cinq paires de fentes branchiales, comme chez les Anoures; il ne se développe, au contraire, qu'une seule fente, en arrière de la 3e branchie, chez les *Ichthyophis* (fig. 1966, B) (1). Les branchies externes sont remplacées, chez les *Typhlonectes*, qui sont vivipares, par une paire de grands lobes membraneux enveloppant presque entièrement l'embryon (fig. 1968).

Les larves d'Urodèles et d'Anoures possèdent d'abord, en général, trois paires de branchies externes ramifiées, qui vont en croissant de la première à la troisième paire; mais ce n'est, chez les Anoures, que la première phase de la constitution de leur appareil branchial. Bientôt un repli tégumentaire, présent aussi chez certaines larves d'Urodèles (*Salamandra*) et chez

(1) P. et J. SARAZIN, *Forschungen auf Ceylon*, t. II, 1887.

les *Typhlomolge* adultes, s'étend au devant des branchies externes, qu'il couvre presque entièrement (fig. 1897, *op*), tandis qu'au-dessous d'elles, se produisent, par le processus même qui leur avait donné naissance, d'assez nombreux ramuscules, directement portés par l'arc branchial (*bri*). Ils sont disposés en une double rangée sur les trois premiers arcs, en une seule sur le quatrième. Ces branchies, d'abord plus ou moins régulièrement pennées, puis abondamment ramifiées, n'apparaissent jamais au dehors; ce sont les prétendues *branchies internes*. Elles sont morphologiquement équivalentes

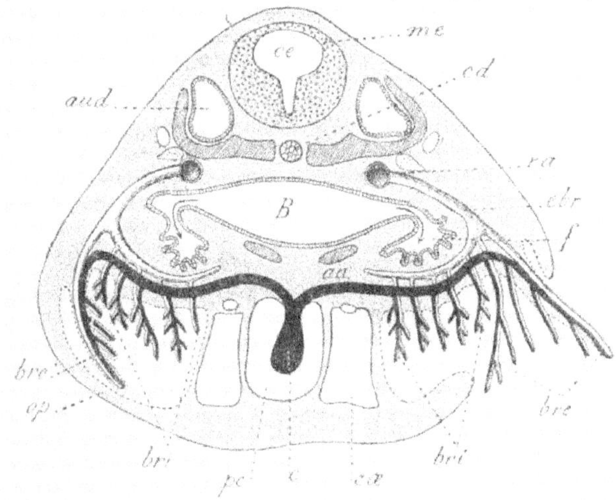

Fig. 1897. — Coupe schématique combinée d'un têtard de Grenouille, menée transversalement au niveau du premier arc branchial. A droite, les branchies externes sont encore bien développées et le rideau operculaire commence à peine à apparaître ; à gauche, en *op*, il s'est développé complètement et a recouvert entièrement les branchies. (La figure montre bien l'identité morphologique des branchies externes et des branchies internes) ; *me*, moelle épinière ; *ce*, canal de l'épendyme ; *cd*, corde dorsale ; *aud*, oreille interne ; au-dessous le plancher crânien ; *B*, cavité buccale ; *f*, partie buccale de la fente branchiale ; *bre*, branchie externe s'atrophiant à gauche en *bre'* ; *bri*, branchies internes ; *c*, cœur ; *pc*, péricarde ; *aa*, arc aortique, *ebr*, vaisseau branchial efférent (suite de l'arc aortique) ; *ra*, racine aortique (Fr. Maurer).

aux branchies externes, et ne sont devenues internes que par suite du développement du repli operculaire, qui a constitué autour d'elles une sorte de chambre péribranchiale.

Le mâle de l'*Alytes obstetricans* enroule autour de ses pattes postérieures le cordon qui unit les œufs de sa femelle (fig. 1939) et, après avoir procédé à cet enroulement, il sort de l'eau et n'y revient que de temps en temps. L'embryon ne respirant ainsi que dans l'air humide pendant une grande partie de son développement, ses branchies externes prennent, comme celles des *Ichthyophis*, un très grand développement et leurs longues ramifications s'étalent à la surface interne de la coque de l'œuf, enveloppant tout l'embryon d'une sorte de réseau de capillaires (1).

Les deux chambres péribranchiales symétriques des Aglosses sont d'abord

(1) Mathias Duval, Branchie et allantoïde. *Société de Biologie*, 27 mai 1881.

indépendantes et s'ouvrent chacune au dehors par un orifice spécial. Chez les *Bufo*, les *Bombinator*, les bords de chaque orifice se prolongent en un tube dirigé en arrière et, celui-ci s'unit à son symétrique, les deux tubes n'ayant plus qu'un orifice commun. Cet orifice est médian et ventral chez les Discoglossidæ. Chez les autres Anoures, l'orifice droit se ferme, les deux cavités se fusionnent sur la face ventrale, et un tube, qui s'ouvre sur le côté gauche (fig. 1969 *C*, *J*) à une distance variable de l'œil, les met toutes deux en communication avec l'extérieur. Ces dispositions ont permis de classer les têtards en trois groupes : les Amphigyrinidæ, les Mesogyrinidæ et les Lævogyrinidæ.

Chez les Urodèles, l'épithélium externe de la plaque branchiale s'épaissit au moment de la métamorphose pour former une sorte de bouton, qui s'enfonce plus ou moins dans son épaisseur, et qui, chez les Anoures, apparaît de très bonne heure sur chaque arc branchial, mais dans une position plus ventrale. A l'intérieur de ce bouton se développe un réseau admirable, rappelant celui de la fausse branchie et de la glande choroïdienne des Poissons (p. 2495), et il constitue finalement la *glande carotidienne*, qui joue un rôle important dans la circulation des Batraciens (p. 2791).

Sur leur surface interne, les arcs branchiaux des Urodèles, comme ceux des Poissons Cténobranches, portent des appendices saillants, rigides, alternant sur les deux bords de la fente, qui laissent filtrer l'eau, mais retiennent les particules alimentaires qu'elle tient en suspension. Ces appendices sont remplacés, chez les larves d'Anoures, par des lamelles, dont les deux bords portent des prolongements ramifiés et crépus ; ils occupent toute la concavité des arcs branchiaux et constituent de la sorte un véritable filtre (1).

Trachée-artère et poumons. — L'appareil de respiration aérienne des Batraciens comprend un canal conducteur de l'air, la *trachée-artère*, qui s'ouvre sur la face ventrale de l'œsophage, et deux sacs membraneux qui lui sont suspendus, les *poumons*. Les liens de l'appareil pulmonaire avec l'appareil branchial, tels que nous les avons exposés p. 2.476 et 2.484, sont confirmés chez les Batraciens par ce fait que l'origine de la trachée-artère contient deux *cartilages latéraux*, qui ne sont autre chose que les rudiments du 5e arc branchial, déjà très réduit chez les Poissons Cténobranches.

Chez les *Proteus*, ce sont deux grêles bâtonnets symétriques, presque contigus par leur extrémité antérieure qui présente une petite perforation, mais divergent ensuite en Y renversé (⅄). Ces cartilages sont plus courts chez le *Necturus* (fig. 1898 A), où ils sont aussi plus larges en arrière ; des faisceaux musculaires les unissent au 4e arc branchial. Chez les *Siredon* et beaucoup de Salamandrines, leur extrémité antérieure se détache et les deux cartilages ainsi individualisés peuvent être considérés comme la première ébauche des *cartilages aryténoïdes* (B, *a*) ; la partie principale (*b*) de chacun d'eux s'étend en s'écartant de plus en plus de sa symétrique, et présente, sur son bord antérieur, un grand nombre de petites saillies transversales, qui lui donnent une forme tout à fait irrégulière et qui peuvent, elles aussi, devenir indépendantes (*Siredon*, *Triton*, *Salamandra*

(1) Fr. Eilhard Schultze, Ueber die inneren Kiemen der Batrachierlarven. *Abhandlungen der K. Preussische Akademie der Wissenschaften*, 1888 et 1892.

atra). A mesure que la trachée-artère s'allonge, les cartilages latéraux s'allongent avec elle : ils peuvent demeurer continus, en s'unissant parfois de place en place, du côté dorsal, par des tractus transversaux (*Cryptobranchus*), ou bien ils se dissocient en une traînée de petits cartilages, soit partiellement unis entre eux (*Amphiuma*), soit tout à fait séparés (*Siren*, C). Ailleurs, les extrémités supérieures des cartilages latéraux sont unis par un arc cartilagineux ventral, au-dessous des cartilages aryténoïdes : c'est la première ébauche du *cartilage cricoïde*. Ainsi se constitue un *larynx*, que l'on trouve aussi chez les Vermiformes, où l'on voit en outre les segments des cartilages latéraux prendre la forme d'un demi-anneau.

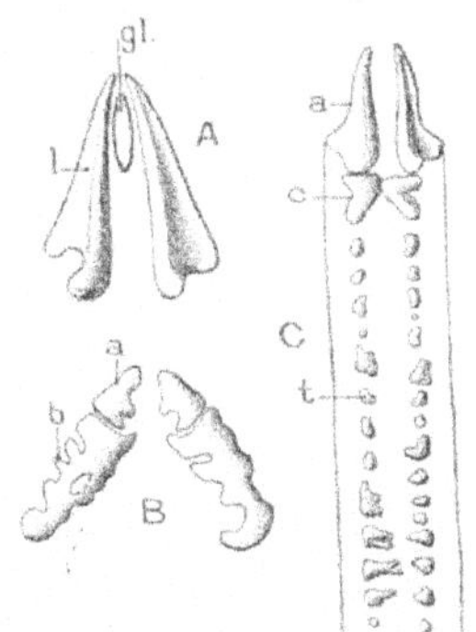

Fig. 1898. — Cartilages de la trachée artère des Urodèles. — A, *Necturus*. — B, *Salamandra maculosa*. — C, *Siren*. — *a*, cartilages latéraux se divisant d'abord en cartilages aryténoïdes, *a*, et en cartilages postérieurs, *b* ; ces derniers se morcellent ensuite en nodules, *t*, échelonnés tout le long de la trachée ; *c*, première ébauche du cartilage cricoïde (Wiedersheim).

Chez les Anoures, la trachée-artère est souvent courte ; son orifice, en forme de fente, dans l'œsophage est compris entre deux forts *cartilages aryténoïdes* (fig. 1899), que soutient un *cartilage cricoïde* dont les deux extrémités, terminées en pointe, se rapprochent en arrière, ou peuvent même s'unir, de manière à former un anneau complet (*Rana*). De ce cartilage partent, de chaque côté, deux bandes cartilagineuses, qui s'étalent irrégulièrement à la surface des cols très courts des poumons. Ces cols s'allongent chez les Aglossa, de manière à former deux branches, sur lesquelles les cartilages latéraux s'étalent en une plaque mince, émettant des prolongements vers le côté dorsal (*Xenopus*), ou se dissociant en une série de demi-anneaux (*Pipa*), dont le nombre est proportionné à la longueur des branches, mais plus faible chez les mâles que chez les femelles. Tout l'appareil est compris, chez les Anoures, entre les cornes postérieures de l'os hyoïde, desquelles part une membrane qui va s'attacher aux aryténoïdes ; des muscles dérivés de ceux des branchies déterminent les mouvements de l'orifice de la trachée, notamment un *dorso-pharyngien*, qui se fixe sur les cartilages aryténoïdes et qui fonctionne comme un *constricteur du pharynx* ; à ses dépens peuvent se différencier un *dilatateur du larynx*, situé latéralement, et un *sphincter du larynx*.

Tandis que les poumons des Dipnés sont étroitement accolés sur toute leur longueur à la paroi dorsale de la cavité générale, ceux des Amphibiens sont toujours libres, entièrement enveloppés par le péritoine et reliés seulement par un mésentère à la paroi dorsale de la cavité générale. Ils sont au nombre de deux, et constitués, en général, par deux sacs à parois minces, membraneuses, formées par un tissu élastique, fibreux, entremêlé de fibrilles élastiques et surtout de fibres musculaires lisses.

Chez les Proteidæ, le poumon gauche est plus long que le droit. Les poumons sont également inégaux chez les *Amphiuma*, où l'un d'eux s'étend jusqu'à 4 ou 5 centimètres du cloaque, l'autre jusqu'à 10 centimètres seulement. Chez les Batraciens Vermiformes, le poumon gauche n'a que 5 ou 6 millimètres de long, alors que le droit atteint 6-8 centimètres (fig. 1895, *Pd*, *Pg*). Tous ces Batraciens à poumons inégaux ont un corps très allongé; ces caractères semblent devoir être rattachés à l'allongement même du corps; nous les retrouverons, en effet, chez les Serpents.

Partout ailleurs, les poumons sont égaux; ils n'atteignent pas le milieu de la longueur du corps, mais ils arrivent jusqu'à l'extrémité postérieure de l'estomac chez les *Salamandrina*.

La forme des poumons est assez variable. Ceux des Protées, Sirènes,

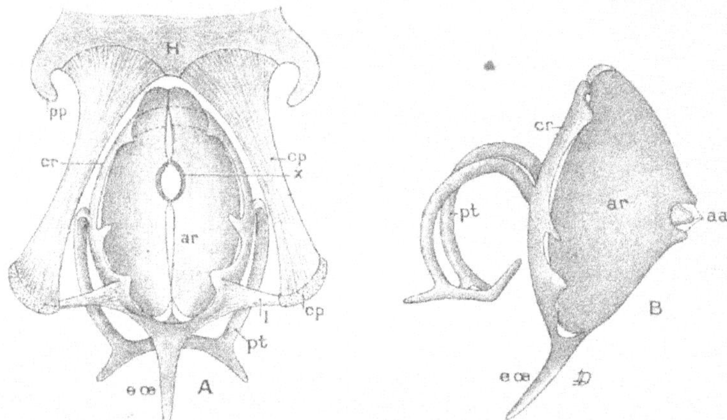

Fig. 1899. — Larynx de la Grenouille, vu par en haut (A) et de côté (B). — *H*, corps de l'hyoïde; *cp*, ses cornes postérieures médianes; *l*, ligament crico-hyoïdien; *ar*, cartilages arytenoïdes; *aa*, leurs apophyses apicales, coupées en *x*; *cr*, cartilage cricoïde; *eœ*, épine postérieure sur laquelle est couchée l'œsophage; *pt*, expansion trachéale entourant le sac laryngo-trachéal.

Amphiumes naissent directement de la trachée-artère; il se constitue, chez les *Cryptobranchus* et les *Megalobatrachus* deux petites bronches, qui se retrouvent chez la plupart des autres Batraciens; les poumons des Proteidæ sont rétrécis dans leur région moyenne, et se fusionnent avant de se relier à la trachée; chacun d'eux se prolonge cependant au delà du point d'attache avec la trachée en un court diverticule légèrement conique. Les poumons du *Cryptobranchus* sont fusiformes et leur extrémité postérieure se prolonge en un appendice légèrement recourbé; ceux des Salamandridæ sont sensiblement cylindriques; ils peuvent être lisses extérieurement (*Triton*), ou présenter des bosselures semblables entre elles, régulièrement disposées en avant, en 3 ou 4 rangées longitudinales, se réduisant à 2 en arrière (*Salamandra*); ceux des Anoures (fig. 1896) sont en forme de sacs ovoïdes, réguliers; toutefois, ces sacs présentent, chez le *Pipa*, un diverticule antérieur.

La paroi interne des poumons est complètement lisse chez les larves d'Urodèles, y compris l'Axolotl (*Siredon*). Chez les Proteidæ, Sirenidæ,

Amphiumidæ, apparaissent, sur cette paroi, des replis encore peu saillants, formant des mailles plus ou moins larges, dans lesquelles se montre un réseau de trabécules plus fins et moins saillants, et dans lesquelles peuvent même se dessiner des mailles tertiaires (*Cryptobranchus*). Les trabécules qui constituent les mailles principales partent, chez les Sirenidæ, Proteidæ, Amphiumidæ, de deux bandelettes longitudinales saillantes, contenant chacune un vaisseau. Ces trabécules deviennent plus saillantes chez les *Triton*, et surtout chez les *Salamandra*, de sorte que la cavité du poumon finit par se trouver réduite à une sorte de canal axial, dans lequel s'ouvrent des alvéoles pariétaux : il en est de même chez les Aglossa.

Ces alvéoles, encore peu profonds chez les Grenouilles (fig. 1896 *C*), acquièrent leur maximum de profondeur chez les Crapauds. Des mailles trabéculaires peuvent aussi se développer dans l'intérieur des bosselures des poumons des Salamandrinæ (*Salamandra atra*).

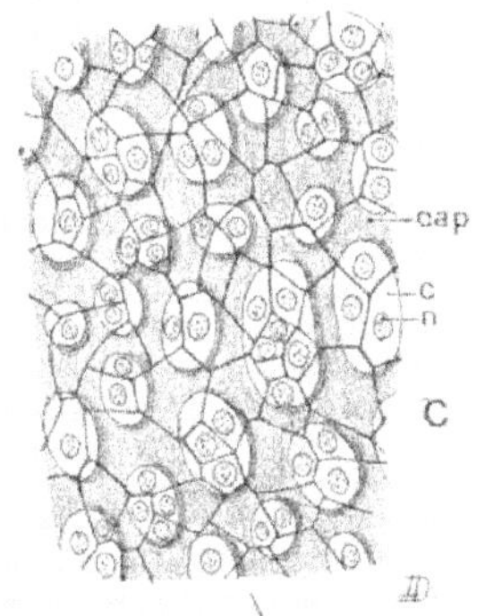

Fig. 1900. — Paroi du poumon de la Grenouille verte, étalée après injection et vue par transparence : *cap*, capillaires ; *c*, cellules de l'épithélium pulmonaire ; *n*, leurs noyaux.

L'épithélium cylindrique, à cellules vibratiles et à cellules caliciformes, de l'intestin antérieur se continue sur le bord libre de tous ces tractus, qui s'allongent en appendices pointus chez les Aglossa. Chez les Pérennibranches présentant deux bandelettes pulmonaires longitudinales, un vaisseau accompagne celles-ci et les deux vaisseaux sont réunis entre eux par des vaisseaux transversaux, irrégulièrement disposés. Chez les Batraciens dont les parois pulmonaires sont alvéolaires, de grands vaisseaux circonscrivent les grandes mailles et d'autres plus petits se disposent en réseau à l'intérieur de celles-ci.

Le plus souvent, l'artère pulmonaire, en pénétrant dans le poumon, se divise rapidement en trois branches : une postérieure, une externe, une interne, convergeant vers l'extrémité pointue du poumon. Chacune de ces branches, à une distance variable de son origine, donne naissance à une branche secondaire, qui se dirige aussi vers la pointe postérieure du poumon, de sorte que celui-ci est divisé, en arrière, en six fuseaux ; de ces six artères naissent perpendiculairement, de chaque côté, des artères secondaires, donnant elles-mêmes naissance à des artères tertiaires, qui se résolvent enfin en capillaires ; ceux-ci sont suivis de veinules, dont le sang, pour chaque alvéole, se rassemble dans deux ou trois veines efférentes. Le réseau capillaire respiratoire est formé de mailles arrondies ou polygonales, à peu près de la largeur d'une cellule de l'épithélium du poumon et à l'intérieur desquelles se localisent les noyaux des cellules adjacentes (fig. 1900).

Les poumons d'un assez grand nombre de Salamandres éprouvent une régression complète. Cette régression affecte les tribus entières des Desmognathinæ et des Plethodontinæ ; on la retrouve chez quelques espèces appartenant à des tribus dont tous les autres membres sont normaux : chez l'*Amblystoma opacum*, de la tribu des Amblystominæ, chez la *Salamandrina perspicillata*, de celle des Salamandrinæ. Dans ces formes apneustes, il existe entre les deux oreillettes une très large communication; la droite, beaucoup plus grande que la gauche, communique plus directement avec le ventricule, de sorte que le cœur fonctionne presque comme un cœur biloculaire, l'oreillette gauche se bornant à recevoir le sang que lui apporte le sinus veineux. Il n'y a pas de veine pulmonaire. La respiration serait effectuée, soit par la peau aidée de la muqueuse intestinale (1), soit par la muqueuse bucco-pharyngienne (2).

Appareil circulatoire. — On peut suivre chez les Batraciens la transformation graduelle d'un appareil circulatoire voisin de celui des Poissons Dipnés en un appareil touchant à celui des Reptiles. Le premier se trouve chez les Batraciens Pérennibranches, et chez les larves des autres; le second chez les Urodèles et les Anoures adultes.

Le cœur (fig. 1901 A, B) est toujours à trois cavités; il est un peu plus éloigné de la tête que chez les Dipnés et il s'en éloigne beaucoup chez les Batraciens Vermiformes. Comme chez les Dipnés, le sinus veineux est divisé en deux parties très inégales : dans la plus petite s'ouvrent les veines pulmonaires, dans la plus grande, les veines de la circulation générale. La cloison de séparation des oreillettes est composée d'un lacis de tissu conjonctif, de tissu élastique et de tissu musculaire, et se termine par un bord libre en avant de l'orifice auriculo-ventriculaire; elle est percée de nombreuses et grandes lacunes chez les Cécilies, les Protées, les Tritons et les Salamandres, d'un grand orifice chez les *Necturus*, qui respirent surtout par leurs branchies, les Salamandridæ apneustes, le *Cryptobranchus alleghaniensis*; ces lacunes sont plus petites et moins nombreuses chez les *Siren* les *Amphiuma*, les Axolotls; elles se comblent chez les Anoures.

Le sinus veineux s'ouvre dans l'oreillette droite (fig. 1901 C, *Sv*), sauf chez les Urodèles apneustes, où il communique surtout avec la gauche. Dans l'oreillette gauche, tout près de la cloison, s'ouvre la veine pulmonaire; des tractus musculaires de la cloison s'étendent jusqu'à ces orifices; le premier est muni de deux valvules, ainsi que l'orifice auriculo-ventriculaire. Les valvules de ce dernier orifice, fibreuses, en forme de poches, disposées obliquement chez les Urodèles, l'une derrière l'autre chez les Anoures, sont reliées par des tractus aux parois du ventricule.

Les parois du ventricule unique ne présentent aucune ébauche de cloison, mais deux faisceaux musculaires s'étendent de la cloison interauriculaire à leur surface tournée vers l'oreillette; ces parois ont une structure spongieuse, et les vides qui y subsistent communiquent avec la cavité même du ventricule. Ce dernier présente une forme allongée chez les Batraciens Ver-

(1) Wilder, Lunglose Salamandriden. *Anat. Anz*, t. IX 1894, p. 676. — Id, Lungless Salamanders, *Ibid.*, t. XII, 1896.

(2) Camerano *Nuove ricerchi anatomo-fisiologische intorno al Salamandridi normalmente apneumoni*, Atti Acc. Torino, t. XXIX, 1894. — Lonnberg, Notes on the tailed Batrachians without lungs, *Zool. Anzeiger*, t. XIX, 1896. — Id, Salamanders with and without lungs, *Ibid.*, t. XXII 1899.

miformes, les Protées, l'*Amphiuma*; mais, le plus habituellement, il est court et ramassé.

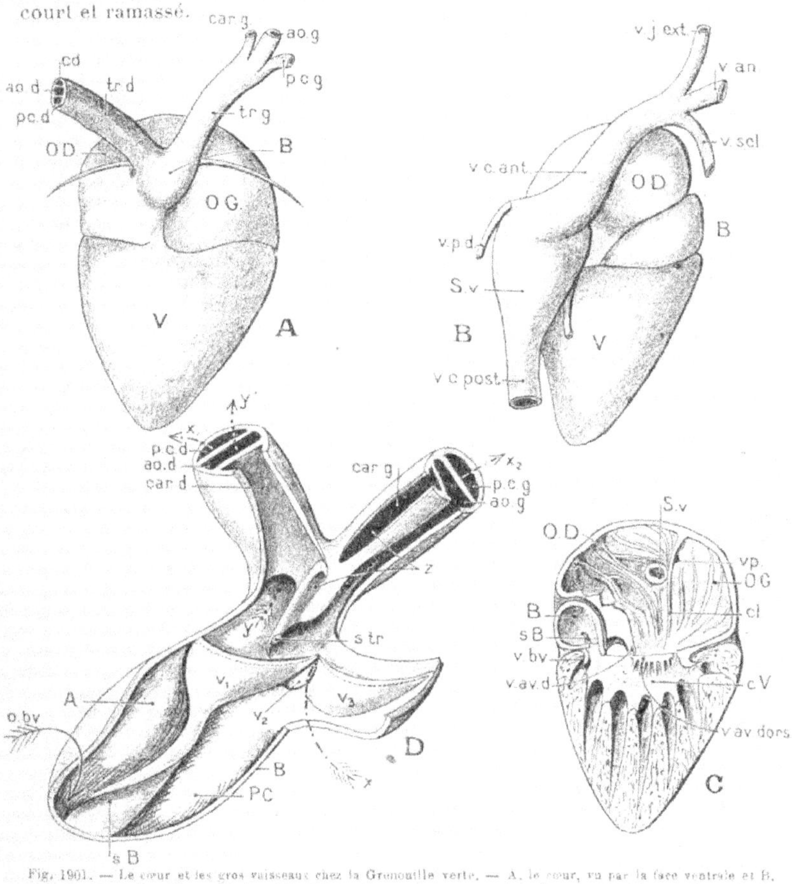

Fig. 1901. — Le cœur et les gros vaisseaux chez la Grenouille verte. — A, le cœur, vu par la face ventrale et B, vu du côté droit : *V*, ventricule ; *OD*, *OG*, oreillettes droite et gauche ; *B*, cône artériel (= bulbe aortique) ; *tr. d*, *tr. g.*, troncs artériels droit et gauche ; *pc. d*, *pc. g*, troncs pulmo-cutanés improprement ; *ao. d*, *ao. g*, aortes ; *car. d*, *car. g*, carotides communes ; *SV*, sinus veineux ; *v. c. post*, veine cave postérieure ; *v. c. ant*, veine cave antérieure ; *v. scl*, veine sous-clavière ; *v. an*, veine anonyme ; *v. j. ext*, veine jugulaire externe. — C, coupe frontale du cœur : *c. V*, cavité du ventricule ; *OD*, *OG*, *B*, comme plus haut ; *cl*, cloison interauriculaire ; *v. av. d*, valvule auriculo-ventriculaire droite ; *v. av. dors*, valvule auriculo-ventriculaire dorsale ; *v. bv*, valvule bulbo-ventriculaire droite ; *sB* septum du bulbe ; *Sv*, orifice du sinus veineux ; *vp*, orifice de la veine pulmonaire. — D, Représentation demi-schématique des cavités intérieures du cône artériel *B*, et du tronc artériel : *B*, *sB*, comme ci-dessus ; *A*, rampe aortique ; *PC*, rampe pulmo-cutanée ; v_1, v_2, v_3, les 3 valvules sigmoïdes à l'entrée du tronc artériel commun ; *s. tr.* septum médian du cône artériel ; *car. d*, *car. g*, les cavités des deux carotides ; *ao. d*, *ao. g*, les cavités des deux aortes ; *pc. d*, *pc. g*, les cavités des deux troncs pulmo-cutanés ; x-x_1-x_2, flèches indiquant la communication de la rampe pulmo-cutanée avec les troncs pulmo-cutanés ; *yy'*, flèche allant du tronc artériel commun (rampe droite) dans l'aorte droite ; *z*, flèche allant de la rampe gauche du tronc artériel commun dans la carotide gauche ; *o. bv*, flèche indiquant la position de l'orifice bulbo-ventriculaire (GAUPP in ECKER et WIEDERSHEIM).

Il est, comme chez les Élasmobranches, les Ganoïdes et les Dipnés, surmonté d'un *cône artériel*, auquel fait suite un *tronc artériel*. Les parois du premier contiennent des fibres musculaires striées, celles du second, des fibres lisses.

Particulièrement allongé chez les *Siredon* et les Salamandrines, le *cône artériel* des *Siren*, *Amphiuma*, *Siredon*, *Amblystoma*, *Salamandra* (fig. 1902) ressemble beaucoup à celui des *Ceratodus*; il est légèrement tordu en hélice et présente une rangée de valvules à chacune de ses extrémités; le nombre des valvules inférieures est généralement de trois (*Proteus*, *Necturus*, *Siredon*, *Triton*, *Salamandra*), exceptionnellement de quatre dans quelques-uns de ces genres; la rangée supérieure en compte quatre ou même cinq (*Necturus*), sauf chez les *Proteus* où il n'y en a que trois. L'une des valvules de la rangée antérieure se prolonge en un repli hélicoïdal, *sp*, résultant, sans doute, de la fusion de plusieurs valvules, et uniquement constitué par un tissu épithélial.

Le cône artériel devient rectiligne et cylindrique chez les *Cæcilia*, *Proteus*, *Cryptobranchus*, où il perd son repli hélicoïdal, qui est remplacé chez les *Triton* par une rangée de tubercules, représentant vraisemblablement chacun le rudiment d'une valvule; il n'en reste plus trace chez le *T. alpestris*. Il pourrait donc avoir subi une régression chez ces animaux, dont quelques-uns semblent plus primitifs cependant que ceux de la série précédente. Cette régression atteint son maximum chez les Cécilies, dont le cône, relativement court, ne contient qu'une rangée de trois valvules proximales, occupant presque toute sa hauteur (*Siphonops*), et quelques rudiments des valvules distales.

Le cône des Anoures (fig. 1901 D) est extérieurement semblable à celui des Salamandres, sauf chez les *Pipa*, où il est très court. A ses extrémités, distale tant que proximale, il ne présente que trois valvules; cette dernière en a cependant conservé quatre chez les *Pipa*; l'une des valvules supérieures (v_1) se développe beaucoup perpendiculairement au plan de symétrie, c'est-à-dire horizontalement dans l'attitude normale de l'animal et se continue avec le repli hélicoïdal, qui est très saillant.

Le *tronc artériel*, qui continue le cône, donne naissance, de chaque côté, à son extrémité, à 4 arcs aortiques plus ou moins modifiés; chez les Batraciens inférieurs, une cloison parallèle au plan de symétrie sépare les orifices des arcs de droite, de ceux de gauche; mais cette disposition se modifie peu à peu chez les autres par le transfert à la face dorsale des orifices des arcs gauches et à la face ventrale de ceux des arcs droits; en même temps, la cloison interne, de parallèle au plan de symétrie, devient perpendiculaire à ce plan, c'est-à-dire horizontale dans l'attitude normale de l'animal. Cette disposition est constante chez les Anoures, où la valvule horizontale du cône continue par conséquent cette cloison. Il en résulte que l'ensemble du cône et du tronc est ici divisé en deux étages, correspondant, l'un aux troncs aortiques gauches, l'autre aux troncs aortiques droits; les premiers ne reçoivent que le sang veineux.

Lorsque le ventricule commence à se contracter, le sang veineux apporté par l'oreillette droite s'engage en grande partie dans la moitié droite du cône à ce moment dilaté, et il suit la face droite, devenue ventrale, chez les

Anoures, du repli hélicoïdal, jusqu'à ce que, le cône se dilatant sous la pression du sang, ce repli ne fonctionne plus comme une cloison. Le sang peut alors couler sur sa face gauche ou dorsale, et arriver aux orifices des arcs postérieurs qui ne sont autre chose que les artères pulmonaires. La systole du cône commençant alors, tandis que le ventricule continue à se contracter, le bout du repli hélicoïdal s'applique contre la paroi du cône, et le sang artériel, amené dans la moitié gauche de ce dernier par les veines pulmonaires, coule au-dessus du repli jusqu'aux orifices ventraux du tronc, par où il pénètre dans les crosses aortiques et les carotides. De cette façon, les artères pulmonaires reçoivent du sang veineux qui va respirer aux poumons; les crosses aortiques et les carotides reçoivent du sang veineux d'abord, puis du sang mélangé, enfin du sang rouge presque pur. Comme l'interposition de la glande carotidienne (p. 2784) empêche le sang de pénétrer dans la carotide avant la dernière période de la systole ventriculaire, ces artères ne reçoivent guère que du sang rouge pur. Ce processus de la division des deux sangs est naturellement d'autant plus parfait que le repli hélicoïdal est plus développé; il ne se produit qu'à un faible degré chez les Sirènes et les Tritons, par exemple, dont les poumons ne jouent d'ailleurs qu'un rôle secondaire dans la respiration (1).

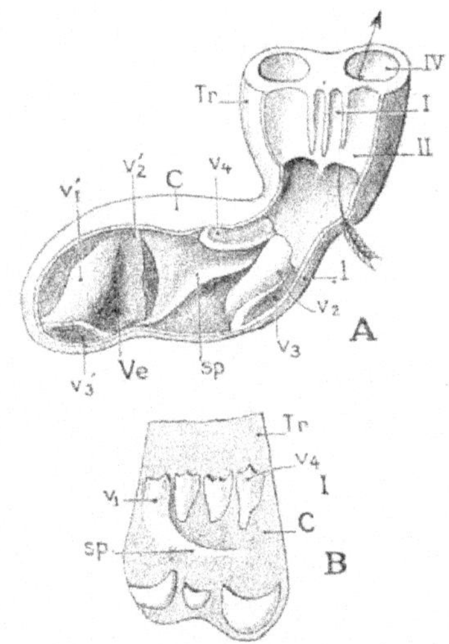

Fig. 1902. — A, cône artériel et tronc artériel de *Salamandra maculosa*. (Une partie de la paroi antérieure a été enlevée; le tronc est légèrement schématisé). — *I*, *II*, *IV*, parties du tronc correspondant aux arcs aortiques 1, 2, 4; une soie a été passée au travers de la rampe IV; *l*, limite du tronc et du cône artériels; v_2, v_3, v_4, 3 des 4 valvules du tronc, dont 2, v_3 et v_4 ont été coupées par la section; *sp*, repli hélicoïdal; v'_1, v'_2 v'_3, valvules de l'étage inférieur; entre elles, l'entrée du ventricule, *Ve*. — B, cône d'un *Triton punctatus* ouvert et étalé; mêmes lettres (Boas).

Lorsque l'appareil vasculaire d'une larve d'Urodèle (Triton) vient de se compléter, et avant toute régression, un vaisseau impair de faible calibre continue le tronc artériel jusqu'à la base du crâne; là, il se divise en deux branches, qui se divisent elles-mêmes en deux autres, se dirigeant l'une transversalement, l'autre en avant. La branche transversale, après un certain trajet, se recourbe et s'unit à celle de l'autre côté pour prendre part à la constitution de l'aorte. La branche qui se dirige en avant, constitue la *carotide externe*, qui se rend à l'œil et au cerveau, après s'être anastomosée avec sa symétrique, de manière a constituer *un cercle céphalique* analogue à

(1) A. Sabatier, *Études sur le cœur et la circulation centrale dans la série des Vertébrés*, Montpellier, 1873. — J.-V. Boas, Ueber den Conus arteriosus und die Arterienbogen der Amphibien, *Morphol. Jahrbuch*, Bd. VII, 1882. — C. Röse, Beiträge zur vergleichenden Anatomie des Herzens der Wirbelthieren, *Ibid.*, Bd. XVI, 1890. — Maurer. Die Kiemen und ihre Gefässe bei Anuren und Urodelen Amphibien, *Ibid.*, Bd. XIV, 1889.

celui des Poissons. La branche transversale peut être considérée comme équivalente à l'*artère hyomandibulaire* de ces animaux.

Le tronc artériel lui-même donne naissance latéralement à quatre arcs vasculaires, symétriques, les *artères branchiales*. Le premier et le dernier ne desservent cependant pas de branchies; les deux intermédiaires, après la bifurcation de l'un d'eux, apportent le sang respectivement aux trois branchies externes.

L'*artère hyomandibulaire*, qui est issue du tronc artériel sans desservir de branchie, envoie deux branches anastomotiques à la partie ventrale de la 1re artère branchiale et va se jeter dans sa partie dorsale. Cette artère, revient sur elle-même, se réunit à sa symétrique et toutes deux forment ainsi un tronc impair, qui est l'origine de l'aorte. Aux artères branchiales, qui se résolvent en capillaires dans les branchies, correspondent des veines de retour. Ce sont les *veines branchiales*. Les veines d'un même côté se réunissent toutes ensemble pour se jeter dans l'aorte. Une anastomose réunit à la dernière veine branchiale, le dernier arc aortique qui part du tronc artériel commun, mais n'irrigue pas de branchies; c'est lui qui va irriguer le poumon quand il se développera et qui constituera l'artère pulmonaire.

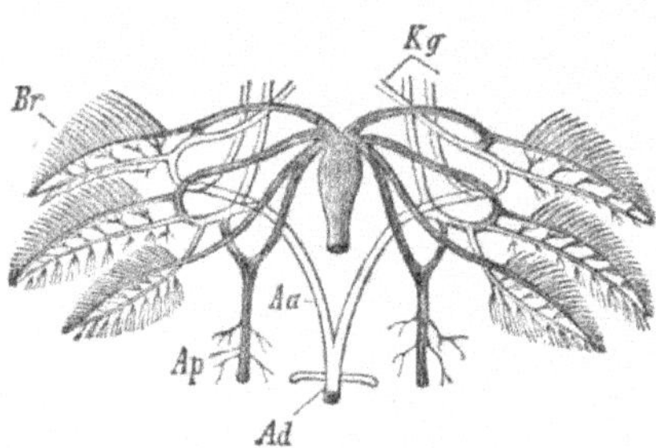

Fig. 1903. — Arcs aortiques d'une larve âgée de Grenouille. : *Aa*, racines aortiques, se réunissant pour constituer l'aorte dorsale *Ad* ; *Ap*, artère pulmonaire, partant de la 4e artère branchiale : *Br*, branchies ; *Kg*, vaisseaux de la tête.

Le grêle prolongement du tronc artériel qui fournit l'artère hyomandibulaire entre bientôt en régression ainsi que la portion de cette artère qui précède la carotide externe. Celle-ci, en raison des anastomoses dont il vient d'être question, semble naître désormais de la première artère branchiale. Après la disparition de la portion initiale de l'arc hyomandibulaire, le tronc artériel se termine brusquement en avant.

La carotide externe, dont nous avons expliqué l'origine, demeure unie à la 1re artère branchiale par de nombreuses anastomoses, qui se transforment chez l'animal adulte en un réseau de capillaires, que nous avons déjà signalé sous le nom de *glande carotidienne* (1) et qui oppose au passage du sang une certaine résistance, dont on a vu l'importance pour la circulation céphalique ; mais, en outre, elle s'unit à la 1re veine branchiale, avec qui la 1re artère branchiale se trouve ainsi directement en rapport, de sorte qu'une partie du sang peut passer de l'artère dans la veine sans entrer dans la branchie. De même, la 2e et la 3e artères branchiales, avant de pénétrer dans leur branche, envoient une branche anastomotique aux veines correspondantes.

Après sa jonction avec la carotide externe, la 1re veine branchiale continue

(1) On pourrait voir dans ce réseau le reste d'une branchie disparue, à laquelle se rendait primitivement ce premier arc, maintenant dépourvu de branchie.

son chemin vers la ligne médiane et finalement se bifurque. L'une de ses branches est la *carotide interne*; l'autre, très courte, se jette dans l'arc aortique qui vient de se constituer par la jonction des 2e et 3e veines branchiales, dont la dernière s'est anastomosée, nous l'avons vu, avec l'artère pulmonaire née du 4e arc branchial, qui est dépourvu de branchie, comme le premier.

Le tronc artériel des Protées ne donne plus directement naissance, de chaque côté, qu'à une seule artère branchiale principale; celle-ci se bifurque bientôt, et l'une de ses branches est la 1re artère branchiale; elle ne communique plus que par une seule anastomose avec la carotide externe, qui, chez l'adulte, constitue l'*artère linguale*. La seconde parcourt encore un certain trajet, avant de se bifurquer à son tour, et de fournir ainsi la 2e et la 3e artères branchiales; le rudiment de la 4e artère branchiale, déjà raccourci chez les Sirènes, a disparu, sans doute par fusion avec la 3e artère; l'anastomose prébranchiale de cette artère avec la veine branchiale correspondante fait défaut, de sorte que cette veine se continue directement avec le tronc aortique; en revanche, un peu avant de donner naissance à l'artère pulmonaire, elle reçoit, au même point, la 2e veine branchiale et l'anastomose prébranchiale de cette veine avec la 2e artère branchiale. L'arrivée du sang veineux aux deux dernières paires de branchies et au poumon se trouve encore ainsi facilitée. Chez le *Necturus*, l'anastomose de la carotide externe avec la 1re artère branchiale se raccourcit, de sorte que celle-ci paraît donner directement naissance à celle-là. Cette disposition est conservée chez les autres Urodèles, où les artères branchiales naissent latéralement presqu'au même point du tronc artériel (fig. 1904). La 1re artère donne naissance à la carotide externe au moment d'arriver au plexus carotidien; la 2e et la 3e s'unissent avant d'arriver à l'arc aortique auquel la 4e aboutit, en donnant en même temps naissance à l'artère pulmonaire.

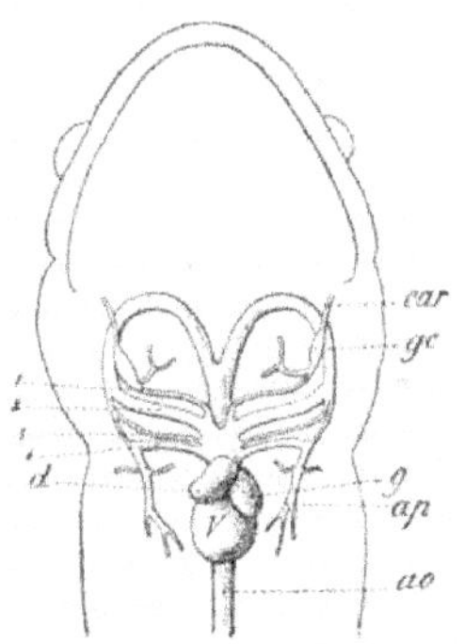

Fig. 1904. — Partie centrale de l'appareil circulatoire d'une Salamandre. — *V*, ventricule; *d*, *g*, oreillettes droite et gauche; *1-4*, arcs aortiques; *ao*, aorte; *car*, carotide externe; *gc*, glande carotidienne.

La circulation branchio-pulmonaire des larves d'Anoures ne diffère que par des détails d'adaptation de celle des larves d'Urodèles. Le tronc artériel (fig. 1903) ne donne que trois artères branchiales de chaque côté, mais la 3e de ces artères se dédouble en deux, ce qui porte encore à quatre leur nombre total. A chacune de ces artères, correspond une veine branchiale à laquelle elle n'est reliée que par des capillaires; les veines d'un même côté s'unissent pour constituer un tronc unique qui, en s'abouchant avec son symétrique, donne naissance à l'aorte. De l'arc dorsal de la première veine branchiale, naît la carotide interne; de son arc ventral, la carotide externe. La 4e artère ne correspond à aucune branchie et correspond directement avec la 4e veine; celle-ci, non loin de sa jonction avec la 3e, émet l'artère pulmonaire, encore petite et, plus près de sa terminaison, une autre importante artère respiratoire, se distribuant à la peau, l'*artère cutanée*. Chez la Grenouille adulte (fig. 1905), la première artère branchiale a perdu son anastomose avec la seconde; elle n'a plus que la valeur d'un tronc artériel, d'où naît la *carotide externe* et qui se continue ensuite, en formant simplement la *carotide interne*. La deuxième prend seule part à la formation de la crosse aortique; la troisième est oblitérée; la quatrième, devenue elle aussi indépendante, donne naissance aux *artères cutanée* et *pulmonaire*, devenues très volumineuses.

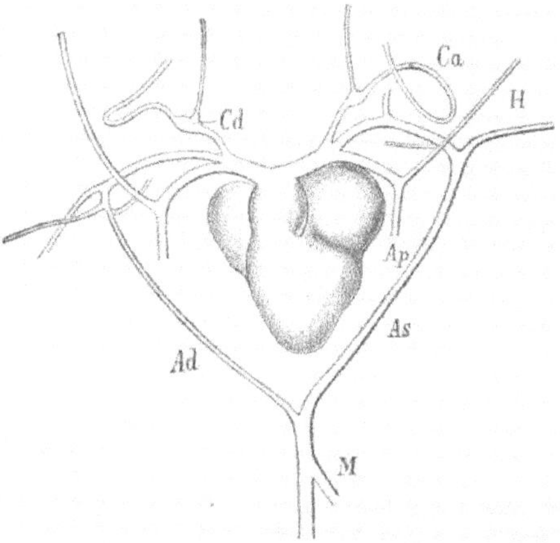

Fig. 1905. — Partie centrale de l'appareil circulatoire d'une Grenouille. — *Ad*, *As*, aorte droite et aorte gauche; *Ap*, artère pulmonaire; *H*, grande artère cutanée; *M*, tronc cœliaque; *Ca*, carotide externe; *Cd*, glande carotidienne.

Le domaine artériel de l'*aorte* s'étend au corps tout entier. Chaque crosse aortique donne naissance à une *artère vertébrale* qui se loge dans le canal vertébral, et parfois aussi à une *artère sous-clavière*; mais cette dernière naît le plus souvent de l'aorte elle-même. Peu après, apparaît à gauche une puissante *artère mésentérique*, qui fournit des branches nombreuses à l'intestin. Ces branches, chez les *Siren*, naissent directement de l'aorte principale; elles lui sont presque perpendiculaires, et elles sont équidistantes entre elles, comme si elles étaient métamérides; la première, plus importante, est l'*artère cœliaque*. A mesure que l'on s'éloigne de ce type, les points d'origine de ces *artères viscérales* se rapprochent, et elles finissent par naître d'un tronc commun qui se détache directement de la mésentérique; c'est le cas pour les trois artères qui suivent la cœliaque chez les *Necturus*, pour quatre d'entre elles chez les *Cryptobranchus*, où toutes les autres artères peuvent également se réunir en un tronc naissant plus loin; enfin, chez les Anoures, toutes les artères de l'intestin naissent d'un tronc commun qui, lui-même, se détache de la mésentérique au même point que la cœliaque (1).

L'artère cutanée peut naître de la sous-clavière qu'elle réunit à l'*artère iliaque* du même côté. Les artères vertébrales et cutanées donnent naissance latéralement à des branches métamériquement disposées.

Le *système veineux* des Batraciens ressemble à celui des Poissons par la présence d'un double système de *veines portes rénales* symétriques, de deux *sinus de Cuvier* et d'un *sinus veineux*. La *veine caudale* reçoit, en arrivant dans le tronc, les veines iliaques, et forme avec elles un tronc qui

(1) Klaatsch. Zur Morphologie der Mesenterienbildung am Darmcanal der Wirbelthiere. *Morph. Jahrb.*, t. XVIII, 1892.

ne tarde pas à se diviser en deux branches. L'une de ces branches se dirige vers la ligne médiane, s'unit à la symétrique et forme avec elle une veine impaire de longueur variable : la *veine abdominale* ; dans celle-ci se jette la *veine mésentérique* et toutes deux constituent ainsi la *veine porte hépatique*, qui se ramifie dans le foie. La deuxième branche demeure latérale ; une *veine communicante*, l'unit à la *veine ischiatique*, revenant du membre postérieur, avant que toutes deux ne se confondent pour former la *veine porte rénale*, qui longe le bord externe du rein et se ramifie à son intérieur. Les veines efférentes du rein se rendent en partie aux *veines azygos*, représentant les veines cardinales postérieures des Poissons, en partie à la *veine cave postérieure* unique et médiane qui reçoit aussi, avant de former le sinus veineux, les veines efférentes du système porte hépatique, ou *veines sus-hépatiques*. Les veines azygos se jettent dans les sinus de Cuvier ; elles font défaut, de même que la veine caudale, aux Anoures adultes. Dans la région antérieure du corps, les *veines maxillaires* et *linguales* de chaque côté s'unissent pour former une *veine jugulaire interne*. La *veine jugulaire externe* s'unit d'autre part à la *sous-clavière*, peu après que celle-ci a reçu une grande *veine cutanée*. Le tronc ainsi formé se jette, de même que la veine jugulaire interne, dans le sinus de Cuvier situé de son côté. Les deux sinus de Cuvier et la veine cave postérieure forment le *sinus veineux*, qui s'ouvre enfin dans l'oreillette droite, tandis que l'oreillette gauche reçoit les veines pulmonaires, unies en un seul tronc au moment d'y pénétrer.

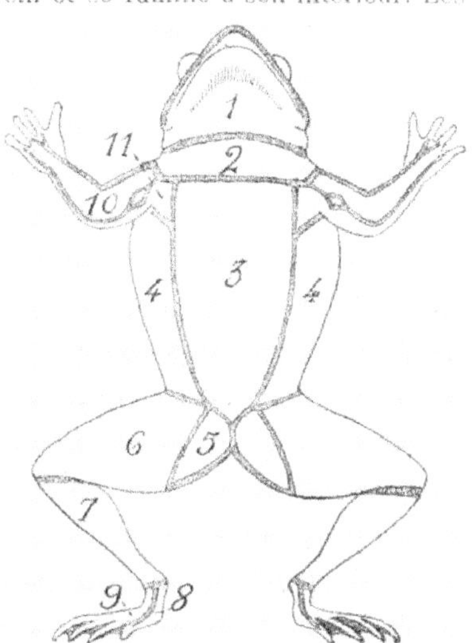

Fig. 1906. — Sacs lymphatiques de la Grenouille verte (face ventrale). — *1*, sac sous-maxillaire ; *2*, sac thoracique ; *3*, sac abdominal ; *4*, sacs latéraux ; *5*, sac interfémoral ; *6*, sac fémoral ; *7*, sac crural ; *8*, sac plantaire ; *9*, sac dorsal du pied ; *10*, sac brachial antérieur ; *11*, sac brachio-ulnaire (Ecker).

Lymphatiques. — La peau des Batraciens n'est accollée aux tissus sous-jacents qu'en des région limitées, séparant les unes des autres de vastes poches lymphatiques ; elle est ainsi accollée tout d'abord autour des yeux et sur toute la longueur des bords de la tête ; il part, en arrière, de cette région, deux cloisons latérales symétriques, aboutissant chacune à un anneau conjonctif entourant la base des cuisses ; des cercles semblables, reliés entre eux par des cloisons longitudinales, se trouvent autour du genou et du tarse ; deux cloisons ventrales s'étendent du cercle crural à un demi-collier situé au devant de la base du cou et d'où partent les cloisons séparant les sacs des membres antérieurs. La figure 1906 donne une idée exacte de ces dispositions. Les sacs lymphatiques cutanés communiquent avec ceux de la cavité péritonéale. Il existe aussi, chez la Grenouille, de véritables canaux lymphatiques dans les membranes natatoires, la muqueuse du palais, les paupières, la membrane nictitante.

Les vaisseaux lymphatiques de l'intestin se jettent tous dans un grand sinus lymphatique, qui chemine entre les deux feuillets du mésentère jusqu'à la colonne vertébrale; il s'élargit alors et enveloppe l'aorte à la paroi de laquelle ses propres parois sont reliées par de fines trabécules conjonctives. Dans ce *sinus lymphatique subvertébral* se jettent de nombreux canaux lymphatiques à parois propres, venant de divers viscères.

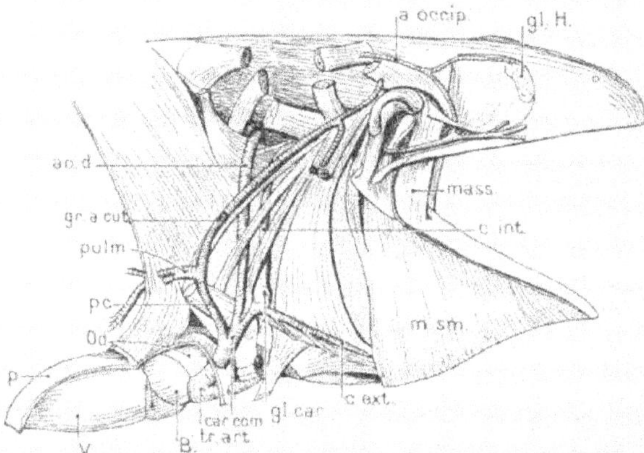

Fig. 1907. — Dissection de la portion latérale de la tête et du cou de la Grenouille verte, pour montrer les 3 branches principales du tronc artériel : — *V*, ventricule; *Od*, oreillette droite; *B*, bulbe artériel; *p*, péricarde; *tr. art*, base des troncs artériels; *pc*, tronc pulmo-cutané; *pulm*, artère commune pulmonaire; *gr. a. cut*, grande artère cutanée, *ao. d*, aorte droite; *car. com*, carotide commune; *c. int*, carotide interne; *c. ext*, carotide externe; *gl. car*, glande carotidienne; *a. occip*, artère occipitale; *gl. H*, glande de Harder, en avant du muscle élévateur du bulbe oculaire; *m. sm*, muscle sous-maxillaire; *mass*, masséter (Gaupp, in Ecker et Wiedersheim).

Les canaux lymphatiques des Batraciens s'ouvrent dans les veines des membres antérieurs et des membres postérieurs par quatre *cœurs lymphatiques*, dont les parois, couvertes d'un réseau musculaire, exécutent des contractions rythmiques. Les cœurs antérieurs sont situés derrière la grande apophyse transverse de la 3e vertèbre, dans un espace triangulaire résultant de l'écartement des fibres du muscle intertransversaire; ils s'ouvrent dans la veine sous-scapulaire.

Les cœurs lymphatiques postérieurs, dont les contractions sont visibles à travers la peau, sont placés de chaque côté du coccyx, dans un espace limité par les muscles *iléo-coccygien*, *glutæus*, *vaste externe* et *pyriforme*; ils s'ouvrent dans les veines iliaques communes ou dans les veines transverses.

Il existe encore des cœurs lymphatiques contractiles, au nombre de huit paires (*Siredon*), ou même de dix à douze paires (*Salamandra maculosa*), sous la peau de divers Batraciens Urodèles, dans le sillon latéral et jusque sur la queue.

Système nerveux : — ***Système nerveux central***. — La comparaison des cerveaux des Batraciens révèle une anomalie qui, en raison des conclusions auxquelles elle peut conduire, mérite d'être examinée de près. Le cerveau des Urodèles, et notamment des Pérennibranches, rappelle d'assez près celui des Poissons Dipnés et des Crossoptérygiens; il en était de même de celui des Batraciens primitifs (*Labyrinthodon*). Le cerveau de la *Siren lacertina* peut servir de point de départ à une description. Toutes ses parties consécutives sont allongées et, comme chez les Poissons, dispo-

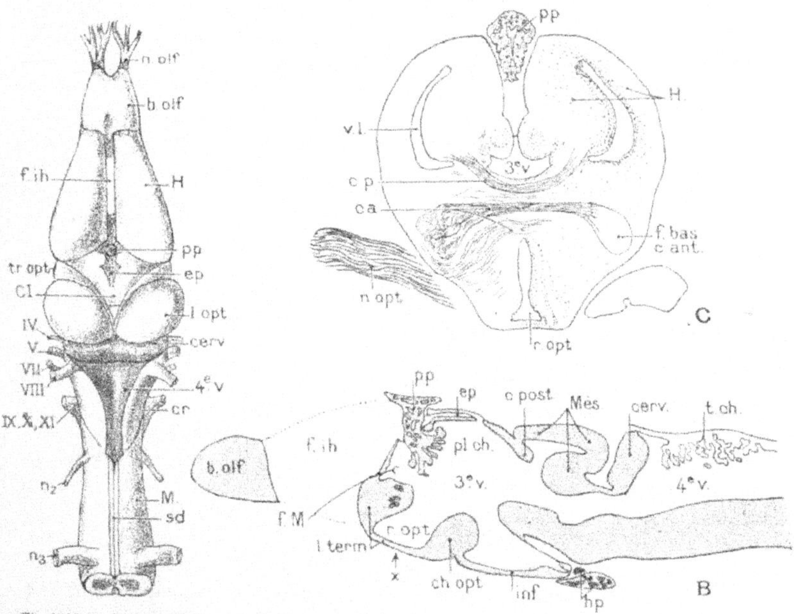

Fig. 1908. — Cerveau de *Rana esculenta*. — A, vue dorsale. — B, coupe sagittale. — C, coupe transversale, à la partie antérieure du cerveau moyen au niveau de la lettre *x*, de la fig. B : — *H*, hémisphères ; *f. ih*, fissure inter-hémisphérique; *b. olf*, bulbe olfactif; *n. olf*, nerf olfactif ; *vl*, ventricule latéral ; *cp*, commissure palléale; *ca*, commissure antérieure ; *f. bas. c. ant*, faisceau basilaire du cerveau antérieur ; SM, trou de Monro; — *Ci*, cerveau intermédiaire; *ep*, épiphyse ; *pp*, paraphyse; 3e *v*, troisième ventricule ; *r. opt*, récessus optique ; *l. term*, lame terminale (paroi ant. du 3e ventr.); *pl. ch.*, plexus choroïdiens; *ch. opt*, région du chiasma ; *inf.* infundibulum ; *hp*, hypophyse ; *c. post*, commissure postérieure ; — *Més*, mésencéphale; *l. opt*, lobes optiques (tubercules bijumeaux); — *cerv.* cervelet ; *t. ch.* toile choroïdienne ; 4e *v*, 4e ventricule ; *cr*, crête acoustique ; *IV*, *XI*, nerfs craniens ; — *M*, moelle ; *sd*, son sillon dorsal ; n_2, n_3, nerfs rachidiens (d'après GAUPP).

sées sans aucun empiètement les unes sur les autres. Tandis que, chez les Dipnés et les Crossoptérygiens, le cerveau antérieur et le cerveau moyen sont sur un plan inférieur au cerveau postérieur, le cerveau moyen étant, par cela même, oblique de bas en haut et d'avant en arrière, toutes ces parties sont, chez les Batraciens (1), sensiblement sur le même plan.

Le cerveau antérieur (hémisphères), le cerveau intermédiaire (région de l'épiphyse et de l'hypophyse), le cerveau moyen (lobes optiques) et le cerveau postérieur (cervelet) sont respectivement séparés par des étranglements. Le cerveau moyen et le cerveau intermédiaire sont relativement

(1) WIEDERSHEIM. *Die Anatomie der Gymnophionen*, Jena, 1879.

étroits et forment comme une sorte de cou entre les hémisphères et la moelle allongée. Les lobes olfactifs, plus développés que chez le Protoptère, ne sont séparés des hémisphères que par une légère inflexion de la surface; les hémisphères, au lieu d'être à peu près régulièrement ellipsoïdaux, sont un peu renflés en arrière. Le cerveau intermédiaire est plus long; un sillon très net le sépare du cerveau moyen, dont les tubercules bijumeaux sont saillants, bien développés, séparés l'un de l'autre par un sillon très net, tandis qu'ils sont à peine apparents chez le *Protopterus*. La fosse rhomboïdale, triangulaire, est complètement découverte.

Le cerveau des Urodèles ne diffère que par la forme un peu plus ramassée de ses parties principales et par la tendance du cerveau moyen plus développé à passer au-dessus du cerveau postérieur et à masquer la base de la fosse ovale.

Chez les Anoures (fig. 1908), un progrès est nettement marqué par le grand développement des lobes olfactifs, qui amène leur fusion complète sur la ligne médiane, par les grandes dimensions prises par les tubercules bijumeaux très saillants latéralement en forme d'ellipsoïdes, à axes formant entre eux un angle à sommet postérieur, par la largeur du cervelet dont le bord postérieur, convexe dans sa région médiane, s'avance sur la fosse rhomboïdale. Ce sont là des signes manifestes de progrès.

Au premier abord, le cerveau des Vermiformes (fig. 1909) paraît plus compliqué, mais cela résulte simplement d'un arrangement spécial de ses régions composantes, qui sont, au contraire, plus simples (*Ichthyophis glutinosus*). Une inflexion plus profonde de la surface cérébrale sépare les ganglions olfactifs des hémisphères, mais ces ganglions sont éloignés l'un de l'autre comme dans les formes primitives. Le cerveau moyen est renversé en arrière sur le cervelet en forme de fer à cheval, et celui-ci masque la fosse rhomboïdale; en revanche, les tubercules bijumeaux ne sont même pas indiqués; une masse médiane, peu saillante, bien moins large que la moelle allongée et que les hémisphères, contrairement à ce qu'on voit chez les Anoures, en tient lieu, et le cou formé par les cerveaux intermédiaire et moyen est supprimé.

En réalité, tout est disposé, non pas comme si l'appareil cérébral s'était perfectionné, ce qui serait absurde chez des animaux souterrains, mais simplement comme si ses régions antérieure et moyenne avaient été refoulées en arrière. C'est bien le résultat que doit amener le genre de vie des Vermiformes, qui ne peuvent avancer dans le sol qu'en appliquant énergiquement contre le fond de leur galerie l'extrémité antérieure peu résistante de leur corps. La réduction des yeux et de l'appareil locomoteur explique la réduction des cerveaux moyen et postérieur relativement aux hémisphères et aux lobes olfactifs, dont l'ensemble représente trois fois le reste du cerveau.

La forme et les dimensions relatives des diverses parties de l'appareil cérébral varient beaucoup chez les Batraciens et parfois avec l'âge. De même que le cerveau du *Petromyzon* diffère beaucoup, par son développement transversal, par la forme et les proportions de ses diverses parties, du cerveau de sa larve l'Ammocète (p. 2526 et 2586), le cerveau de l'Axolotl, par exemple, subit de profondes transformations lors du passage à l'état d'*Amblystoma*; celui de la *Salamandra atra*, est fort différent de celui de la *S. maculosa*, et il en est encore ainsi pour les diverses espèces de *Triton*. Parmi les Anoures, les hémisphères des Crapauds indigènes, ceux du *Pipa dorsigera*, sont plus larges et plus courts que ceux des Grenouilles (*Rana*); les Aglossa ont un cerveau moyen moins développé que celui de ces derniers; les tubercules

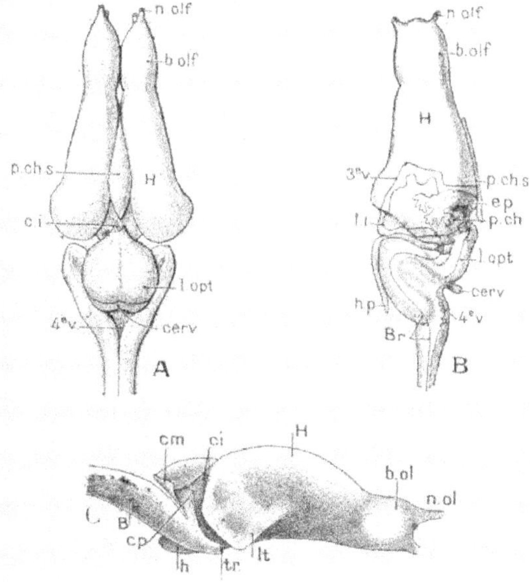

Fig. 1909. — Cerveau d'*Ichthyophis glutinosus*. — A, vu par la face dorsale. — B, vu en coupe optique : — *n. olf*, nerf olfactif; *b. olf*, bulbe olfactif; *H*, hémisphère; *p. ch. s*, plexus choroïdiens supérieurs; 3ᵉ *v*, contours du 3ᵉ ventricule, et *pch*, plexus choroïdiens (= paraphyse?) supposés vus par transparence; *ci*, cerveau intermédiaire; *ep*, épiphyse; *li*, lobes inférieurs; *hp*, hypophyse; *l. opt*, lobes optiques (tubercules bijumeaux); *cerv*, cervelet; 4ᵉ *v*, 4ᵉ ventricule; *Br*, bulbe rachidien (d'après Burkhardt). — C, Le même vu de profil : — *n. ol*, nerf olfactif; *b. ol*, bulbe olfactif; H, hémisphère; *lt*, son lobe temporal; *ci*, cerveau intermédiaire; *cm*, cerveau moyen; *cp*, cerveau post; *h*, hypophyse; *tr*, tractus optique; B, bulbe rachidien (P. et J. Sarazin).

bijumeaux sont moins saillants latéralement et étroitements contigus sur la ligne médiane.

Les hémisphères cérébraux sont reliés entre eux par la *lame terminale* (fig. 1908 *B*), qui forme, avant leur développement, la limite antérieure du cerveau embryonnaire, et, plus tard, par deux commissures placées l'une au-dessus de l'autre. La commissure la plus basse est la *commissure antérieure* (*C*, *ca*); celle qui est située au-dessus d'elle, appelée *commissure palléale* (*cp*), a été considérée comme une première indication du *corps calleux*, qui ne se développera que chez les Mammifères; deux autres commissures se trouvent dans la région dorsale, et à chaque extrémité du cerveau intermédiaire : ce sont les *commissures supérieure* et *postérieure*, entre lesquelles est située l'épiphyse.

L'épiphyse des Urodèles et des Anoures, toujours bien développée, perfore les os du crâne et vient s'appliquer, en se dilatant en vésicule, contre l'épiderme, disposition qui rappelle le trou pariétal des LABYRINTHODONTES. En avant de l'épiphyse, le plafond du 3e ventricule, très aminci, constitue la lamelle recouvrante du 3e ventricule, qui, en avant, s'invagine, dans l'intérieur du ventricule, en formant de nombreux replis, vascularisés par la pie-mère. Ce sont les *plexus choroïdiens* (pl. ch.); ils forment dans le 3e ventricule une masse paire ou impaire (*pl. choroïdiens inférieurs*, et ils se prolongent d'une part, en arrière, chez les ICHTYODEA notamment, par un *plexus* médian impair, parfois très long, puisqu'il peut presque atteindre, chez ces mêmes Batraciens, le 4e ventricule; d'autre part, en avant, par les *plexus des hémisphères*, bien développés chez les Urodèles et les Gynnophiones, mais manquant aux Anoures; enfin, sur la face dorsale, par les *pl. choroïdiens supérieurs* (pp.) qui forment une saillie entre les deux hémisphères. Ils paraissent correspondre à la paraphyse de beaucoup de Poissons (fig. 1804, *i*).

Le *tuber cinereum*, l'*infundibulum* et la *glande pituitaire* sont nettement apparents; l'infundibulum est étroit et si long que l'hypophyse peut être reportée jusqu'au niveau de la moelle allongée (chez les VERMIFORMES).

Le développement des ventricules dépend de celui des parties correspondantes du cerveau. Le 1er et le 2e sont toujours bien développés, et de volumineux corps striés font saillie à leur intérieur (VERMIFORMES); le ventricule du cerveau intermédiaire, moins développé dorsalement que celui des Poissons, est en forme de fente, et recouvert par le plexus choroïdien et la glande pinéale. En forme de fente chez les Pérennibranches, l'aqueduc de Sylvius présente un brusque élargissement chez les *Salamandra*, et il envoie chez les Grenouilles (*Rana*) un diverticule dans chaque lobe optique. Il existe toujours une *commissure postérieure* entre le cerveau intermédiaire et le cerveau moyen.

Chez les Batraciens, le tissu muqueux ou gélatineux, si développé chez la plupart des Poissons dans l'épaisseur de l'exoméninge, disparaît; les deux lames qu'il séparait demeurent appliquées l'une contre l'autre; la pie-mère n'est séparée de la dure-mère que par l'espace subdural, mais des espaces lymphatiques se développent dans son épaisseur. Cette disposition persiste chez les REPTILES et les OISEAUX.

Système nerveux périphérique. — Les *nerfs olfactifs* des Batraciens peuvent naître du lobe olfactif, soit par une seule, soit par plusieurs racines (VERMIFORMES, ANOURES). Chez les URODÈLES, il n'en existe qu'une seule paire, deux chez les VERMIFORMES et les ANOURES, une paire dorsale et une paire ventrale : c'est à cette dernière que semble correspondre l'unique paire des Urodèles. Les deux nerfs de la paire dorsale se soudent entre eux, de même que ceux de la paire ventrale, mais les deux nerfs médians résultant de ces soudures demeurent séparés.

Ces nerfs se réunissent assez souvent, un peu avant d'entrer dans la capsule, en un seul cordon (*Pipa* et autres), et ils perforent l'ethmoïde à une assez grande distance l'un de l'autre chez les *Epicrium*. De toute façon, le nerf olfactif, en pénétrant dans la cavité nasale, se divise en un rameau dorsal, qui se ramifie dans le toit de la cavité, et un rameau ventral pour le reste de l'organe. La région du crâne que traverse le nerf, divisé en plusieurs branches, demeure membraneuse chez les *Cryptobranchus*; chez aucun autre, il n'existe de lame criblée et le nerf pénètre encore indivis dans la cavité nasale.

Les *nerfs optiques* ne forment chez les *Cryptobranchus* et les *Menopoma* qu'un chiasma peu développé; l'entrecroisement des fibres des deux nerfs dans le chiasma paraît complet, mais les fibres sont tellement intriquées qu'il est impossible de les suivre d'une manière précise; le chiasma se réduit, chez les Urodèles, à une délicate commissure, unissant les deux nerfs antérieurement; il devient, chez les Anoures, une plaque nerveuse consistante, à bords latéraux concaves.

Le *nerf moteur oculaire commun* peut être représenté, chez les Urodèles, par une fine branche du rameau ophthalmique du trijumeau (*Salamandra atra*); chez les Anoures, il envoie un certain nombre de branches à la conjonctive.

Le *nerf pathétique* (*trochlearis*) n'est pas un nerf indépendant; c'est vraisemblablement une branche motrice, soit de la première branche du trijumeau, soit de son rameau ophthalmique profond.

Le *nerf moteur oculaire externe* des Anoures se jette, avant de sortir du crâne, dans le ganglion de Gasser, où il s'unit au trijumeau; il réapparaît ensuite sous forme d'une branche du 1er rameau du trijumeau, qui se rend au muscle droit externe.

Le *nerf trijumeau* et le *nerf facial*, issus de la moelle allongée, sont, chez les Amphibiens, étroitement en rapport. La persistance, chez les Pérennibranches et chez les larves des Caducibranches, des organes sensitifs de la ligne latérale et de la tête, précédemment décrits chez les Poissons (p. 2.505), est naturellement complétée par la persistance des branches du nerf acoustico-facial qui leur correspondent; ces branches se distribuent dans les mêmes régions que celles du trijumeau et s'anastomosent plus ou moins avec elles; avec la disparition des organes sensitifs chez les adultes, les branches du facial qui leur correspondaient se modifient dans leur parcours ou s'atrophient, tandis que le rameau du facial qui leur donnait naissance, se fusionne avec le trijumeau, qui semble ainsi ajouter des fonctions sensitives nouvelles à ses fonctions propres.

Chez la larve de la *Salamandra maculosa*, le tronc du trijumeau porte un volumineux ganglion (*ganglion de Gasser*), d'où part un *gros rameau ophthalmique profond* qui se dirige vers l'œil et l'appareil olfactif; au-dessus de lui naît, du même ganglion, le *rameau maxillaire*, qui donne naissance à une très grêle *branche maxillaire supérieure* et devient ensuite le *nerf mandibulaire* ou *maxillaire inférieur*, cheminant vers le fond de l'orbite.

Une racine du *nerf facial*, qui envoie un rameau vers le *ganglion facial* (de l'acoustico-facial), passe au-dessus du ganglion du trijumeau et se renfle alors en un *ganglion accessoire*, d'où partent, se dirigeant en sens inverse, l'un vers le haut, l'autre vers le bas, pour redevenir ensuite presque parallèles, le *rameau ophthalmique superficiel*, qui s'engage dans la région supraoculaire, et le *rameau buccal*, qui chemine dans la région infra-orbitaire. Le rameau buccal du facial émet une branche anastomotique qui se partage entre le nerf maxillaire et le nerf maxillaire supérieur auquel il donne naissance; le nerf buccal et le nerf maxillaire supérieur se ramifient, du reste, dans la même région. Chez l'*Amblystoma punctatum*, le ganglion accessoire porté par la racine du facial se confond avec le ganglion de Gasser du trijumeau. Comme les anastomoses entre les nerfs buccal et maxillaire s'étaient reportées vers la base de ces nerfs et, en se raccourcissant, avaient déterminé le rapprochement et finalement la fusion des ganglions d'où sortent ces nerfs, le nerf buccal et le nerf ophtalmique superficiel, qui faisaient partie du facial, sont désormais transférés au ganglion de *trijumeau*, d'où ils naissent par un tronc commun; cela porte à trois le nombre des troncs issus de ce ganglion et justifie ainsi la dénomination de trijumeau attribuée à l'ensemble des nerfs qui en proviennent. Cette adjonction au trijumeau d'une partie du facial est déjà indiquée chez les larves des Anoures.

Le *facial* naît par deux groupes de racines, l'un supérieur, l'autre inférieur, réunis entre eux par une anastomose et pouvant se réduire chacun à une seule racine. Ces groupes, entre lesquels est compris le ganglion acoustique, donnent naissance à des nerfs dont la disposition générale rappelle chez les Pérennibranches celle qu'on observe chez les Poissons. L'un des plus remarquables est le *nerf latéral*, qui innerve les organes de la ligne latérale et s'unit intimement à une branche du pneumogastrique. Les liens établis par l'intermédiaire du nerf latéral entre le facial et le trijumeau sont encore les seuls qui existent chez les Urodèles, où une branche du facial, qu'on observe déjà chez les larves, se rend au ganglion du trijumeau.

Le groupe supérieur des racines du facial donne naissance à un nerf sensoriel, qui se divise en deux branches, dont l'une, unie à un rameau du trijumeau, devient le *nerf ophthalmique* superficiel, tandis que l'autre, également anastomosée avec un rameau du trijumeau, devient le *nerf buccal*. Les racines inférieures, après avoir donné le *nerf palatin*, fournissent un tronc qui se divise en un *nerf mandibulaire*, un *nerf hyoïde* et un nerf récurrent, par lequel les fibres sensitives du facial arrivent dans la région du labyrinthe et parviennent jusqu'au *glosso-pharyngien*. La racine de ce dernier s'enfonce dans le ganglion du pneumogastrique; le glosso-pharyngien sort cependant du crâne par un orifice particulier chez les *Siren*; mais en général, il y a concurrence intracranienne entre les deux nerfs : le glosso-pharyngien fournit un *rameau palatin* et un *rameau lingual* qui innerve aussi le plancher buccal.

Le *vague* ou *pneumogastrique* présente, à son origine, un ganglion d'où semble naître le *nerf latéral*, lequel provient en réalité du facial (voir plus haut). Le nerf latéral n'est bien développé que chez les Pérennibranches et les larves branchifères. Chez les Urodèles, il se divise en plusieurs rameaux dont l'un (*nerf latéral profond*) pénètre dans la musculature, tandis que les autres demeurent superficiels. On retrouve, chez les Anoures adultes, des restes nombreux de ces rameaux superficiels qui correspondaient aux organes sensitifs, et, parmi eux, un tronc principal qui accompagne la grosse artère cutanée. Le rameau latéral inférieur se rend à la glande parotidienne, dans la région de laquelle on observe un *rameau auriculaire* et un *rameau jugulaire* du pneumogastrique. Après la disparition des branchies, les nerfs qui s'y rendaient deviennent les nerfs du pharynx et du larynx, et les autres viscères conservent les leurs plus ou moins modifiés dans leur parcours initial.

Le pneumogastrique est le dernier des nerfs craniens des Batraciens; les nerfs correspondant aux nerfs craniens suivants des Vertébrés supérieurs naissent de la moelle épinière : ils ne se distinguent des nerfs spinaux que par quelques particularités de développement et d'arrangement. Les nerfs de 1re paire sont, chez les larves, pourvus d'une racine dorsale et d'une racine ventrale comme les nerfs cervicaux qui les précèdent, mais la racine dorsale ne tarde pas à disparaître chez les Vermiformes, les Urodèles et les Aglosses; le nerf lui-même tend à disparaître chez les Anoures Phanéroglosses; il en persiste des vestiges chez les PELOBATIDÆ, les DISCOGLOSSIDÆ, les Crapauds et la *Rana caterbiana*; le plus souvent, il disparaît tout à fait.

Les nerfs des deux premières paires et une branche de la 3e forment chez les Urodèles le *plexus cervical*, qui innerve les muscles de la région du cou. Les 3e, 4e, 5e (*Triton*, *Salamandra*) et parfois aussi la 6e (*Cryptobranchus*) forment le plexus brachial; la 4e paire est de beaucoup la plus importante.

Chez les AGLOSSES, le 1er nerf spinal envoie un fin rameau au second et innerve l'élévateur de l'épaule et les muscles abdominaux (*Pipa*). Le plexus brachial comprend, chez les *Pipa*, les 2e et 3e nerfs spinaux, les 3e, 4e et une grêle branche du 2e chez les *Xenopus* et les Phanéroglosses. Il peut s'y joindre quelques éléments du pneumo-gastrique.

L'enchevêtrement des nerfs devient, dans la région postérieure du plexus, beaucoup plus complexe que chez les Poissons (p. 2545). Les *nerfs brachiaux* qui se dégagent de cette région postérieure forment un tronc dorsal et un tronc ventral, qui pénètrent dans le membre et, d'une manière générale, innervent, l'un, les muscles fléchisseurs, l'autre, les muscles extenseurs. Des rameaux nerveux indépendants constituent, d'autre part, un groupe de *nerfs thoraciques supérieurs*, tandis que des *nerfs thoraciques inférieurs* se détachent du nerf fléchisseur le plus volumineux de tous (nerfs *médian*, *cubital* et *musculo-cutané*).

Les nerfs médullaires qui suivent reprennent leur disposition métamérique régulière; mais, au niveau des deux vertèbres sacrées, il se forme un nouveau plexus, constitué par le nerf qui passe entre ces deux vertèbres, les deux nerfs qui le précèdent (Urodèles) et le nerf qui suit. C'est le *plexus lumbo-sacré*. Ce plexus est quelque peu variable, chez une même espèce, dans sa position et dans son arrangement : souvent, le 1er nerf lombaire ne prend qu'une faible part à sa constitution et en est même exclus. Il s'en dégage les nerfs qui se rendent aux membres postérieurs et qui sont au nombre de trois : le *nerf obturateur*, le *nerf fémoral* et le *nerf ischiatique*. Le nerf obturateur est ainsi nommé parce qu'il perfore la région ventrale du bassin; le nerf fémoral naît, comme lui, de la région proximale du plexus formé par les nerfs lombaires; c'est un nerf extenseur, tandis que l'obturateur est un nerf fléchisseur. Le nerf ischiatique, le plus volumineux des trois, naît de la région postérieure du plexus, formée par une branche du 2e nerf lombaire, par la racine sacrée et par la racine post-sacrée ; il se divise rapidement en deux branches, l'une s'engageant dans la région dorsale du membre, dont il innerve les muscles extenseurs : c'est le *nerf péronier*; l'autre, plus volumineuse, située du côté ventral, innervant les muscles fléchisseurs : c'est le *nerf tibial*.

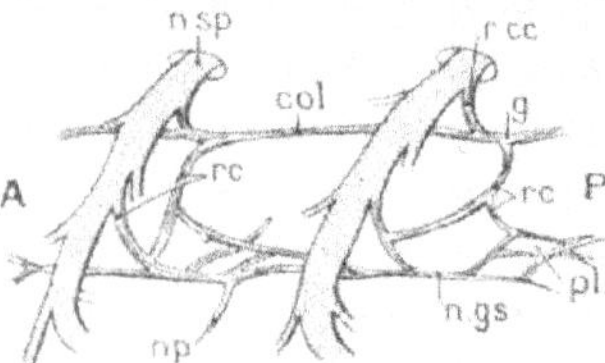

Fig. 1.910. — Origine du grand sympathique chez le *Menobranchus lateralis*. — (Les lettres *A*, *P*, indiquent les directions antérieure et postérieure); *nps*, nerfs spinaux; *rc*, rameaux communicants; *n. gs*, nerf grand sympathique; *col*, nerf sympathique collatéral; *g*, ganglions; *pl*, plexus; *np*, nerf sympathique périphérique (Groenbaur).

Chez les Anoures, en raison des modifications présentées par la colonne vertébrale et le bassin (p. 2754), le plexus sacré se porte plus en arrière que chez les Urodèles et les nerfs qui en naissent sont plus allongés (1). Le plexus est formé en général (*Rana*) par les quatre derniers nerfs médullaires (les 8e, 9e, 10e et 11e) auxquels s'ajoute parfois un 5e (*Bufo*, *Hyla*).

Grand sympathique. — La double chaîne du grand sympathique peut être suivie chez certains Batraciens jusqu'au nerf facial ; elle s'arrête en général au ganglion du pneumogastrique (*Salamandrina*); elle se prolonge d'autre part, chez les Urodèles, dans le canal caudal, formant une sorte de plexus chez les Pérennibranches, tandis qu'elle se compose de ganglions régulièrement disposés sur un cordon longitudinal chez les Urodèles Caducibranches. Elle se continue aussi le long de l'urostyle chez les Anoures, en conservant ses ganglions métamériquement disposés, malgré la disparition de la métaméridation du squelette. Le nombre des ganglions du sympathique n'en présente pas moins, chez la Grenouille, de très nombreuses variations individuelles. Dans le canal où chemine l'artère vertébrale collatérale, le plexus sympathique, qui accompagne généralement les artères, prend une disposition particulière : chaque nerf médullaire, à sa sortie du canal rachidien (fig. 1910), envoie un rameau à l'intérieur du canal collatéral et émet un peu plus loin un rameau viscéral, qui aboutit d'ordinaire

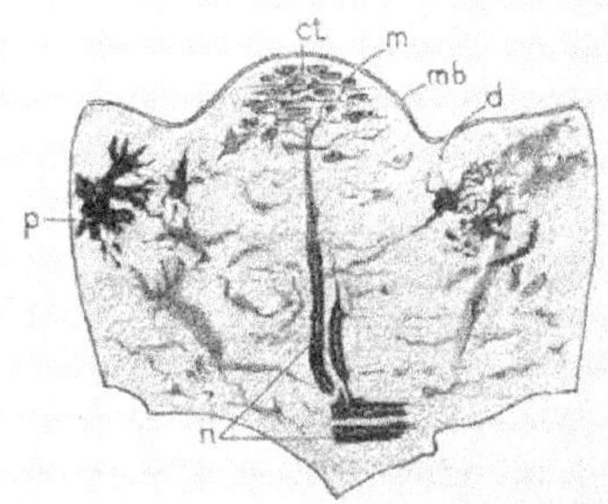

Fig. 1.911. — Tache tactile de la peau de la plante des pieds de *Rana esculenta*. — (L'épiderme n'a pas été représenté) : *mb*, membrane basale de l'épiderme ; *ct*, cellules tactiles, sous lesquelles les filets nerveux viennent se terminer en ménisques (*m*); *n*, fibres nerveuses, qui ont encore à leur base leur gaine de myéline, mais la perdent plus haut ; *p*, cellules pigmentaires, entourant la papille (Ecker).

(1) Même chez les Urodèles, la constitution des plexus brachial et lumbo-sacré peut éprouver de notables modifications individuelles chez une même espèce (Waite, Variations in the brachial and lumbo-sacral plexus of *Necturus maculatus*, *Bulletin of the Museum of Comparative Zoology, Harvard College*, 1897).

à un ganglion de la chaîne du grand sympathique; les rameaux de la première sorte sont reliés entre eux par un *cordon sympathique collatéral*,

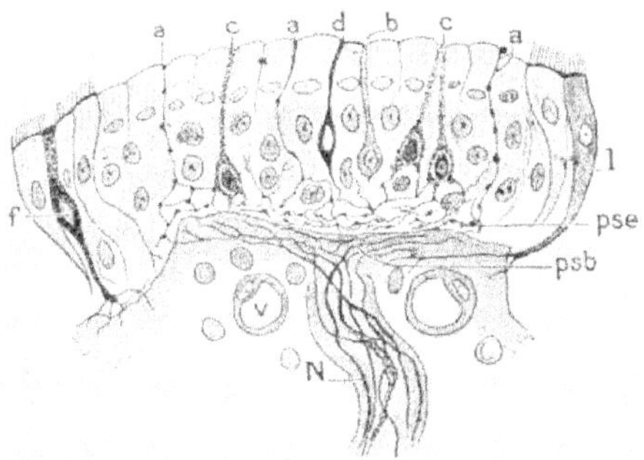

Fig. 1912. — Représentation demi-schématique d'un disque sensitif de la langue de la Grenouille. — *N*, nerf; *V*, vaisseau; *psb*, plexus sous-basal; *pse*, plexus sous-épithélial; *a*, terminaison nerveuse libre; *b*, *c*, *d*, cellules neuro-épithéliales; *l*, cellule vibratile du pourtour du disque terminal avec un long prolongement inférieur sans relation avec le nerf; *f*, cellule non vibratile spécialisée.

et ce cordon est relié au cordon principal par des *rameaux communiquants* métamériquement disposés.

Organes des sens. — *Toucher*. — La peau des Batraciens contient de nombreuses terminaisons nerveuses sensitives, qui sont en rapport, soit avec de simples cellules ganglionnaires terminales, soit avec de véritables bourgeons, ou plutôt des *boutons sensitifs*, les *organes de la ligne latérale*.

Les *cellules ganglionnaires terminales* ou *cellules tactiles* ne se rencontrent que chez les Anoures (fig. 1911); elles sont réparties sur toute la surface du corps et se disposent par groupes, dont la place est indiquée par une tache non pigmentée, dite *tache tactile*. Les cellules tactiles ne sont pas associées à des cellules de soutien et demeurent indépendantes les unes des autres au-dessous de l'épiderme, de qui elles dépendent originellement. Elles sont claires, lisses, aplaties, en disques orientés parallèlement à la surface du corps.

Fig. 1913. — Coupe médiane d'un bourgeon sensoriel cutané de *Triton cristatus* (schématique). — *s*, cellules sensorielles; *t*, cellules de soutien; *p*, cellules périphériques de protection; *pa*, papille du bourgeon, avec son nerf, *n*, et ses vaisseaux, *v*; *nc*, nerfs de sensibilité cutanée (MAURER).

Dans les points où elles sont nombreuses, elles peuvent déterminer une saillie en forme de petite verrue à la surface de l'épiderme ; elles sont particulièrement abondantes sur le dos, les membres postérieurs et la plante du pied, ainsi qu'à la base des bras. A chaque tache tactile aboutit un petit nerf, qui envoie une seule fibre à chaque cellule.

Les *boutons sensitifs* des Amphibiens rappellent ceux des Poissons, mais tandis qu'ils sont, chez ces derniers, répartis sur toute la surface du corps, ils sont, chez les Amphibiens, limités à la cavité buccale, sur laquelle ils sont disséminés jusqu'à l'entrée de l'œsophage. Ellipsoïdes ou claviformes chez les larves, ils tendent chez les adultes à s'élargir en disque, en modifiant sensiblement leur structure (fig. 1912); on les observe principalement sur le palais, au sommet des papilles fongiformes de la langue et autour des dents vomériennes. Par cette limitation, ils se spécialisent comme *organes du goût*; de même, les écailles ganoïdes qui protégeaient primitivement le corps des Poissons, en se localisant dans la bouche, sont devenues les dents.

Des *organes de la ligne latérale*, rappelant de très près ceux des Poissons, se trouvent chez tous les Batraciens Pérennibranches et chez les larves aquatiques de tous les Caducibranches. Ces organes sont enfoncés dans l'épiderme. Chacun d'eux (fig. 1913) a la forme d'un bourgeon ellipsoïdal, à grand axe normal à la surface du corps. Dans la région axiale du bourgeon sont rassemblées les cellules nerveuses sensitives; elles ne sont séparées par aucune cellule de soutien, contrairement à ce qu'on observe chez les Poissons; ces cellules, au contraire, enveloppent la petite masse sensitive axiale; elles sont entourées elles-mêmes par une couche de cellules épithéliales modifiées, ou *cellules de recouvrement*, qui peut faire saillie à la surface de la peau et constitue ainsi à l'organe une sorte de vestibule en forme d'entonnoir. Cette couche peut être constituée par deux assises bien distinctes de cellules. Les bourgeons sensitifs sont particulièrement nombreux sur la tête, où ils sont distribués de manière à dessiner, comme chez les Poissons, des lignes courbes ayant un trajet déterminé pour chaque espèce; les plus constantes sont : la *ligne sus-orbitaire* et la *ligne sous-orbitaire*, qui entourent l'œil. Chaque ligne est constituée (*Necturus*), par une suite de petites fentes virguliformes, au fond de chacune desquelles se trouvent de 2 à 7 organes sensitifs. Ces fentes, en s'approfondissant, peuvent former de petits canaux comme chez les Poissons (larves de *Xenopus* et autres Anoures).

Sur le tronc, les organes se disposent, en général, de chaque côté, suivant trois lignes longitudinales; toutefois, il n'existe, chez les très jeunes larves qu'une seule de ces lignes, la médiane, qui se dédouble ensuite de manière à former les deux autres. Les organes sensitifs sont d'abord superficiels, mais ils s'enfoncent peu à peu et s'atrophient chez les formes urodèles terrestres (*Salamandra*). Ils se transforment, chez les Grenouilles (*Rana*), en taches tactiles. A la surface de ces taches, le tégument peut même se kératiniser et l'organe présente ainsi une transformation qui rappelle celle des organes perliformes des Poissons (p. 2504). D'autres fois, (*Triton*), l'organe éprouve des modifications histologiques périodiques. Au moment où va se produire le sommeil hivernal, les cellules constitutives de l'organe s'aplatissent; les cellules de soutien et les cellules de recouvrement kératinisées deviennent fortement adhérentes entre elles; les cellules sensitives et les nerfs qui s'y rendent s'atrophient, tandis que les nerfs de sensibilité générale qui pénètrent dans les parois de l'organe, subsistent. Au moment du réveil printanier, l'organe revient à son état initial (1). Ces processus de kératinisation ont été considérés comme une première indication des processus qui ont abouti à la production des poils, prélude de la transformation des Batraciens en Mammifères.

Tentacules; Balanciers. — On peut rattacher aux organes tactiles les *tentacules* et les *balanciers* que l'on observe chez les Vermiformes adultes (fig. 1914), les jeunes *Amphiuma*, les larves d'Urodèles (fig. 1915), et ceux,

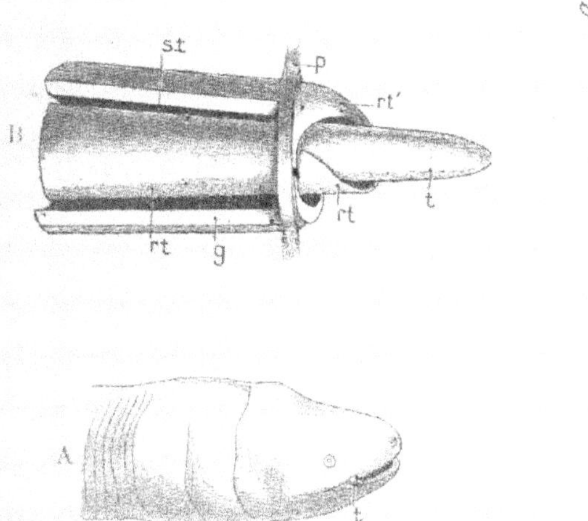

Fig. 1914. — *A*, Tête d'un *Ichthyophis glutinosus* adulte, montrant la place du tentacule sur la lèvre supérieure. — *B*, Schéma du sac tentaculaire droit (*st*) et du tentacule qu'il contient, et qui fait à moitié saillie au dehors ; — *t*, le tentacule ; *p*, la peau de la tête sectionnée ; *rt'*, repli cutané, se continuant par le repli engainant du tentacule, *rt* ; *g*, gaine conjonctive, formant la paroi du sac tentaculaire (P. et F. Sarasin).

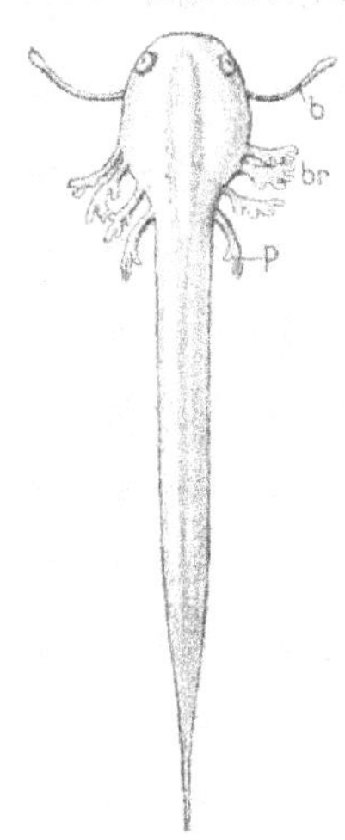

Fig. 1915. — Jeune têtard de *Triton tæniatus* (= *Molge vulgaris*). — *b*, balancier ; *br*, branchies externes ; *p*, pattes antérieures ([illegible]).

particulièrement développés, des têtards de *Xenopus* (fig. 1916). Chez les jeunes Vermiformes les tentacules se trouvent immédiatement au-dessus de chaque œil, et plus tard, sur la lèvre supérieure, entre l'œil et la narine (fig. 1914 A, *t*). Ils consistent chacun en un tentacule de forme variable, rétractile à l'intérieur d'une poche, dans laquelle se rassemble parfois la sécrétion de la glande orbitaire voisine, ou *glande de Harder* ; le tentacule émerge par turgescence lorsqu'il est gonflé de sang ; il se rétracte sous l'action d'un muscle spécial. Chez les larves de beaucoup de Salamandridæ, les balanciers apparaissent avant la naissance et persistent jusqu'à l'époque de la métamorphose (fig. 1915, *b*). Ils se montrent d'abord sous la forme d'un petit tubercule situé un peu en arrière et au-dessous des yeux, presque à l'angle des mâ-

(1) F. Maurer, *Die Epidermis und ihre Abkömmlinge*, Leipzig, 1895 ; — Malbranc, Von der Seitenlinie und ihren Sinnesorganen bei Amphibien, *Zeitsch. für wiss. Zoologie*, Bd. XXVI, 1875 ; — F.-E. Schulze, Die Sinnesorgane der Seitenlinie der Fische und Amphibien, *Arch. f. mikroskopische Anatomie*, Bd VI, 1870.

choires. Bientôt un rameau de l'artère hyomandibulaire y pénètre, se recourbe en anse et la veine qui lui correspond s'ouvre dans les veines de la circulation générale. L'épithélium qui les recouvre est cubique et ne contient pas de cellules sensorielles. Le tubercule se transforme finalement en un court tentacule renflé au sommet (*Triton tæniatus*, *Siredon*, larves d'*Amblystoma*). Ces balanciers sont pointus et vont jusqu'à atteindre presque la longueur du corps chez les larves de *Xenopus* (fig. 1916).

Odorat. — Les Amphibiens sont les premiers Vertébrés qui présentent des *fosses nasales*, s'ouvrant au dehors près de l'extrémité du museau, d'une part, dans la cavité buccale, d'autre part, à la limite du vomer et des palatins ; les orifices postérieurs des fosses nasales sont les *narines internes*. Il est à remarquer que l'apparition de ces narines coïncide avec celle des poumons, dont elles facilitent manifestement la fonction, en offrant une voie nouvelle à l'introduction de l'air dans les poches respiratoires.

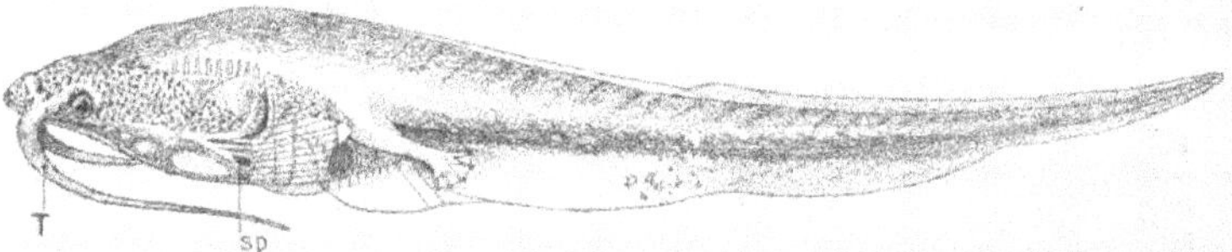

Fig. 1.916. — Têtard de *Xenopus capensis* : *T*, tentacules ; *sp*, spiracle.

Fig. 1917. — Organe olfactif de *Menobranchus lateralis* (= *Necturus maculatus*) (vue dorsale). — *D*, sac olfactif ; *pmx*, prémaxillaire ; *F*, frontal ; *P*, pariétal ; *ao*, processus antéorbitaire ; *pp*, palatoptérygoïde ; *n. ol.*, nerf olfactif. (Wiedersheim).

Les capsules nasales sont encore cartilagineuses et demeurent indépendantes de la paroi du crâne, chez la plupart des Pérennibranches. Elles sont continues chez les Sirènes, perforées chez les Protées et les Ménobranches (*Necturus*, fig. 1917). Elles sont disposées latéralement et, chez les Ménobranches, dépassent même en avant les prémaxillaires. Les narines externes se réduisent à une simple fente pratiquée sur la lèvre supérieure ; les narines internes, entourées de tissu fibreux, s'ouvrent dans la bouche, un peu en avant de l'apophyse préorbitaire. Chez les Salamandridæ, les capsules nasales quittent la position latérale qu'elles occupaient chez les Pérennibranches et arrivent à se toucher sur la ligne médiane ; elles s'étendent en avant de la région cranienne proprement dite jusqu'au prémaxillaire, en se rétrécissant d'arrière en avant, et sont soudées au crâne. En général, il persiste entre elles sur la ligne médiane un certain *espace internasal*, tapissé par une dépendance de la muqueuse buccale et contenant une *glande prémaxillaire*. La paroi cartilagineuse du crâne, les voméro-palatins, les prémaxillaires et les frontaux eux-mêmes contribuent à limiter cet espace, qui fait défaut chez les *Amphiuma*.

La muqueuse qui pénètre à l'intérieur de la capsule nasale des Ménobranches présente de nombreux plis rayonnants comme chez les Poissons inférieurs (Cyclostomes, *Polypterus*); ces plis s'affaissent déjà ou disparaissent chez les autres Pérennibranches; ils font totalement défaut chez les Caducibranches, où l'accroissement de surface est réalisé par la formation d'une cavité accessoire de la cavité nasale, qui s'accuse déjà, chez les Pérennibranches autres que les Ménobranches et chez les larves des Caducibranches, par une différenciation très nette de la muqueuse de la région médiane et de celles des régions latérales, la première s'épaissit beaucoup, tandis que les secondes demeurent relativement minces. La région où l'épithélium est ainsi aminci se développe latéralement en une poche, dont la cavité peut être réduite à une simple fente (*Salamandra*), ou s'élargir jusqu'à atteindre les mêmes proportions que la cavité nasale d'où elle est dérivée (*Plethodon*). Les fosses nasales sont alors divisées en deux cavités superposées : la *cavité nasale principale*, située en haut et en dedans, et la cavité latérale, qui, s'étendant en dehors jusque dans le maxillaire, peut être désignée sous le nom de *cavité maxillaire*. L'épaississement de la muqueuse caractérisant d'abord la première cavité s'étend maintenant sur la paroi latérale de toutes les deux, tandis que la muqueuse médiane demeure mince. Les deux cavités communiquent largement entre elles; elles ne sont séparées que par un repli de la paroi latérale épaissie, dans lequel s'enfonce la couche squelettogène, préparant ainsi l'apparition de formations squelettiques nouvelles, les *cornets du nez*. C'est sur la paroi médiane, dans la région commune aux deux cavités, qu'est placée la narine interne. Il est possible, dès lors, que la poche latérale soit la conséquence de la différenciation de la cavité nasale primitive en un conduit respiratoire conduisant l'air aux poumons et en une poche exclusivement olfactive.

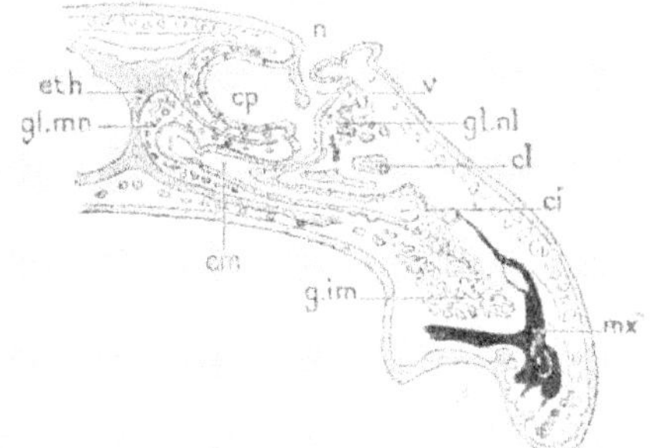

Fig. 1018. — Coupe transversale de la tête de la [illegible] ; n, narine externe; v, vestibule; cp, cavité principale; cm, cavité maxillaire; ci, cavité [illegible]; mx, maxillaire; gl. nl, glande nasale latérale; gl. mn, glande nasale médiane; g. im, glande intermaxillaire; cl, canal lacrymal; eth, ethmoïde.

Chez les Caducibranches, apparaît encore une expansion de la cavité nasale, qui constitue le canal *naso-lacrymal*. Ce canal s'ouvre au-dessous du bourrelet qui sépare les deux parties de la cavité et se dirige en arrière entre la paroi cartilagineuse de la capsule et l'os maxillaire; il s'engage dans la suture du maxillaire et du préfrontal, et pénètre dans cet os, où il se divise en deux branches, s'ouvrant chacune séparément dans l'angle interne des yeux (1).

Enfin, aux dépens de la région olfactive de la cavité maxillaire, se diffé-

(1) G. Born. Ueber die Nasenhölen und den Thränennasengang der Amphibien, *Morpholog. Jahrb.*, Bd II, 1876. O. Seydel. Ueber die Nasenhöhle und das Jacobson'sche Organ bei Amphibien, *Morphologisches Jahrbuch*, Bd XXIII, 1895.

rencie un organe sensitif annexe, l'*organe de Jacobson*, qui, communiquant avec la bouche, est probablement impressionné par les aliments contenus dans celle-ci et permet à l'animal d'apprécier certaines de leurs qualités.

Chez les Anoures (fig. 1918), le repli latéral qui sépare la cavité nasale principale de la cavité sous-jacente (*cavité maxillaire* des Urodèles) est si développé que ces deux cavités ne communiquent plus que par une fente étroite. La cavité inférieure n'est plus simple, comme chez les Urodèles : elle présente un diverticule latéral, qui constitue la *cavité nasale latérale*, et un prolongement postérieur, plongeant dans le maxillaire et s'ouvrant finalement dans la bouche : c'est la *cavité maxillaire* proprement dite. Dans les replis de la muqueuse qui séparent ces trois cavités pénètrent des expansions, en forme de cornet, de la région médiane du cartilage circonscrivant la cavité nasale et qui les enveloppent plus ou moins complètement (1).

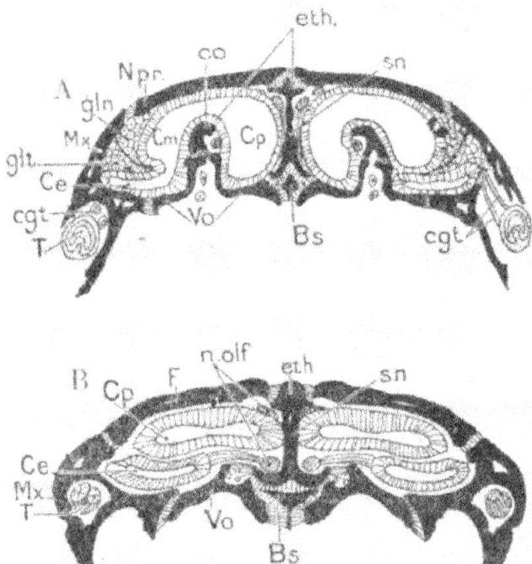

Fig. 1919. — Coupe transversale des cavités nasales : A, de *Siphonops annulatus* ; — B, de *Cæcilia rostrata*. — *Cp*, cavité principale ; *Cm*, cavité maxillaire ; *Ce*, diverticule externe ou inférieur (org. de Jacobson) ; *co*, cornet formé à la fois par l'ethmoïde (naso-prémaxillaire), *Eth*, et par le vomer, *Vo* ; *sn*, septum nasal ; *Mx*, maxillaire ; *Npr*, nasoprémaxillaire ; *F*, frontal ; *Bs*, basisphénoïde ; *T*, tentacule et sa gaine ; *gl.n*, glande nasale ; *gl. t*, glande du tentacule et *cgt*, son canal ; *n. olf*, nerf olfactif (Wiedersheim).

Chez les Gymnophiones (2), l'os en ceinture qui limite le crâne en avant supporte une cloison nasale pleine (fig. 1919, *sn*), s'avançant le long de la ligne médiane jusqu'auprès de l'extrémité du museau, et une lame osseuse sur laquelle repose le vomer. Cette expansion forme la partie postérieure de la paroi des deux cavités nasales, paroi qui est constituée en avant par le vomer et la plaque médiane de l'ethmoïde, et latéralement par l'os résultant de la fusion du maxillaire supérieur avec le palatin. Sur la lame nasale de l'os en ceinture, s'étend une crête sinueuse, qui se relie à la cloison formée par le vomer et le naso-prémaxillaire, cloison que l'on peut assimiler à une ébauche de cornet ; cette dernière s'abaisse peu à peu en s'inclinant vers la ligne médiane, de sorte que la cavité nasale devient simple en avant, tandis qu'elle est divisée postérieurement (fig. 1919 B) par la crête osseuse en deux autres, dont l'extérieure correspond à la cavité

(1) On doit interpréter comme un os lacrymal les pièces auxquelles Cuvier a donné le nom de *cornets*, Parker celui de *septo-maxillaire*, pièces que traverse le canal lacrymal chez le *Bombinator* et au-dessous desquelles se trouve l'orifice du canal lacrymal dans les fosses nasales.

(2) Wiedersheim. *Ueber Gymnophioneu*, Jéna, 1879.

maxillaire des Urodèles, et qui ne communiquent entre elles que par une étroite fente située entre la cloison et la voûte du crâne. Par deux orifices (*cgl*), la cavité maxillaire s'ouvre dans la gouttière tentaculaire; ces orifices sont traversés par les canaux excréteurs de la glande tentaculaire (p. 2807). A son extrémité postérieure, la cavité maxillaire est continuée en dessous par un canal aboutissant à la narine interne placée entre le vomer et le palatin, ou pratiquée dans ce dernier os (*Siphonops annulatus*).

Les cavités nasales principales se continuent en cæcum au delà de la narine interne et s'enfoncent dans l'os en ceinture. La cavité nasale maxillaire du *Siphonops* donne naissance extérieurement à un diverticule qui se dirige en dehors et en avant; ce diverticule se développe davantage chez les *Cœcilia*, où, partant de la région postérieure de la cavité maxillaire, il se dirige en dehors et en avant, en décrivant une courbe à l'intérieur du maxillaire supérieur; une cloison de tissu conjonctif intercepte, dans ce dernier genre, toute communication entre la cavité et sa cavité maxillaire. Au-dessous de cette cavité nasale annexe, est un autre canal qui s'ouvre en arrière dans l'orbite, et dans lequel est logé le tentacule de nature problématique que possèdent tous les Batraciens Vermiformes. En revanche, il n'existe pas de canal lacrymal. Les fosses nasales des Batraciens Vermiformes sont desservies par deux paires de nerfs olfactifs (fig. 1919 B, *n. olf.*), dont l'inférieure envoie à l'ensemble des cavités nasales de puissants rameaux; il semble que le développement de l'odorat supplée ici à la faiblesse de la vue, qui ne trouve pas à s'exercer en raison de l'existence souterraine de l'animal.

Avec la cavité nasale des Amphibiens, se trouvent en rapport plusieurs glandes. L'*espace internasal* des Urodèles contient une *glande intermaxillaire*, s'ouvrant dans la bouche et qui atteint souvent un grand développement : très réduite dans la forme branchifère de l'Axolotl (*Siredon pisciformis*), elle reprend de l'importance dans les formes sans branchies (*Amblystoma Weismanni*). Trois autres glandes s'ouvrent dans la cavité nasale : une auprès de la narine externe, une derrière la narine interne, une dans l'angle de l'orbite en perforant le préfrontal.

Il existe, chez les Anoures, quatre groupes de glandes naso-buccales, (fig. 1918); deux s'ouvrent dans la cavité nasale et deux dans la bouche. Les glandes du premier groupe (*glandes intérieures* de Gegenbaur, *glandes inférieures* de Born, *glandes de Jacobson*) sont appliquées contre la cloison nasale et s'ouvrent dans le cæcum de la cavité nasale inférieure; elles sont parfois intimement unies à la glande intermaxillaire (*Bombinator*). Les glandes du 2e groupe (*glandes extérieures*, *glandes nasales supérieures* de Born, *gl. nasales latérales*) sont placées sur la paroi latérale externe et antérieure des cavités nasales (*gl. nl*), ainsi qu'autour de l'orifice du canal lacrymal, elles s'ouvrent dans la cavité nasale principale. Le 3e groupe de glandes correspond aux glandes intermaxillaires des Urodèles, mais la cloison nasale étant pleine, ces glandes ont passé dans l'espace situé en arrière du squelette nasal; elles s'ouvrent par une vingtaine d'orifices dans la bouche, près de l'angle antérieur du palais. Le 4e groupe de glandes forme une bande en arrière des narines internes, s'ouvrant en partie dans les narines, en partie dans le pharynx.

Il n'existe chez les Batraciens VERMIFORMES que deux groupes de glandes nasales. Le premier groupe (fig. 1919 A, *gln*) correspond aux glandes externes des autres Batraciens et s'ouvre seul dans la cavité nasale. Le second groupe (*gll*) est en rapport avec le *tentacule* voisin. Les organes désignés sous ce nom sont essentiellement constitués chacun par une poche à parois fibreuses, pourvue de muscles puissants, situés dans l'orbite et qui se prolonge dans le canal figuré p. 280, en une sorte de tube formé de deux gaines fibreuses embouties l'une dans l'autre (fig. 1914, *rt* et fig. 1918 *T*), et s'ouvrant à la surface latérale de la tête à une distance variable de l'extrémité du museau. La poche est remplie par une masse de tubes glandulaires qui déversent leur sécrétion dans deux canaux excréteurs s'unissant dans la région tubulaire de l'organe en un canal unique qui s'ouvre dans la cavité de la gaine fibreuse interne. Un muscle rétracteur, fixé sur la paroi du crâne, traverse toute la longueur de l'organe et vient s'insérer tout près de son extrémité libre, sur une bandelette saillante de sa paroi interne, terminée elle-même par une papille exsertile. Tout près de l'extrémité du tentacule viennent enfin s'ouvrir à son intérieur, les canaux excréteurs des glandes nasales du second groupe. On peut considérer les glandes de l'intérieur des tentacules, comme des *glandes orbitaires* ou *glandes de Harder*.

A l'exception des Protées et des Ménobranches, chez qui ils ont probablement subi une régression, les Batraciens présentent, au-dessous des fosses nasales, une paire d'organes tubulaires spéciaux, les *organes de Jacobson*, qui se retrouvent aussi chez un certain nombre de Reptiles et chez les Mammifères. L'organe existe déjà chez les larves; il apparaît comme un diverticule de la muqueuse de la cavité nasale, qui se montre en général à la région inférieure de la cavité, à la jonction de l'épithélium olfactif avec l'épithélium respiratoire et qui se termine en cæcum; il peut se diriger en avant ou s'appliquer contre le fond de la région respiratoire de la cavité olfactive (*Triton*, ANOURES); il se dirige en dehors chez les Axolotls, et, en dedans, par rapport à lui, on observe chez les *Siren*, un second diverticule; il se place aussi chez les VERMIFORMES au-dessous de la région respiratoire de la cavité, mais, tandis que, chez les autres Batraciens, la communication de l'organe de Jacobson avec la cavité olfactive est presque toujours conservée, cet organe acquiert ici une indépendance beaucoup plus grande.

Ouïe. — Il n'existe encore, chez les Batraciens, rien d'équivalent à l'oreille externe des Vertébrés supérieurs et l'oreille moyenne ne commence à être nettement indiquée que chez les ANOURES. Chez tous, la capsule auditive présente cependant extérieurement une perforation que ferme une mince membrane; c'est la première apparition de la *fenêtre ovale*, qui persistera désormais et avec laquelle se mettent en rapport une ou plusieurs pièces cartilagineuses qui seront incorporées plus tard aux osselets de l'oreille moyenne des Mammifères. Ces pièces sont encore placées chez les URODÈLES à la surface du crâne; mais il se fait, chez les ANOURES, au devant de la fenêtre ovale, un enfoncement dans lequel elles pénètrent, et qui est la première ébauche de l'oreille moyenne, ou *caisse du tympan*. L'appareil tympanique consiste en une baguette osseuse, terminée à chaque bout par une apophyse cartilagineuse : l'une de ces apophyses, élargie en forme de disque, s'applique sur la membrane de la fenêtre ovale, tandis que, sur une petite apophyse cartilagineuse latérale, vient s'attacher un faisceau musculaire.

Une membrane élastique, le *tympan*, tendue de manière à pouvoir vibrer, limite d'autre part, extérieurement, la caisse du tympan, et un canal, la *trompe d'Eustache*, la met en communication avec le pharynx, elle peut par là se remplir d'air et fonctionner comme organe de résonnance. On a considéré la trompe d'Eustache et la caisse du tympan comme les restes de

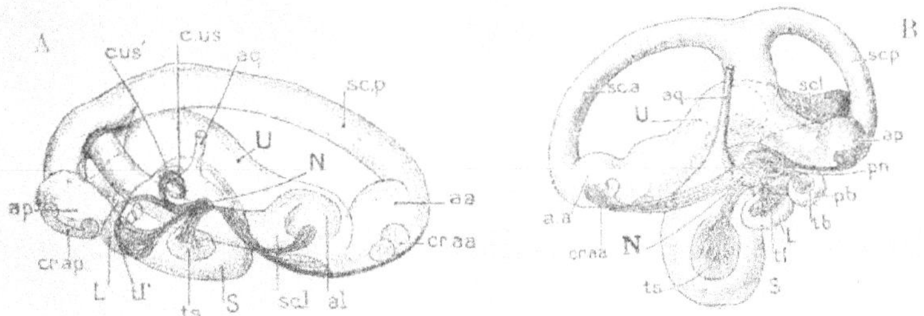

Fig. 1920. — Labyrinthe membraneux : A, de *Salamandra maculosa* (vu de l'extérieur); — B, de *Rana esculenta* (vu de l'intérieur). — *aq*, sac endolymphatique (aqueduc); *S*, saccule; *U*, utricule; *c.us*, *cus'*, les deux orifices du canal sacculo-utriculaire dans l'utricule et le saccule; *sc.a*, *sc.p*, *sc.l*, canaux semi-circulaires antérieur, postérieur, latéral ou externe; *aa*, *ap*, *al*, ampoules des canaux semi-circulaires; *L*, lagena; *al*, son orifice initial; *pb*, *pars basilaris cochleae* et sa papille; *pn*, *pars neglecta*; *N*, section des 2 branches du nerf auditif; *ts*, *tl*, *tb*, taches auditives du saccule, de la lagena et de la *pars basilaris*; *cr. aa*, crête auditive de l'ampoule antérieure; *cr. ap*, celle de l'ampoule postérieure (Retzius).

l'évent des Sélaciens et des Ganoïdes; mais il faudrait, avant d'admettre cette interprétation, expliquer comment ces parties auraient pu être perdues non seulement par les Batraciens Urodèles et Vermiformes, mais aussi par les Pérennibranches et les Dipnés, qui auraient dû, semble-t-il, les conserver de préférence et de qui seulement les Anoures pourraient les tenir.

Chez les Anoures Phanéroglosses, la présence du tympan, son degré de développement, son absence, sont souvent employés dans les caractéristiques et on trouvera dans la partie systématique les indications qui leur sont relatives.

L'*oreille interne* présente une constitution analogue à celle de l'oreille des Poissons Dipnés. Les canaux semi-circulaires, très surbaissés chez les Urodèles (fig. 1920 A), prennent plus d'ampleur chez les Anoures (même fig. B); leurs ampoules contiennent chacune la crête acoustique déjà développée chez les Poissons; le canal vertical dans lequel confluent les deux arcs verticaux, est court et large. Le saccule des Urodèles, est, en revanche, très développé et comme gonflé; il est plus réduit chez les Anoures, où apparaissent, en revanche, des parties nouvelles. Les taches acoustiques du cul-de-sac de l'utricule, celles du saccule et la *macula neglecta* conservent leurs dispositions essentielles; les plus importantes modifications portent sur la région basilaire de la *cochlea*. Chez les Pérennibranches, il n'existe encore dans cette région d'autres papilles acoustiques que celles de la *lagena* (p. 2523). Une seconde papille, la *papille acoustique basilaire* du *limaçon* apparaît chez les *Menopoma* et les Axolotls (*Siredon*); elle persiste chez tous les autres Batraciens. Elle est d'abord représentée par une simple tache acoustique, encore située dans la *lagena*, mais au voisinage du canal sacculo-utriculaire, et innervée par une branche latérale du nerf de la lagena, le *rameau basilaire*. Une troisième papille, correspondant à la *macula neglecta* des Poissons, se trouve chez tous les Urodèles; elle est située dans une dilatation médiane du canal sacculo-utriculaire, au-dessous de lui (*Triton*), ou même dans un renflement latéral du saccule. La *lagena* des Urodèles, d'autre part, ne communique plus avec le saccule que par un étroit orifice, mais elle demeure encore complètement sessile.

Chez les Anoures, il se forme enfin, aux dépens d'une région épaissie de la base de la cochlea, une petite ampoule, sur la surface antérieure de laquelle on distingue une tache transparente, correspondant à une portion très amincie de la paroi et entourée par une sorte de cadre cartilagineux. L'ampoule constitue la *partie basilaire de la cochlea* (*pars basilaris cochleæ*, fig. 1920, *pb*) et la tache qu'elle présente est la première indication de la *membrane basilaire* qui se retrouvera chez les autres Vertébrés. D'autres parties du labyrinthe membraneux des Anoures sont également modifiées.

Les otolithes ont la forme de petits prismes surmontés, à chaque extrémité, d'une pyramide pointue. Les deux canaux endolymphatiques (p. 2522) se soudent fréquemment l'un avec l'autre à leur extrémité. Ils forment en s'unissant, chez l'Axolotl, un sac rempli de corpuscules calcaires, qui repose sur le cerveau. Chez les Anoures, les deux canaux se réunissent au-dessus de l'hypophyse et forment comme une ceinture crayeuse autour des régions postérieure et moyenne du cerveau. Il existe deux canaux périlymphatiques, qui aboutissent soit à l'espace sous-arachnoïdien, soit à un sac lymphatique situé dans le trou jugulaire.

Appareil visuel. — La présence, entre les os pariétaux de certains Stégocéphales, d'un trou circulaire (fig. 1864) a conduit à supposer que ces animaux possédaient un œil médian en rapport avec l'épiphyse cérébrale, d'où les noms d'*œil épiphysaire*, d'*œil pinéal* ou d'*œil pariétal* donné à cet organe. Cette hypothèse est basée sur la présence, que nous avons déjà signalée (p. 2.514) chez les Poissons Cyclostomes, et qu'on retrouve chez nombre de Vertébrés, de deux vésicules médianes superposées, dont la plus voisine de la peau a une structure rappelant celle d'un œil simplifié : elle est dite *organe épiphysaire*, tandis que l'autre est appelée *organe pariétal*.

L'organe épiphysaire est relié au cerveau par un nerf, qui aboutit à la commissure postérieure; l'organe pariétal est de même rattaché par un nerf au ganglion habénulaire gauche. Cette dyssymétrie rappelant celle de l'*Amphioxus* conduit à penser que l'organe pariétal était primitivement double. Les deux organes se retrouvent chez les embryons d'*Amia* et il existe des organes épiphysaires plus ou moins développés chez divers Poissons osseux (*Callichthys*, *Salmo*, *Leuciscus*.

L'organe pariétal prend la structure d'un œil rudimentaire chez les *Sphenodon*, qui représentent à l'époque actuelle les Reptiles Rhynchocéphales de la période Carbonifère, et il est en rapport, non plus avec le ganglion habénulaire gauche, mais avec le droit, ce qui vient à l'appui de la dualité primitive de cet organe, qui représenterait un œil, tout comme l'organe épiphysaire, mais appartenant à un autre segment cérébral. Cet œil persiste, plus rudimentaire encore, chez divers Lacertiens, et il est logé dans un trou pariétal, tandis que c'est un rudiment d'œil épiphysaire qu'on observe chez les Geckos.

Contrairement à ce que l'on pourrait supposer d'après ces données, les

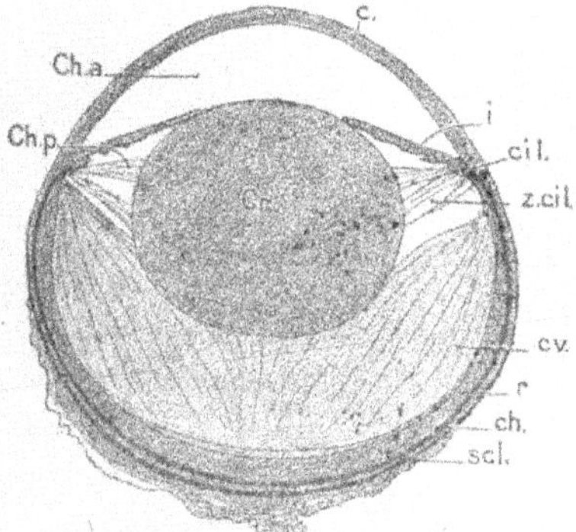

Fig. 1921. — Coupe méridienne d'un œil de Grenouille : — *c*, cornée; *Ch.a*, chambre antérieure; *Ch. p*, chambre postérieure ; *Cr*, cristallin ; *i*, iris ; *cil*, corps ciliaire ; *z. cil*, zône ciliaire (zone de Zinn) ; *cv*, corps vitré ; *r*, rétine ; *ch*, choroïde ; *scl*, sclérotique.

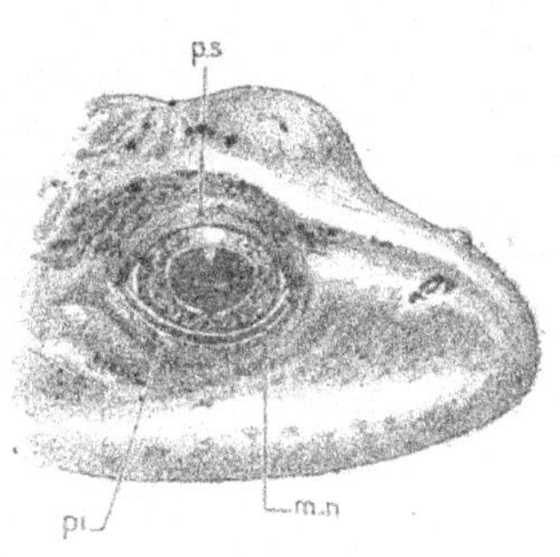

Fig. 1922. — L'œil droit d'une *Rana esculenta*, montrant les paupières supérieure et inférieure, *ps* et *pi*, et la membrane nictitante, *mn*.

organes que nous venons de signaler sont moins développés chez les Batraciens que dans les types entre lesquels généalogiquement ils viennent s'intercaler. L'épiphyse des embryons, terminée en doigt de gant, vient, à la vérité, affleurer l'ectoderme; mais lorsque le crâne se développe, cette extrémité se sépare du reste de l'épiphyse et demeure sous la peau où elle forme une vésicule isolée correspondant à l'organe épiphysaire, mais qu'on désigne incorrectement, en général, sous le nom *d'organe pariétal*.

Les *yeux* proprement dits, chez les Batraciens aquatiques et les larves de ceux qui vivent habituellement à terre, ressemblent à ceux des Poissons; toutefois, ils sont dépourvus d'argentine (p.2515), de lame brune et de processus falciforme. Ils sont rudimentaires, chez les Vermiformes, en raison de la vie souterraine de ces animaux, souvent cachés sous la peau ou même recouverts par les os maxillaires.

Chez les formes qui vivent principalement à terre, il se développe, à mesure que la vie aquatique est de plus en plus abandonnée, des Tritons aux Salamandres, des Grenouilles aux Crapauds, des appareils d'accommodation, consistant principalement dans la formation d'un corps ciliaire (fig. 1921, *cil*), déjà représenté par une musculature diffuse chez les Sélaciens. La pupille devient ainsi capable de se dilater ou de se contracter. Elle peut présenter des formes diverses qui ont été utilisées dans les caractéristiques des genres et des espèces (Voir la Classification). En outre, le cristallin, encore presque conservé chez les formes aquatiques, abandonne la forme sphérique (fig. 1924) pour s'aplatir sur la face tournée vers la cornée.

La rétine présente des *bâtonnets* et des *cônes* (fig. 1923) (1).

Les bâtonnets sont coiffés par les *calices pigmentaires*, qui se prolongent tout le long de leur segment externe, leur formant une gaine colorée par des aiguilles pigmentaires. Cette zone s'allonge à la lumière, se rétracte à

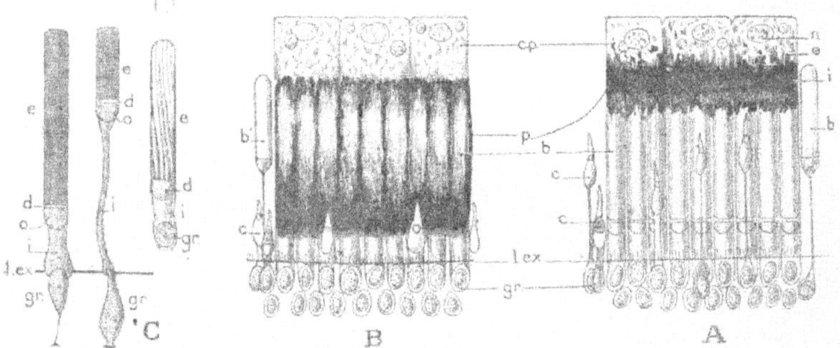

Fig. 1923. — Épithélium pigmentaire (calices) et couche neuro-épithéliale (cônes et bâtonnets) de la rétine d'une Grenouille. — A, après un séjour de 46 heures à l'obscurité complète. — B, après une exposition de 5 heures à la lumière du jour ; — cp, calices pigmentaires; n, leurs noyaux dans leur partie externe; e, colorée en jaune clair, et contenant des grains de pigment, et des sphérules de lipochrome (Kühne) orangées; i, leur partie interne remplie de petites aiguilles de pigment brun (fuscine, Kühne) disposées en files longitudinales parallèles à l'axe; dans la fig. A, cette partie pigmentée est concentrée au sommet des bâtonnets qu'elle recouvre. Sous l'action de la lumière, elle s'étend tout le long des bâtonnets, sous la forme de filaments entourant ces derniers; l.ex, limitante externe; b, b', bâtonnets; c, cônes; gr, grains (noyaux et corps cellulaires) des bâtonnets et des cônes (Van Genderen Stort). — C, 2 bâtonnets isolés montrant les deux formes différentes qu'ils affectent (fixation à l'acide osmique et dilacération); a, bâtonnet rouge; b, bâtonnet vert (ainsi nommés de la couleur qu'ils affectent à l'état frais); e, article externe; i, article interne, renflé en o, en une masse ovoïde; d, disque intermédiaire; gr, grain (Gaupp). — C_1, bâtonnet rouge, étudié frais dans l'humeur aqueuse.

l'obscurité, et il est vraisemblable que ces modifications sont prédominantes dans le mécanisme de la vision par les bâtonnets.

Chaque *bâtonnet* (fig. 1923 C), comprend un segment externe et un segment interne, séparés l'un de l'autre par un corps lenticulaire, tous deux ne formant qu'un seul et même cylindre, auquel fait suite le grain en demi-ellipsoïde qui contient le noyau; celui-ci se prolonge en une fibre grêle, qui se dirige vers la surface de la rétine en contact avec l'humeur vitrée. Le segment interne de certains bâtonnets colorés en rouge, à l'état frais, les autres étant verts, est très rétréci (*b*) et le segment externe est alors entouré d'une membrane plissée longitudinalement (*e*). La ligne d'insertion du segment interne sur le grain est circulaire et il en part des formations qui ont été considérées tantôt comme des plis, tantôt comme des cils.

Les *cônes* sont formés de deux segments ellipsoïdaux séparés par un étranglement : le segment externe supporte un prolongement grêle terminé

(1) C.-K. Hoffmann. Zur Anatomie der Retina. *Niederland. Archiv. für Zoologie*, Bd III, Heft, 1876.

en pointe mousse. Il contient un corps lenticulaire. Le segment interne contient le noyau. L'œil des Batraciens se complète par l'existence de paupières : une *supérieure* et une inférieure, peu mobiles, et une *membrane nictitante*, cette dernière jouant le rôle protecteur principal (fig. 1922).

Appareil uro-génital. — Chez les Batraciens Vermiformes qui ont le mieux conservé les dispositions primitives, les reins forment deux étroites bandelettes qui s'étendent de chaque côté de l'insertion du mésentère sur presque toute la longueur du corps (fig. 1926, *R*). Dans leur région antérieure, leurs canalicules conservent strictement une disposition métamérique mais plus loin, les canalicules méso-néphridiens se multiplient et se disposent en groupes, sans rapport précis avec les segments musculaires. Ces canalicules méso-néphridiens s'ouvrent dans un canal qui n'est autre que le canal de Leydig de l'embryon, et ils conservent leur néphrostome, de sorte que le nombre des orifices par lesquels la cavité générale communique avec l'extérieur dépasse 1,600. Les canalicules méso-néphridiens sont en rapport, comme chez les Sélaciens, avec des glomérules de Malpighi et se forment de la même façon. Le peloton vasculaire n'occupe qu'une partie de la cavité de la capsule (fig. 1924) et ses vaisseaux afférent et efférent se dégagent d'un réseau vasculaire qui entoure étroitement les canalicules (1).

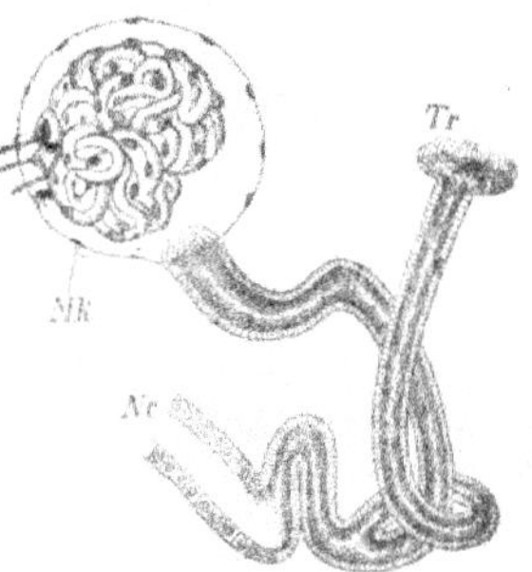

Fig. 1.921. — Terminaison d'une méso-néphridie de Protée ; — *Nc*, canalicule urinaire ; *Tr*, entonnoir et néphrostome ; *Mk*, glomérule de Malpighi.

Fig. 1925. — Partie gauche de l'appareil uro-génital mâle de la Salamandre : *N*, rein ; *Ve*, canaux efférents du testicule ; *Mg*, canal de Muller rudimentaire ; *Wg*, canal de Wolff ou de Leydig ; *Kl*, cloaque ; *Dr*, glandes.

Ces dispositions générales sont conservées chez les autres Batraciens. Les reins, correspondant au méso-néphros, sont plus compacts et moins étendus que ceux des Vermiformes ; ils se divisent en deux régions plus ou moins nettes : une région antérieure, allongée et rétrécie, voisine des glandes reproductrices, qui a plus ou moins perdu la fonction urinaire et qu'on peut distinguer sous le nom de *région génitale* ; une région renflée, qui est la *région pelvienne*, ou *région urinaire* proprement dite (fig 1925). Ces reins peuvent être plus ou moins enveloppés par le péritoine ; ils le sont

(1) R. Lemon. Die Bauplan der Urogenitalsystem der Wirbelthiere. *Jenaische Zeitschrift*, Bd XXVI, 1892.

même complètement dans certains cas, et sont reliés par un mésentère à la paroi de la cavité générale (*Siren*, *Nectures*, *Megalobatra*). A leur surface persistent des néphrotosmes en nombre variable. Les canaux efférents des deux parties de la glande se rendent directement dans le canal de Leydig chez les Pérennibranches et dans quelques autres espèces, comme le *Spelerpes variegatus*; cette disposition n'est entièrement conservée que chez les femelles des autres Urodèles; elle se limite à la région génitale chez les mâles; les canaux afférents de la région pelvienne aboutissent indépendamment les uns des autres, après un trajet courbe plus ou moins long suivant leur rang, à l'extrémité postérieure même du canal de Leydig. Comme les canaux efférents de la région génitale servent en même temps en partie de canaux efférents pour le testicule, le canal de Leydig se trouve ainsi transformé presque entièrement lui-même en un *canal déférent* (fig. 1927).

En raison de la forme particulière de leur corps, les Anoures présentent, en général, des reins plus courts et plus larges que ceux des Urodèles, en même temps que s'efface extérieurement chez eux la division du rein en deux régions, l'une génitale, l'autre urinaire (fig. 1930). Les néphrotosmes persistent assez souvent, disposés en rangées transversales (*Bufo*, fig. 1928 A) ou réunis à plusieurs dans une même fossette (*Rana*, fig. 1929 A); quelquefois ils se fusionnent, de sorte que d'un même néphrotosme peuvent partir deux canalicules néphridiens.

Le canal méso-néphridien chemine le long du bord interne du rein et reçoit sur son trajet de nombreux canaux efférents, sensiblements équidistants, dans lesquels s'abouchent, à leur tour, les méso-néphridies ou *canalicules rénaux* (fig. 1928 A). Le canal méso-néphridien conserve ainsi des dispositions analogues à celles du canal excréteur du pronéphros, qui persiste d'ailleurs en partie; le canal méso-néphridien se prolonge, en effet, assez souvent (*Bombinator* même fig. B, *cL''*), *Discoglossus*), au delà des premiers canaux efférents, jusqu'à l'extrémité antérieure du rein où il se termine en cæcum, et ce prolongement doit être considéré comme un reste du canal néphridien primitif. La séparation entre les conduits spermatiques et les conduits urinaires est cependant tout aussi complète chez les Anoures que chez les Urodèles, mais elle peut se produire de plusieurs façons différentes.

Chez les *Bombinator*, les canaux efférents du testicule cheminent à la surface de la région la plus antérieure du rein sans y pénétrer et se rendent par un large canalicule rénal dans le canal de Leydig. Chez les *Discoglossus*, ces canaux sont remplacés par un seul conduit, qui naît du testicule, passe au-dessus, puis en dedans du rein et va se jeter dans le canal de Leydig, tandis que les canaux urinaires collecteurs de la région postérieure se réunissent en un canal urinaire s'ouvrant dans la région postérieure du canal de Leydig.

Enfin, tandis que les canaux déférents, au nombre de deux ou trois, peuvent se continuer avec la région antérieure du canal de Leydig, tous les canaux collecteurs du rein peuvent se jeter dans un même canal urinaire qui sort de la partie postérieure du rein et va se jeter dans la partie termi-

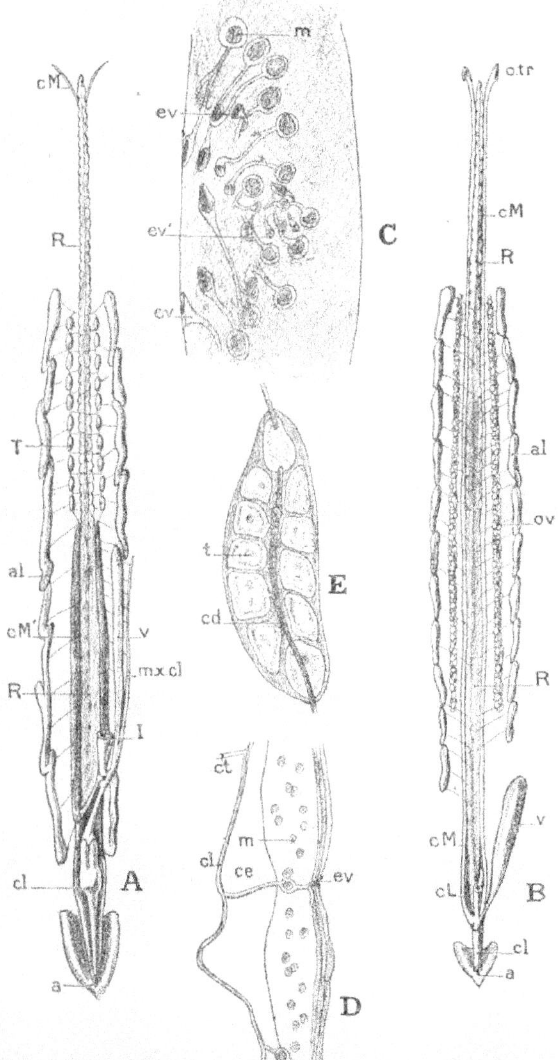

Fig. 1.926. — A, Appareil uro-génital ♂ d'*Epicrium glutinosum* : *a*, anus ; *cl*, cloaque ; *R*, reins ; *T*, testicules ; *al*, corps adipo-lymphoïdes ; *cM*, canal de Müller ; *cM'*, sa partie glandulaire ; *v*, vessie urinaire ; *m. r. cl*, muscle rétracteur du cloaque ; *I*, intestin. — B, Appareil uro-génital ♀ de la même espèce : *ov*, ovaire ; *cL*, canal de Leydig ou de Wolff ; *o.tr*, pavillon de l'oviducte (canal de Müller) ; les autres lettres comme dans la fig. A. — C, Aspect de la surface d'un segment rénal chez l'*Epicrium* adulte : *ev*, entonnoirs vibratiles ; *ev'* entonnoirs vibratiles secondaires ; *m*, corpuscules de Malpighi. — D, Deux segments rénaux, montrant les relations avec le testicule : *ct*, canal transverse efférent du testicule ; *cl*, canal collecteur longitudinal ; *ce*, canalicules efférents allant au rein ; *m*, corpuscule de Malpighi ; *ev*, entonnoir vibratile. — E, coupe longitudinale d'un follicule testiculaire de *Cæcilia rostrata* ; *t*, capsule testiculaire ; *cd*, canal déférent (Semon).

nale postérieure du canal de Leydig qui perd ainsi totalement sa qualité de canal vecteur de l'urine.

Les deux canaux vecteurs de l'urine se jettent dans un diverticule de la paroi ventrale du cloaque, généralement considéré comme une *vessie urinaire* (fig. 1926, V). Cette vessie est très allongée et peut s'étendre jusque dans la région antérieure du corps chez les Cécilies, les Protées, les Ménobranches, divers Urodèles; elle présente deux prolongements, l'un antérieur, l'autre postérieur, très diversement développés chez les Cécilies; elle se divise extérieurement en deux cornes plus ou moins serrées l'une contre l'autre chez les *Spelerpes*, *Triton*, *Salamandra*; elle est, au contraire, large et arrondie chez les Anoures. Il n'est pas absolument certain que le liquide clair qu'elle contient soit exclusivement de l'urine.

Appareil génital mâle. — L'appareil génital des Batraciens n'a aucun rapport avec celui des Poissons Téléostéens et, tel qu'il se présente chez les Batraciens Vermiformes, il semble plus primitif même que celui des Élasmobranches. Par les dispositions métaméridées qu'on y observe nettement, par ses rapports étroits avec l'appareil rénal, il garde, surtout dans le sexe mâle, un air frappant de parenté avec les dispositions initiales que l'on observe chez les Vers Annelés.

Les testicules des Vermiformes (*Epicrium*, fig. 1926 A) sont encore constitués par une double série de masses testiculaires symétriques, ovoïdes, nettement séparées les unes des autres, au nombre d'une dizaine de chaque côté et reliés seulement par le canal collecteur longitudinal. Du canal collecteur, dans l'intervalle des masses testiculaires naissent des canaux transversaux, dont le nombre est en rapport, par conséquent, avec celui des masses testiculaires et qui viennent s'ouvrir dans un second canal longitudinal parallèle au canal collecteur et longeant le bord interne du rein (même fig. : D, *cl*); d'autres canaux transversaux (*ce*), en nombre égal aux précédents, mais ne naissant pas exactement au même niveau qu'eux, se rendent du second canal longitudinal à un corpuscule de Malpighi, lui-même en rapport avec un canalicule rénal; ce dernier s'ouvre enfin dans le canal collecteur du mésonéphros, ou *canal de Leydig*, qui fonctionne ainsi tout à la fois comme *canal déférent* et comme *uretère*. Masses testiculaires, canaux transversaux, canalicules rénaux sont ainsi en même nombre; il y a là un rappel évident de la structure métamérique essentielle des Vertébrés, dont nous avons expliqué l'origine p. 2168. Les masses testiculaires sont souvent d'inégale grandeur; chacune contient un certain nombre de follicules sphéroïdaux disposés en rangées longitudinales (même fig., E), dans lesquels se forment les spermatozoïdes et qui sont reliés chacun par un canal excréteur particulier au canal collecteur longitudinal.

La disposition métaméridée de l'appareil génital mâle s'efface peu à peu chez les Urodèles, où cependant les rapports généraux de ses diverses parties sont conservés. Les masses testiculaires primitives d'un même côté, se fusionnent en un corps unique indivis, de forme variable (fig. 1927, *T*). Allongé, ovoïde et pointu à son extrémité antérieure chez les *Spelerpes* (A) et beaucoup de Pérennibranches, régulièrement ovale, parfois un peu bosselé ou sillonné chez les autres Urodèles, le testicule se raccourcit encore chez les Anoures : à peu près régulièrement ellipsoïdal dans un grand nombre (*Bufo*, *Alytes*, *Bombinator*), il devient presque sphérique chez les Grenouilles (*Rana*). Les deux testicules sont situés vers le milieu de la longueur du corps, symétriquement de chaque côté de la colonne vertébrale, et, chez les

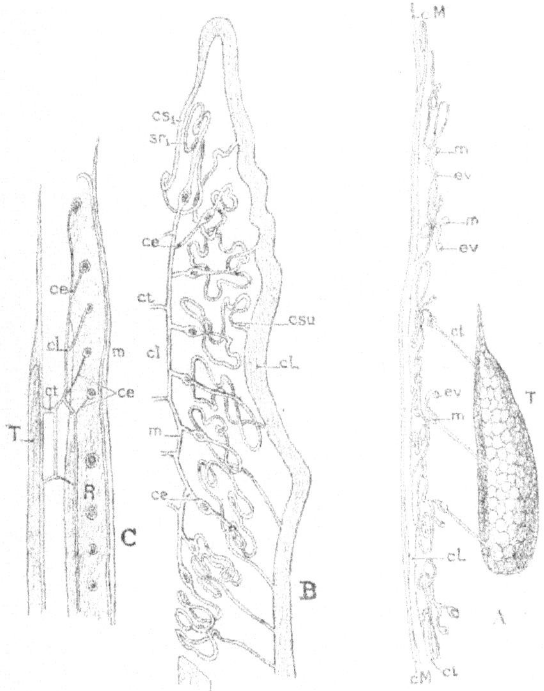

Fig. 1927. — Connexions du testicule et du rein chez les Urodèles. — A, chez le *Spelerpes variegatus*. — B, chez le *Triton taeniatus*. — C, chez le *Proteus anguinus*. — R, rein ; T, testicule ; ct, canalicules transverses sortant du testicule et allant directement à un glomérule (A) ou se jetant dans le canal collecteur longitudinal, cl, d'où partent d'autres canalicules, ce, allant au rein ; csu, canalicule séminifère-urinaire évacuant à la fois les spermatozoïdes et l'urine et se rendant au canal de Leydig ; cL, ... ; m, glomérules de Malpighi ; ev, canalicule séminifère-urinaire du 1er glomérule rénal, sn ; ce, entonnoirs vibratiles ; cM, canal de Müller (Spengel).

Anoures, à la face ventrale des reins (fig. 1928 A, T) ; ils sont constitués par un grand nombre de capsules respectivement pourvues de canaux efférents qui s'ouvrent dans les canaux collecteurs. Chez le *Discoglossus pictus*, les capsules sont remplacées par de longs tubes parallèles, pressés les uns contre les autres, à peu près de la longueur des testicules eux-mêmes.

La disposition très variable de l'appareil déférent s'éloigne peu à peu de ce qu'on observe chez les Batraciens Vermiformes. Chez les Urodèles, les rapports précédemment décrits entre les canaux efférents des testicules et ceux des reins sont encore conservés. Le canal collecteur longitudinal persiste chez les Ménobranches (*Necturus*), les *Batrachoseps* etc. Chez les premiers, les testicules sont disposés en une rangée sur sa longueur ; chez les seconds, ils sont disposés en couronne autour de lui. Le plus souvent, les

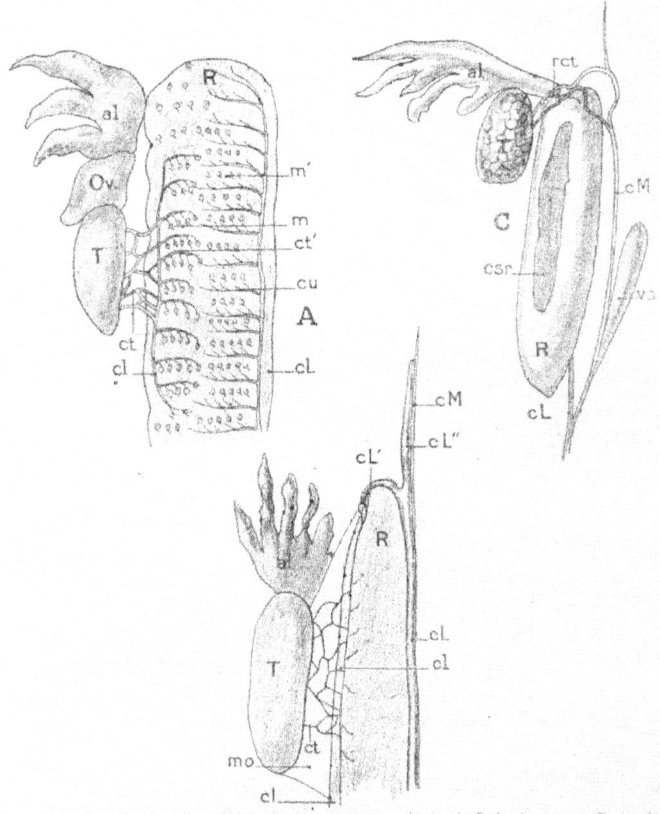

Fig. 1928. — Connexions du testicule et du rein chez les Anoures. — *A*, chez le *Bufo cinereus*. — *B*, chez le *Bombinator igneus* — *C*, chez l'*Alytes obstetricans* : — *T*, testicule ; *Ov*, ovaire rudimentaire ; *al*, corps adipo-lymphoïde ; *csr*, capsule surrénale ; *rct*, réseau des canalicules efférents allant du testicule au rein ; *ct*, canalicules transverses ; *cl*, canal collecteur longitudinal ; *m*, glomérules de Malpighi sur la face ventrale du rein, en communication avec des canaux transverses *ct'*, partant du canal collecteur longitudinal. Ces corpuscules de Malpighi se remplissent de sperme, et leurs canalicules efférentes vont s'ouvrir comme les autres dans l'uretère, *cL* ; *m'*, glomérules de Malpighi ne communiquant pas avec le réseau testiculaire ; *cu*, leurs canalicules urinaires, s'ouvrant dans le canal de Leydig (uretère), *cL* ; *cM*, canal de Müller, atrophié ; *mo*, mésentère reliant le testicule au rein (Spengel).

canaux déférents qui sortent du testicule sont peu nombreux, d'ordinaire réduits à trois (*Spelerpes*, fig. 1927 A, *ce*, *Triton*, fig. 1927 B, *ct*) ; mais ils se ramifient à l'intérieur du testicule (*Siredon*, *Triton*, *Salamandra*), leurs derniers ramuscules aboutissant aux follicules. Après un court trajet hors du testicule, ils peuvent aboutir directement à des corpuscules de Malpighi (*Spelerpes* (fig. 1927 A), *Batrachoseps*, *Plethodon*) et se continuer ensuite en devenant des canalicules rénaux, qui sont, dès lors, en même nombre qu'eux ; ou bien se jeter dans un canal collecteur longitudinal (fig. 1927 B, *cl*) d'où partent des canaux transverses plus nombreux, régulièrement espacés (*ce*), qui se mettent en rapport avec un corpuscule de Malpighi, d'où part finalement un canalicule rénal séminо-urinaire (*scu*). Les corpuscules de Malpighi peuvent faire défaut quand la partie génitale des reins est très réduite (*Desmognathus*).

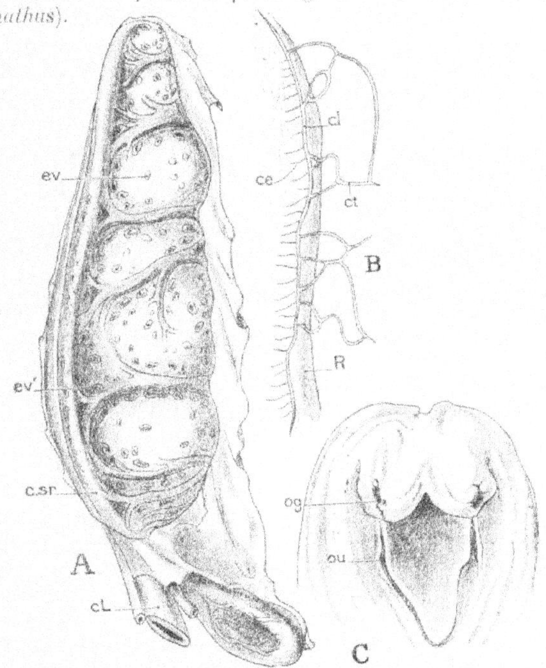

Fig. 1929. — Appareil génito-urinaire de la Grenouille mâle. — *A*, surface du rein d'une *Rana temporaria* ♂ : *ev*, entonnoirs vibratiles ; *ev'*, entonnoirs vibratiles de plus grande dimension formés par la coalescence de plusieurs néphrostomes primitifs ; *c.sr*, glande surrénale ; *cL*, canal de Wolff ou de Leydig. — *B*, connexions du testicule et du rein gauche chez la *Rana temporaria* (vue dorsale du bord proximal) : *ct*, canalicules transverses venant du testicule ; *cl*, canal collecteur longitudinal ; *ce*, canaux efférents se rendant au rein. — *C*, cloaque ouvert, montrant les orifices génitaux, *og*, et les orifices urinaires, *ou* (Sexton).

Une disposition rappelant par certains points celle des Tritons se retrouve chez les Crapauds (fig. 1928 A). A la vérité, les canaux déférents forment dans le testicule, en se ramifiant et en s'anastomosant, un véritable réseau. Ils s'anastomosent encore en sortant du testicule et forment un réseau (*ct*) d'où partent vers les reins des branches dont la disposition ne saurait plus rien avoir de métamérique.

Mais ces branches se rendent à un canal longitudinal (*cl*), d'où partent des branches transversales, sensiblement équidistantes, une par chaque rangée de corpuscules de Malpighi ; des ramuscules issus de ces branches se rendent à leur tour respectivement à un corpuscule de Malpighi.

On retrouve le réseau déférent et le canal de Leydig chez un certain nombre de genres (*Rana, Bombinator* (fig. 1928 B), seulement les canaux séminaux qui en naissent ne se rendent plus aux corpuscules de Malpighi, mais dans un canal collecteur longitudinal. Chez les Grenouilles (*Rana*, fig. 1929 C), il naît de ce canal collecteur du testicule de nombreux canaux transversaux, rectilignes, parallèles entre eux, qui s'ouvrent directement dans le canal de Leydig; chez le *Bombinator*, le plus grand nombre de ces canaux se terminent en cæcum dans la substance même du rein; mais les plus antérieurs se jettent directement dans l'extrémité recourbée du canal de Leydig, et celle-ci, s'appliquant, en suivant son contour, sur le bord antérieur du rein, met en continuité directe le canal collecteur des canalicules transverses venus du testicule avec le canal de Leydig. Chez l'*Alytes obstetricans* (fig. 1928 C), la communication avec le canal Leydig est supprimée; il ne sort du testicule qu'un canal déférent qui, après s'être transformé en un réseau, se jette par deux branches recourbées dans le canal collecteur, comme si la partie antérieure du réseau des *Bombinator* était seule conservée; le réseau déférent des *Alytes* ne traverse même plus le rein; il ne fait que le croiser. Enfin, chez le *Discoglossus pictus*, les canaux déférents issus respectivement des tubes longitudinaux constituant le testicule se réunissent à son extrémité antérieure en un canal unique, qui se rend directement au canal collecteur. Le testicule a, dès lors, un canal déférent indépendant, comme chez les Vertébrés supérieurs.

Le canal de Müller persiste chez tous les Batraciens mâles, et il accompagne toujours le canal de Leydig, mais il présente une tendance à l'avortement, qui se manifeste sous des formes très diverses. Chez les Batraciens Vermiformes, ces canaux sont encore complets (fig. 1926 A, *cM*); ils s'étendent d'avant en arrière, et longent étroitement les reins sur presque toute la longueur du corps; en arrière des testicules, ils se renflent, leurs parois devenant glandulaires (*cM'*) et s'épaississant au point de rendre leur lumière presque nulle; près de leur extrémité, ils se recourbent enfin brusquement en avant et viennent s'ouvrir dans le cloaque, indépendamment des canaux mésonéphridiens et tout près d'eux. Cette communication avec le cloaque disparaît toujours chez les Urodèles, où le canal de Müller se termine postérieurement en cæcum; il se raccourcit plus ou moins, garde ou perd sa lumière, s'ouvre en avant dans la cavité générale par un pavillon vibratile (*Menobranchus*) ou se ferme, au contraire, soit en se dilatant en poche, soit en se prolongeant en un grêle filament (*Salamandra*, fig. 1925).

Cette terminaison antérieure en pointe est générale chez les Anoures. Son mode de terminaison en arrière est au contraire très variable. Chez les Crapauds (*Bufo*) et les *Ceratophrys*, où les tubes de Müller sont le moins modifiées, ils se confondent en arrière l'un avec l'autre et s'ouvrent dans le cloaque. Assez souvent, leur lumière disparaît et ils ne sont plus représentés que par deux cordons pleins. Au contraire, ils servent de canaux déférents chez les *Alytes* (fig. 1928, *cM*); c'est, en effet, à leur intérieur que viennent s'ouvrir les deux canaux provenant du réseau testiculaire décrit ci-dessus : ils se prolongent en avant du point où ils reçoivent ces canaux pour se terminer en pointe comme dans beaucoup d'autres types. En arrière, ils donnent naissance à une longue vésicule séminale ovoïde (*vs*), dirigée en avant et s'ouvrent finalement dans les uretères; cette communication entre les uretères et les canaux de Müller des mâles se retrouve chez les *Discoglossus* et les *Cystignathus*.

Les lèvres du cloaque des mâles d'Urodèles se gonflent énormément à

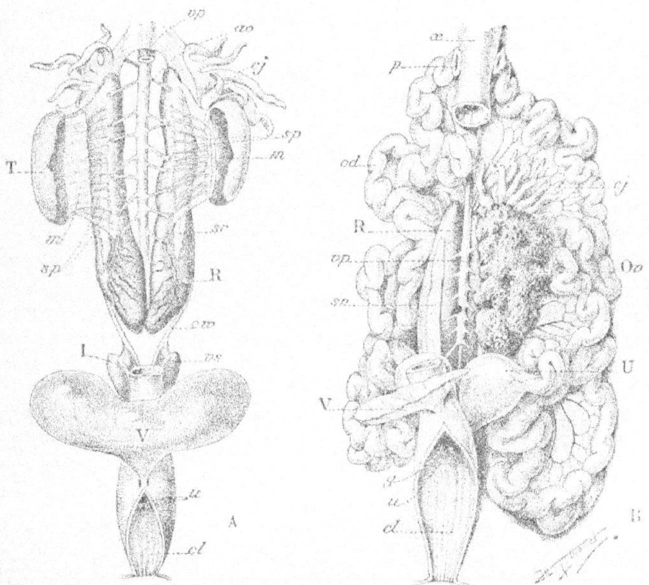

Fig. 1930. — Organes génito-urinaires des Batraciens Anoures : A, mâle. — B, femelle. — *R*, reins ; *cj*, corps adipo-lymphoïdes ; *cW*, canal de Wolff (uretère chez la femelle, uretère et canal déférent chez le mâle) ; *T*, testicules ; *vs*, vésicules séminales ; *sp*, canaux efférents du testicule inclus dans la membrane, *m* ; *Ov*, ovaire ; *od*, oviducte enflé en *U* (utérus) ; *p*, sa trompe ; *œ*, œsophage ; *i*, intestin ; *cl*, cloaque où s'ouvrent les uretères et les conduits génitaux (en *u* et *g*) ; *v*, vessie urinaire ; *ao*, aorte ; *vp*, veine porte rénale ; *sr*, glande surrénale (Rémy Perrier).

l'époque du rut, et une quantité considérable de glandes en tubes, parfois assez volumineuses pour être visibles à l'œil nu, se développe dans l'épaisseur de sa paroi. Ces glandes ont pour fonction de sécréter la substance qu formera le spermatophore (v. p. 2833); chez les *Spelerpes*, elles rayonnent autour du cloaque; elles sont très vascularisées et dans leurs parois sont développées des fibres musculaires lisses, longitudinales. D'ordinaire, elles se divisent en deux groupes, distincts déjà par leur couleur dans certains cas. Les glandes les plus éloignées de l'orifice sont, par exemple, de couleur blanche et font saillie dans la cavité générale, chez la *Salamandra maculosa*; les autres sont grises ou verdâtres; elles sécrètent un liquide épais et filant. Il existe des glandes analogues, mais bien moins développées chez les femelles.

Appareil génital femelle. — Les ovaires des Batraciens sont placés au voisinage des reins, vers le milieu de leur longueur chez les Batraciens Vermiformes (fig. 1926 B, *ov*), au niveau de leur partie rétrécie chez les Urodèles; ils peuvent les dépasser en avant chez les Anoures, où ils sont divisés en poches complètement distinctes, dont le nombre varie de 3 à 20. Ils forment, dans les deux premiers groupes, deux cylindres creux à parois fibreuses, enveloppés par le péritoine et souvent rattachés par un mésentère à la paroi abdominale (Vermiformes); les œufs sont, chez les Anoures, suspendus à la paroi des poches ovariennes.

En raison du volume des œufs, il n'existe aucun rapport entre les canaux excréteurs du rein et les oviductes; ceux-ci sont toujours constitués par les canaux de Müller, très développés et s'ouvrant dans la cavité générale par un large pavillon vibratile. Chez les Vermiformes, ce pavillon (*otr*) est situé immédiatement en avant de l'extrémité antérieure des reins, contre le bord externe duquel les deux canaux, rigoureusement rectilignes, demeurent appliqués. Les canaux de Müller dépassent de beaucoup le rein en avant chez les autres Batraciens et leur pavillon s'ouvre tout près de l'extrémité antérieure de la cavité générale (fig. 1930 B, *p*). En arrière, ils pénètrent dans le cloaque par sa face dorsale et s'ouvrent séparément à son intérieur, chacun au sommet d'une papille (*g*). Rectilignes chez les jeunes individus, ils deviennent onduleux et peuvent se pelotonner durant la période du rut (*od*). Chez beaucoup d'Urodèles et chez tous les Anoures, leur région postérieure se renfle en une sorte d'utérus (*U*), dont l'épithélium diffère de celui du reste du canal, et dont les parois sont particulièrement musculeuses chez le *Spelerpes fuscus*, la *Salamandra atra* et probablement chez les autres espèces vivipares; on observe un renflement analogue chez tous les Anoures; les parties renflées se rapprochent toujours l'une de l'autre, mais elles demeurent le plus souvent séparées et s'ouvrent isolément dans le cloaque; toutefois, chez les Rainettes (*Hyla*), elles s'ouvrent sur une même papille, tout en demeurant isolées, et elles se fusionnent enfin dans les genres *Alytes* et *Bufo*. Dans ces poches, les œufs s'entourent d'une substance gélatineuse, produite par les glandes de la paroi des oviductes, et se réunissent en paquets (*Rana*) ou en cordons (*Bufo*). Les glandes de l'oviducte présentent un degré très variable de développement; elles se réduisent dans l'intervalle des périodes de reproduction; ce sont des tubes cylindriques, pressés les uns contre les autres, quelquefois bifurqués à leur extrémité (*Rana*) dont les éléments présentent une aptitude remarquable à la coloration (1).

Corps adipo-lymphoïdes (2). — Les glandes génitales des Batraciens sont accompagnées de corps volumineux, dont le rôle est longtemps demeuré problématique, et qui ont été désignées sous les noms de *corps jaunes*, *corps adipeux*, et plus récemment de *corps adipo-lymphoïdes* (fig. 1930 A et B, *cj*).

Ils sont généralement asymétriques et leur forme varie selon les groupes.

(1) Neumann. Die Beziehungen des Flimmerepithels der Bauchhoble zum Eileiterepithele beim Frosche..., *Arch. f. mikr. Anat.*, Bd XI, 1875, p. 372.

(2) Pierre von Kensal. Les corps adipo-lymphoïdes des Batraciens, *Ann. des Sc. naturelles*, 9e série, t. XVII, 1913.

Chez les **Vermiformes**, ils se présentent sous l'aspect de deux séries longitudinales de masses ovoïdes, allongées, situées les unes derrière les autres, en dehors des glandes génitales et qui commencent à peu près à leur niveau, pour s'étendre assez loin en arrière sur plus de la moitié de la longueur du corps de l'animal (*Ichthyophis glutinosus*, fig. 1926). Chez les Urodèles, ils sont représentés par deux bandelettes longitudinales, desquelles partent de grêles appendices en forme de manchons entourant l'extérieur des vaisseaux péritonéaux à leur entrée dans l'organe: ces bandelettes sont situées au niveau des organes génitaux.

Chez les Anoures, ce sont des corps situés en avant des glandes génitales qu'ils semblent coiffer; ils se prolongent en digitations situées sur leur bord antérieur (*Bombinator* (fig. 1928 B), *Callula pulchra*) ou sur leur bord externe (*Bufo* [même fig. A], *Alytes* [même fig. C.], *Rana* (fig. 1930), habituellement longues, quelquefois bien plus courtes (*Discophris Antongilii*). Ces corps sont richement pourvus de vaisseaux, qui y pénètrent en éventail, et dont la branche maîtresse se détache, chez les Grenouilles, de l'artère testiculaire. Chaque lobe reçoit une branche artérielle, qui donne de chaque côté de nombreux vaisseaux, dont les derniers ramuscules semblent s'ouvrir dans des lacunes interconjonctives, d'où naissent les premiers ramuscules des veines (Kennel). Le volume et la constitution de ces corps se modifient avec les saisons. Leur structure est celle d'une séreuse et ils ne sont effectivement que le résultat de modifications locales de la séreuse péritonéale. Pendant la belle saison, il s'y accumule des graisses qui sont utilisées pendant le sommeil hibernal, et, accessoirement, pour le développement des éléments génitaux; au cours du printemps et de l'éte, il s'y produit abondamment des leucocytes de diverses catégories : leucocytes hyalins mononucléaires, leucocytes granuleux neutrophiles, lymphocytes, mélangés à des cellules adipeuses. Quelques-uns de ces éléments se produisent aux dépens des cellules conjonctives. Le contenu des cellules adipeuses croît depuis la ponte jusqu'à l'entrée de l'hiver.

Les corps adipo-lymphoïdes ne sont qu'un perfectionnement des corps lymphoïdes des Poissons. Leur développement est analogue à celui des glandes génitales (p. 2828), à cela près qu'ils ne contiennent pas d'ovules primordiaux. Ils s'accroissent par la multiplication des cellules primitives localisées sur certains points végétatifs de la périphérie de l'ébauche, qui peut se confondre chez les Grenouilles avec la partie antérieure de l'ébauche génitale (Bouin).

Organe de Bidder. — Entre chaque glande génitale et le corps adipo-lymphoïde qui lui correspond se trouve chez les Crapauds un organe rougeâtre, l'*organe de Bidder* (fig. 1928 A, *Ov*), dont la teinte, la grosseur, la forme varient suivant les espèces, les individus et même l'époque de l'année; de même que les corps adipeux, il atteint son plus grand développement à la fin de l'été, il est, au contraire, flasque et ridé après le sommeil hivernal. Très développé chez les mâles, il n'est bien apparent chez les femelles que pendant le jeune âge; il s'amoindrit plus tard et il finit par n'en plus subsister que des rudiments. Cet organe est composé de cellules qui se développent exactement comme des œufs, mais s'arrêtent ensuite dans leur évolution. Ordinairement semblables à de jeunes œufs, elles peuvent, dans certains cas, produire des spermatozoïdes. On a considéré en conséquence l'organe de Bidder comme une glande hermaphrodite (1).

Développement des éléments génitaux. — Les glandes génitales apparaissent chez les Batraciens (*Rana*), dans la région médiane de la moitié postérieure de l'embryon, sous la forme d'une masse impaire de cellules qui se sont détachées du revêtement péritonéal de la cavité générale et se sont accumulées au-dessus du mésentère qui enveloppe la veine sus-intestinale. La masse des cellules génitales est ainsi comprise entre l'aorte en dessus, les deux veines caves, elles-mêmes flanquées extérieurement des canaux de Wolf, de chaque côté, et la veine sus-intestinale en dessous. Ces cellules (fig. 1931 A, *eg*) constituent l'*ébauche génitale primordiale* (2). Cette ébauche s'aplatit d'avant en arrière, s'étale au devant des veines cardinales, se creuse d'un sillon dans la région médiane et se renfle latéralement, de manière à former deux saillies hémisphériques symétriques dans la cavité générale. Ces saillies ne tardent pas à se transformer en deux appendices piriformes, pédiculés, qui sont les *glandes sexuelles primitives* (fig. 1931 B, *gg*). On distingue dans ces glandes deux sortes de cellules : de petites *cellules germinatives* provenant de l'épithélium péritonéal ; de grandes cellules, à noyaux vésiculeux, éparses parmi les cellules germinatives et qu'on peut qualifier de *cellules sexuelles primordiales* (*ovp*). Une partie de ces dernières provient peut-être directement d'une simple modification des cellules vitellines.

Bientôt les cellules sexuelles primordiales se remplissent de plaquettes vitellines qu'elles s'assimilent, grandissent du fait de cette assimilation et deviennent ainsi des *ovules primordiaux*. Pendant ce temps, de nouveaux éléments d'origine péritonéale ou mésenchymateuse accroissent sans cesse le nombre des cellules germinatives. Celles-ci entourent et séparent les

(1) Pierre Stéphan. *De l'hermaphroditisme chez les Vertébrés*, Ann. Fac. Marseille, t. XII, 1901.

L'identité dans le développement des appareils génitaux mâle et femelle, la présence, chez les femelles, d'un canal de Leydig avec des canaux déférents transverses rudimentaires indiquent l'existence antérieure d'un état où les deux sexes des Vertébrés étaient organisés de façon identique; par comparaison avec ce qui se passe chez certains Invertébrés, comme les Nématodes et les Cirripèdes, il peut être suggéré qu'il n'a même existé d'abord que des hermaphrodites protandres, dont sont issus les mâles par avortement de la partie femelle de l'appareil, comme cela se passe tout justement pour les mâles supplémentaires de certaines espèces de Cirripèdes et de Nématodes. L'organe de Bidder pourrait, dans ce cas, être interprété comme le reste de la glande femelle primitive.

La constance des corps adipeux, la netteté de leur forme chez les Batraciens, semblent indiquer d'ailleurs, qu'ils représentent des organes autrefois fonctionnels, passés à l'état d'organes de réserve; de leurs rapports constants avec les glandes génitales, on peut inférer qu'ils ne sont eux-mêmes que des parties des glandes génitales détournées de leur fonction primitive, à la suite d'un remaniement de l'appareil génital analogue à celui qui a amené, chez les Plathelminthes, la formation d'un vitellogène et d'un germigène (p. 1781).

Il arrive du reste, assez fréquemment que les Grenouilles soient hermaphrodites, par suite de la transformation d'une partie de leur glande sexuelle en glande d'un sexe opposé à celui du reste de l'organe. Le plus souvent c'est le sexe masculin qui prédomine dans la glande hermaphrodite, mais le contraire peut arriver. (Ém. Yung. Sur un cas d'hermaphrodisme chez la Grenouille, *Revue suisse de Zoologie*, t. XV, 1er fascicule, 1907). Dans ces divers cas, le canal de Muller et le canal déférent existent simultanément, à un degré variable de développement.

(2) M. Bouin. Histogénèse de la glande génitale femelle chez la *Rana temporaria*, *Archives de Biologie*, t. XVII, 1900.

ovules primordiaux et cet ensemble constitue l'*épithélium germinatif*.

Les ovules primordiaux se multiplient par mitose, et, à chacun des ovules

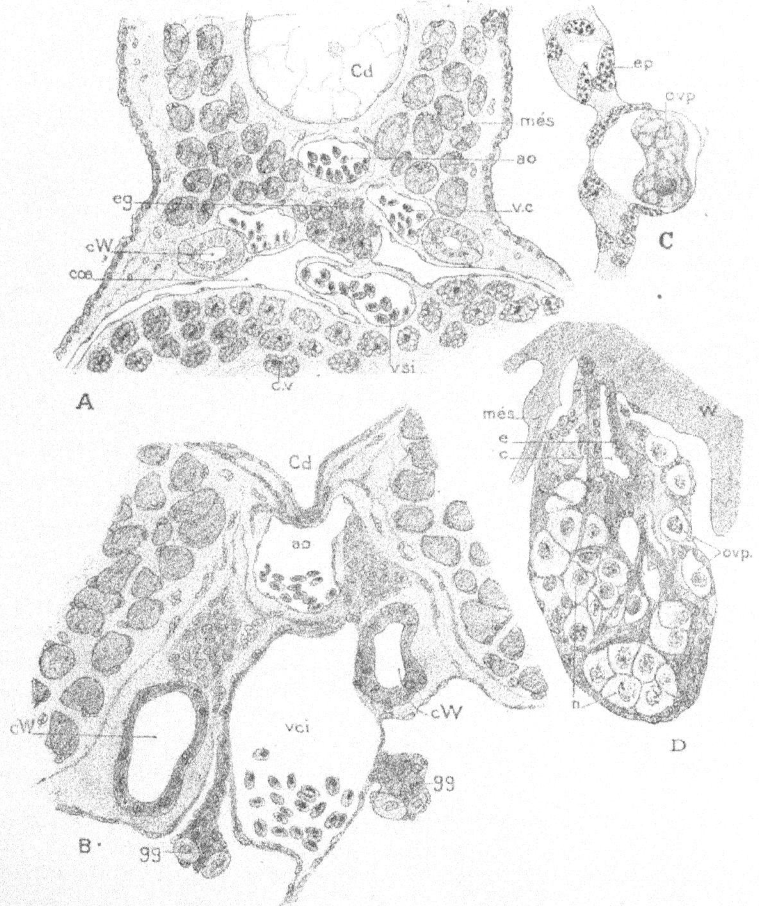

Fig. 1931. — Développement de la gande génitale et des ovules primordiaux chez la *Rana temporaria*. — A. Coupe transversale d'un jeune têtard de 9 millimètres : *eg*, ébauche génitale commune ; *Cd*, corde dorsale ; *ao*, aorte ; *vc*, veines caves ; *vsi*, veine sous-intestinale ; *cW*, canal de Wolff ; *més*, mésoderme ; *cœ*, cœlome ; *cv*, cellules vitellines. — B. Têtard de 19 millimètres : l'ébauche génitale s'est divisée en deux parties, qui sont les glandes génitales primitives, *gg*. — C. Déhiscence des ovules primordiaux : un de ces ovules, *ov p*, fait hernie dans la cavité abdominale, où il est sur le point d'être expulsé. — D. glande sexuelle primitive : les cordons médullaires se sont creusés de cavités *c*, tapissées par un épithélium *e* ; ces cavités ne communiquent pas avec le tubes du corps de Wolff ; *ov p*, ovules primordiaux ; *n*, nids de cellules germinales (M. Bouin).

nouveaux ainsi formés, les cellules germinatives constituent un *épithélium folliculaire* spécial ; leur nombre s'accroit d'abord rapidement, si bien qu'on peut en compter 250 chez un têtard de 26 millimètres alors qu'il n'en existe qu'une soixantaine au plus chez un têtard de 20 millimètres. Mais ce nombre ne tarde pas à se réduire par suite d'une véritable *ponte d'ovules primordiaux,* résultat d'une série de phénomènes de dégénérescence (hypertrophie, clivage, bourgeonnement dégénératif des noyaux, etc.). Les ovules dégénérés font hernie dans la cavité générale, leur enveloppe folliculaire se rompt et ils sont brusquement expulsés (fig. 1931 C). Pendant ce temps, de nouveaux ovules peuvent se former, mais exclusivement aux dépens des cellules germinatives, et le tissu mésenchymateux qui entoure le canal de Wolff pénètre à l'intérieur de la glande où sa quantité augmente, non seulement par suite de cette immigration, mais aussi par suite de la multiplication mitosique des éléments existants, surtout au centre de l'ébauche. Aux dépens de ce tissu se forme un stroma conjonctif, dans lequel les ovules primordiaux et les cellules germinatives sont enrobés, et qui se feutre, au centre de la glande, en *cordons médullaires.* Jusqu'ici, il est impossible de distinguer le sexe de la glande. Les pontes d'ovules primordiaux sont cependant plus abondantes dans les futurs testicules que dans les futurs ovaires, où elles peuvent même être nulles.

Dans les cordons médullaires se creuseront les conduits excréteurs du sperme chez les mâles, les cavités de l'ovaire chez les femelles. Dans le stroma sont enveloppés les nids cellulaires (fig. 1931 D, *n*) résultant de la division des ovules primordiaux. Ces nids se forment plus tôt chez les femelles que chez les mâles et les cordons médullaires sont moins importants dans les futurs ovaires. A partir de ce moment, les deux sexes se caractérisent de plus en plus.

Spermatogénèse. — Les ovules primordiaux des mâles se divisent activement et finissent par former chacun une sorte d'ampoule contenant un certain nombre d'amas de cellules arrondies, toutes de même grosseur et de même aspect. Ces ovules-fils subissent un certain nombre de bipartitions directes, donnant naissance à des éléments dont le nombre s'accroît en progression géométrique à chaque bipartition, si bien qu'il s'élèverait à 512 après 9 bipartitions. Les éléments issus d'un même ovule-fils demeurent groupés et forment ensemble ce qu'on nomme une *spermatogemme.*

Chacun des éléments de la spermatogemme, à son tour, se divise comme on l'a vu p. 2.555 pour les Sélaciens, de manière à fournir successivement des protospermatoblastes ou *spermatogonies,* des deutospermatoblastes ou *spermatocytes* des tritospermatoblastes ou *spermatides.* Ces derniers, qui ont subi la réduction chromatique, évoluent en filaments spermatiques, et ces filaments demeurent associés en un faisceau englobé dans une masse protoplasmique faiblement colorée par l'éosine, montrant quelques noyaux disséminés. Un de ces noyaux se voit d'ordinaire à la base du faisceau, au niveau de la tête des spermatozoïdes ; il remplace la cellule basale de soutien des faisceaux spermatiques décrits p. 142.

Chez les Urodèles, les ampoules issues des ovules mâles se répartissent en deux groupes, l'un extérieur, l'autre intérieur. Dans le premier, les ampoules ne contiennent que des spermatogemmes en voie de développement; dans le second, chaque spermatogemme est déjà transformée en un faisceau spermatique. Chez les Anoures (*Rana, Bufo, Bombinator*) chaque ampoule contient, avec des faisceaux spermatiques bien développés, des spermatogemmes de différents âges. Les cellules sexuelles primordiales sont attachées aux parois de l'ampoule (1)

Spermatozoïdes (fig. 1932). — Comme d'habitude, les spermatozoïdes des Batraciens sont constitués : 1° par une *tête* (*T*) contenant la chromatine et surmontée d'un *acrosome*, corps *céphalique* ou *perforateur* (*pf*) ; 2° par une *pièce moyenne* ou *intermédiaire* (*si*) ; 3° par la *queue* (*q*), divisée elle-même en deux régions : la *pièce principale* et la *pièce terminale*, qui n'en est que le prolongement aminci. La queue est parcourue dans toute sa longueur par un *filament axile*, *filament principal* ou *filaxe* (*fp*), qui débute, au niveau de la partie rétrécie ou *collet* de la pièce intermédiaire, par un granule désigné sous le nom de *bouton terminal* ou *caudal* représentant le centrosome de la cellule séminale divisé en deux corpuscules : le *centrosome proximal* (*ca*) ; le *centrosome distal* (*cp*), situé sur la longueur du filament axile (*cp'*). Ces diverses parties, qui sont plus ou moins nettement caractérisées, sont souvent accompagnées d'un *organe accessoire du noyau*, en général divisé en deux, le premier très rarement conservé restant dans le voisinage, le second, un peu plus constant, formé de quatre sphérules ou plus, qui entourent le filament nucléaire à son origine et qui sont probablement des mitochondries (2). Ce type fondamental est suceptible de présenter chez les Batraciens des modifications diverses.

Chez les Vermiformes et les Urodèles (A, B, C), le *filament axile* est immobile, mais il est accompagné sur toute sa longueur par une membrane ondulante, très sinueuse (*mo*), elle-même bordée par un filament marginal, fibrillaire, contractile, qui est le *filament moteur* (*fm*) ; un *filament accessoire* (*fa*) peut accompagner le filament axile (*Salamandra amphicema*). Le filaxe est sillonné et sa section, au voisinage de la pièce moyenne, a la forme d'un V chez les Amphiumes, où il est relié par une lamelle verticale au filament accessoire jusqu'à la pièce terminale ou celui-ci est justaposé au filaxe (fig. 1932 A). La membrane ondulante s'insère sur le bord dorsal de la queue.

Il existe, parmi les Anoures, une membrane ondulante chez les *Bufo* et les *Alytes*. La membrane ondulante n'est représentée chez les *Pelobates* (D) que par son filament marginal qui côtoie le filament axile. Il n'existe de filament accessoire que sur le tiers antérieur de la queue chez l'*Hyla arborea*; ce filament fait complètement défaut chez les *Rana*.

La pièce intermédiaire des Urodèles est constituée par les corpuscules centraux dont le proximal a la forme d'une tigelle colorable faisant suite à la tête du spermatozoïde (*Salamandra*, C : *ca*, *cp*) ; ces corpuscules ne forment, en général, qu'une partie de la pièce intermédiaire chez les Anoures; ils la forment tout entière chez les *Pelobates*, où elle est peu distincte. Les sper-

(1) Bugnon et Popoff. La signification des faisceaux spermatiques. *Bibliographie anatomique*, t. XVI, fasc. 1, 1906.

(2) On appelle ainsi des granulations, probablement vivantes, contenues dans la plupart des cellules végétales ou animales (Voir les Traités de Cytologie).

matozoïdes des *Bombinator* ont un aspect tout particulier (E). La tête est

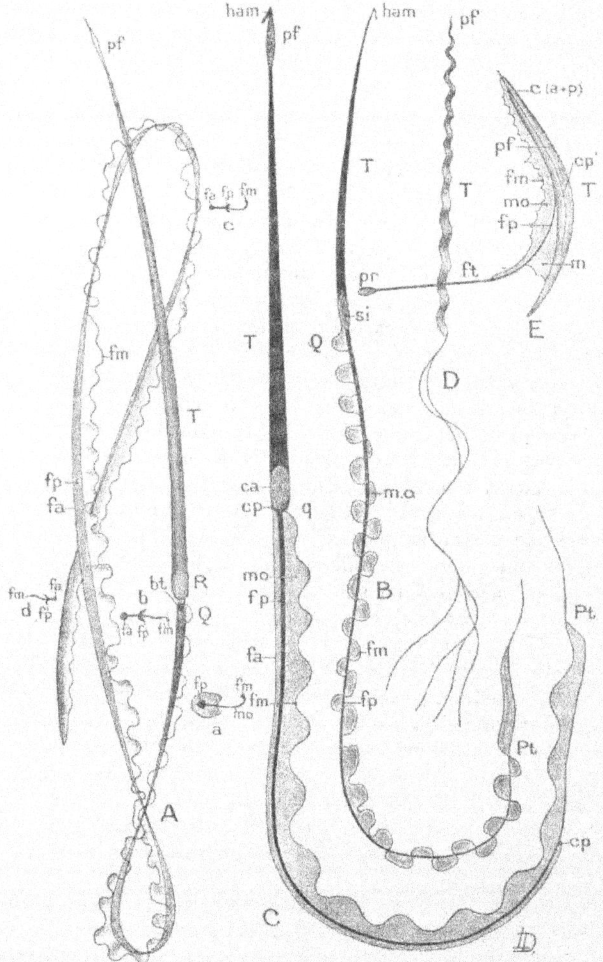

Fig. 1932. — Spermatozoïdes de Batraciens. — A, d'*Amphiuma means*. — B, de *Triton marmoratus*. — C, de *Salamandra maculosa*. — D, de *Pelobates fuscus*. — E, de *Bombinator igneus* :
si, pièce ou segment intermédiaire ; *T*, tête ; *Qq*, commencement de la queue ; *Pt*, partie terminale de la queue ; *fp*, filament principal ; *fa*, filament accessoire ; *mo*, membrane ondulante ; *fm*, filament marginal ou moteur ; *ca*, centrosome antérieur, origine du filament principal ; *cp*, centrosome postérieur, parfois divisé en deux, le second relégué sur un point plus ou moins éloigné (*cp'*) ; *pf*, perforateur coiffant la tête ; il se prolonge chez le *Bombinator* à l'intérieur de celle-ci en *cp'* ; dans ce même spermatozoïde, *pr* est une portion de protoplasma restant non différencié (Meves, Mac Gregor, Ballowitz, La Valette Saint-Georges).
Les petites figures *a*, *b*, *c*, *d*, représentent les coupes transversales au niveau où elles sont figurées.

fusiforme et parcourue sur toute sa longueur par une tigelle ; deux corpuscules centraux ($c[a+p]$), se trouvent à son extrémité antérieure, où ils servent d'insertion à la queue, qui consiste en deux filaments inégaux, unis par une membrane ondulante : le filament moteur et le filament principal, qui est immobile. La queue est ici, par conséquent, reployée sur toute la longueur du filament principal comme chez les Crustacés Édriophthalmes, les Schizopodes et les Turbellariés (1).

Les spermatozoïdes des Urodèles se groupent en *spermatophores* (fig. 1933),

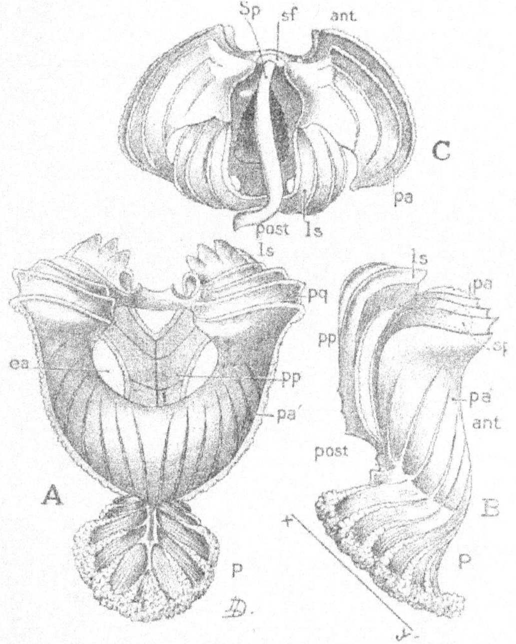

Fig. 1933. — Spermatophore de *Triton alpestris*. — A, vue antérieure. — B, profil. — C, vue supérieure : — *pp*, paroi postérieure, se terminant en haut par les lobes dentés, *ls*; *pa*, partie supérieure de la paroi antérieure, avec ses crêtes transversales; *pa'*, partie inférieure, ornée de crêtes longitudinales; *ea*, échancrure de cette paroi antérieure; *P*, pied avec ses replis saillants et son bord lobé; *Sp*, le *spermatophore* proprement dit (masse séminale), fixé en avant *sf*, et libre en arrière. — La ligne *xy* (généralement horizontale), dans la fig. B, indique le substratum sur lequel repose le pied. (E. Zeller).

qui sont saisis par les lèvres cloacales de la femelle; le sperme est ensuite exprimé de la capsule, qui est rejetée, tandis que les spermatozoïdes, mis en liberté, cheminent dans l'oviducte à la rencontre des œufs, ou sont momentanément retenus (*Salamandra atra*, *Triton*) dans une poche copulatrice spéciale.

Ces spermatophores sont constitués par une substance molle, incolore, gélatineuse, probablement sécrétée par les glandes cloacales. Leur enveloppe est probablement fournie par une mue de la cavité du cloaque, dont elle reproduit en creux toutes les rides et les papilles. Ce sont de simples

(1) A. Prenant. Les appareils ciliés et leurs dérivés. *Journal de l'Anatomie et de la Physiologie*, 48e année, 1912.

cônes surmontant une masse globuleuse de sperme chez les Amblystomes et les Salamandres, dont le cloaque est lisse, tandis qu'ils ont chez les Tritons une forme compliquée (fig. 1933), celle d'un étrier dont les branches sont marquées de plis rayonnants et dont la tige a la forme d'une sorte de champignon multilobé.

Formation et ponte des œufs. — Chez les femelles, la division des ovules primordiaux donne naissance aux *oogonies*, qui demeurent groupées dans l'ovaire en nids, entourés par l'enveloppe épithéliale de l'ovule primordial aux dépens duquel elles ont pris naissance (fig. 1931 D, et fig. 1934 E). Dans un

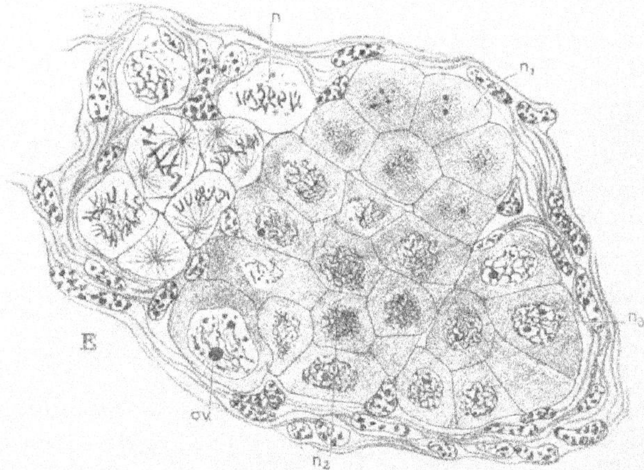

Fig. 1934. (*Suite de la fig.* 1931). — E, Coupe d'une glande génitale d'un têtard en voie de métamorphose, montrant les nids cellulaires aux divers stades de leur évolution ; dans chaque nid, les cellules sont au même stade : en *n*, mitoses ; en n_1, pulvérisation de la chromatine et disparition de la membrane nucléaire ; en n_2, réapparition du boyau chromatique ; en n_3, la membrane nucléaire est reconstituée ; *ov*, oogonie achevant de se transformer en oocyte (M. Bouin).

même nid, les oogonies continuent à se diviser, et elles le font toutes simultanément, de telle sorte qu'elles présentent au même moment les mêmes phases de la mitose (*n*). Entre deux mitoses consécutives, leur noyau présente un réticulum chromatique très net. Après les dernières divisions, ce réticulum se pulvérise, pour ainsi dire (n_1) ; la membrane nucléaire disparaît ; l'oogonie augmente de volume, son ruban chromatique se reconstitue (n_2) ; il est d'abord homogène, mais peu à peu sa chromatine se sépare en granules safraninophiles, entre lesquels persiste le réseau acidophile ; ces granules se fusionnent entre eux ou avec les nucléoles basophiles, pour constituer les nucléoles chromatiques. L'oocyte, improprement appelé œuf, est, dès lors, définitivement constitué.

Fécondation. — Les Vermiformes sont les seuls Batraciens qui s'accouplent à l'aide d'un véritable organe de copulation ; il est exsertile et peut atteindre jusqu'à cinq centimètres de long. Ses parois, très musculeuses, sont séparées du rectum par un léger étranglement et il est enveloppé d'une gaîne fibreuse, résistante, à fibres musculaires lisses, dans laquelle il est libre, sauf à ses deux extrémités, où il lui est étroitement accolé. Il est pourvu d'un muscle rétracteur, qui part de la paroi abdominale ventrale et, chez les *Epicrium* et les *Siphonops*, se bifurque pour venir s'attacher au milieu de sa longueur; il se divise chez les *Epicrium* en trois régions, dont la moyenne est renflée et la troisième allongée en un grêle cylindre. L'exsertion se fait de telle façon que trois papilles contenues dans la région moyenne forment alors l'extrémité du cloaque et lui donnent la rigidité nécessaire. Le cloaque des femelles n'est pas exsertile (1).

Au moment du rut, les Tritons mâles changent d'aspect : leurs couleurs s'avivent; une crête dentelée s'étend le long de la ligne médiane de leur dos et de leur queue; mais ils ne s'accouplent pas et se bornent à faire, dans l'eau, à leurs femelles une cour de longue durée, entremêlée de caresses.

Les *Spelerpes* étreignent les femelles à terre et pondent dans des cavernes humides sans aller à l'eau. Les *Salamandra*, *Chioglossa*, *Salamandrina* commencent à terre leur union; mais l'émission du spermatophore n'a lieu que dans l'eau. Chez d'autres, le rapprochement des deux sexes est de longue durée, et se produit dans l'eau. Le mâle du *Pleurodeles Waltlii* saisit la femelle sous les aisselles à l'aide de ses membres antérieurs très développés; les *Euproctus asper*, *montanus*, *Rusconii* saisissent au contraire la femelle dans la région lombaire à l'aide de leurs membres postérieurs très développés, et l'enlacent à l'aide de leur queue qui est préhensile; les bords de leur cloaque sont saillants et prolongés en cône. Dans tous les cas, les spermatophores sont déposés dans l'eau, et c'est la femelle qui les introduit elle-même dans son cloaque.

Il semble que, chez les Tritons mâles, le développement des membres soit en rapport avec l'usage qu'en fait l'animal au moment de l'accouplement. Le cloaque d'un certain nombre d'espèces contient une papille saillante qui pourrait contribuer à maintenir en contact les orifices cloacaux pendant l'accouplement (*Salamandra*, *Triton alpestris*).

Les phénomènes de la fécondation présentent, chez les Salamandres terrestres, un caractère particulier. Les jeunes Salamandres vierges s'accouplent en juillet, suivant la forme indiquée ci-dessus. Les œufs ne sont cependant mûrs qu'en automne, et les jeunes, après leur éclosion, demeurent dans l'utérus de la femelle jusqu'au mois de mai suivant. A cette époque, la femelle s'enfonce à mi-corps dans l'eau et donne naissance à 2 à 5 petits. Si la femelle s'est déjà reproduite, le sperme reçu en juillet demeure dans le réceptacle du cloaque jusqu'au mois de mai ou de juin suivant, alors que l'utérus contient encore des larves issus des œufs fécondés l'année précédente; les spermatozoïdes montent alors dans l'oviducte et fécondent les œufs de la saison. Ces œufs descendent ensuite dans l'utérus et s'y développent pendant qu'à la suite d'un nouvel accouplement le réceptacle séminal s'est de nouveau rempli de sperme.

Il y a presque toujours, chez les Anoures, une étreinte prolongée des femelles par les mâles, qui grimpent sur leur dos et les tiennent étroitement

(1) R. Wiedersheim. *Die Anatomie der Gymnophionen*, Iéna, 1879.

serrées à l'aide de leurs membres antérieurs, soit sous les aisselles, soit dans la région lombaire. L'étreinte des mâles paraît nécessaire à l'expulsion des œufs d'une seule traite, mais celle-ci peut ne se produire que plusieurs heures ou même plusieurs jours après le commencement du rapprochement; lorsqu'elle se produit, le mâle déverse sur eux le contenu de sa vésicule séminale. Les femelles de certaines espèces déposent cependant leurs œufs sans le secours du mâle; mais la ponte est alors fractionnée et se produit à des intervalles de temps irréguliers (1).

Le nombre des œufs pondus est, en général, en raison inverse de leur volume. Il ne dépasse pas quelques douzaines chez les Vermiformes et les Urodèles, sauf chez les *Amblystoma*, où il s'élève à un millier. Ce nombre est également restreint chez les Anoures qui prennent soin de leurs œufs (*Pipa*, *Hylodes*, *Rhacophorus*, *Alytes*, *Rhinoderma*); il est beaucoup plus considérable chez les autres Anoures et difficile à calculer, parce que certaines espèces pondent à plusieurs reprises dans l'année (Discoglossidæ); on peut compter cependant que les Rainettes (*Hyla arborea*) pondent un millier d'œufs; la Grenouille rousse (*R. temporaria*) plus de 3.000; le Crapaud commun (*B. vulgaris*) environ 5.000; le Crapaud vert (*B. viridis*), la Grenouille verte (*R. esculenta*), plus de 10.000 et le *B. lentiginosus* jusqu'à 28.000 (Morgan). Ces œufs sont, en général, enveloppés dans une substance gélatineuse qui peut les relier entre eux en chapelet (*Amphiuma*, Bufonidæ, etc.) ou les maintenir unis en une masse irrégulière (Ranidæ), dans laquelle les jeunes séjournent et se nourrissent, un certain temps après leur éclosion. Beaucoup d'Urodèles et quelques Anoures attachent isolément leurs œufs aux plantes aquatiques. Le grand *Megalobatrachus* du Japon pond les siens en longs chapelets dans lesquels ils sont espacés et qu'il protège de son corps (2).

Parmi les Vermiformes et les Urodèles, quelques espèces sont vivipares, leurs œufs éclosant dans l'oviducte. Ce sont, parmi les Vermiformes, les *Typhlonectes compressicauda* et *Dermophis thomensis*; parmi les Urodèles, les *Salamandra atra* et *Spelerpes fuscus*. La *Salamandra maculosa* fait transition aux espèces ovipares, les jeunes éclosant au moment même de la ponte.

Les Vermiformes ovipares (*Ichthyophis* (fig. 1855), *Hypogeophis* et quelques Urodèles (*Amphiuma*, *Desmognathus*, *Autodax*) creusent le sol pour y pondre et s'enroulent autour de leurs œufs. Il est remarquable que cette habitude se manifeste chez des Batraciens qui comptent parmi les plus anciens, comme elle se manifeste chez des formes très anciennes de Poissons.

Le plus souvent, les œufs sont pondus sans que l'animal s'en occupe; ils peuvent tomber au fond de l'eau (*Discoglossus*, *Bombinator*, *Pelobates*, etc.) ou flotter à sa surface (*Hyla cœrulea*, *Paludicola fusco-macu-*

(1) Hans Gadow. *Amphibia and Reptilia*, 1901.

(2) Prof. Ishikawa. Beiträge zur Kenntniss des riesen Salamanders. *Proceedings of the Departement of natural history Tokio imperial Museum*, vol. 1, nº 2, 1904. — Kerbert. Zur Fortpflanzung von *Megalobatrachus maximus*, *Zoolog. Anzeiger*, t. XXVII, 1904.

lata, etc.); ils sont tantôt en masses, enfermés dans de la gélatine ou disposés en chapelets, qui sont alors assez souvent enroulés autour des plantes aquatiques. D'autres fois, les œufs sont pondus dans l'eau (*Bufo. Hyla versicolor*) et attachés isolément aux plantes aquatiques (*Spelerpes bilineatus*, *Salamandra perspicillata*); le *Triton viridescens* rapproche même

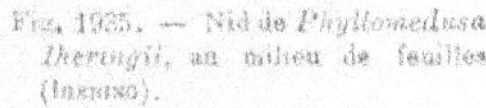

Fig. 1935. — Nid de *Phyllomedusa Iheringii*, au milieu de feuilles (Ihering).

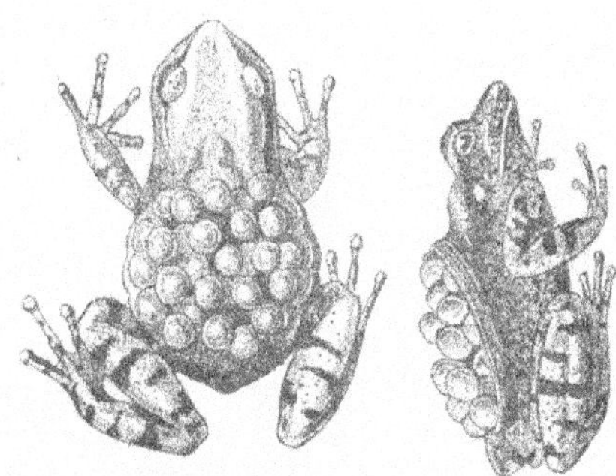

Fig. 1936. — *Hyla Goeldii*, vue par la face dorsale et de profil, montrant la corbeille dorsale avec les œufs (Boulenger).

autour de chacun de ses œufs les menus rameaux des plantes aquatiques pour leur constituer un nid. D'autres espèces préparent des trous ou font de petites constructions circulaires avec de la vase pour y pondre, auquel cas la femelle veille prudemment sur eux (*Cryptobranchus alleghaniensis*, *Desmognathus fuscus*, *Autodax lugubris*, *Hyla faber*); la *Salamandrina*

Fig. 1937. — *Nototrema marsupiatum* ; la poche incubatrice dorsale est pleine d'œufs : elle s'ouvre en arrière, entre la base des pattes postérieures.

Schrankii enferme les siens dans une sorte de sac allongé qu'elle suspend aux feuilles des plantes aquatiques.

Mais chez les Anoures, comme chez les Vermiformes et les Urodèles, des habitudes de plus en plus terrestres tendent à se développer, si bien que certaines espèces arrivent à se passer des eaux, même pour se reproduire.

Les *Rhacophorus Schlegeli* et *maculatus*, les *Pseudophryne*, l'*Hyla nebulosa* pondent leurs œufs dans les sols marécageux, sous les feuilles sèches dont les couches maintiennent dans le sol une certaine humidité; la *Rana opisthodon*, l'*Agalychnis Sparelli*, l'*Hylodes martinicensis* attachent leurs œufs aux feuilles des arbres sur lesquels elles vivent; les *Chiromantis rufescens*, *Phyllomedusa hypochrondriatis* et *Jheringi* (fig. 1935) choisissent de préférence les feuilles des arbrisseaux dont les branches s'étendent au-dessus de l'eau, de façon que les jeunes tombent entraînés par les pluies. Elles replient même en cornet autour de leur ponte les bords de la feuille qui l'a reçue, et le mâle aide la femelle dans ce travail. Les *Leptodactylus ocellatus*, *mystacinus*, *albilabris*, *typhonius* creusent des trous au bord des étangs pour y pondre; les *Pseudophryne* se contentent de pondre sous les pierres.

Fig. 1938. — *Arthroleptis seychellensis*, portant ses têtards attachés sur son dos par leur face ventrale (Brauer).

Fig. 1939. — *Alytes obstetricans* mâle, portant les œufs enroulés autour de ses pattes postérieures.

Quelques espèces portent leurs petits, soit sur le dos, soit dans des cavités du corps appropriées à cet usage. L'*Hyla Gœldii* femelle les porte à découvert sur son dos (fig. 1936); le *Rhacophorus articulatus* sous son ventre; les *Nototrema* doivent leur nom générique à ce qu'ils ont sur le dos une poche spécialement destinée à abriter leurs œufs jusqu'à l'éclosion des jeunes (fig. 1937 et 1971 B); c'est le sac vocal des mâles démesurément développé qui remplit cet office chez les *Rhinoderma*. Chez le *Pipa americana*, les œufs sont portés également sur le dos de la femelle, mais le tégument se soulève autour de chacun d'eux, de manière à former une sorte d'alvéole qui contient l'œuf.

Ce sont les têtards que l'*Arthroleptis seychellensis* porte sur son dos (fig. 1938). C'est enfin le mâle qui prend soin des œufs chez l'*Alytes obstetricans;* ils sont disposés en un long cordon, que l'animal enroule autour de ses pattes postérieures (fig. 1939).

La façon dont les œufs sont logés au moment de la ponte est éminemment variable suivant les espèces; les diverses espèces d'*Hyla* notamment présentent à cet égard les plus grandes différences; les œufs mêmes peuvent d'une espèce à l'autre différer notablement, quant à leur grosseur et à la quantité de matériaux nutritifs qu'ils contiennent. Lorsque ces matériaux sont abondants, le jeune Batracien peut trouver dans l'œuf toutes les phases de sa métamorphose. C'est la règle chez les VERMIFORMES ; chez les ANOURES, même lorsque les œufs sont pondus hors de l'eau, les jeunes têtards peuvent éclore ; ils demeurent alors, en général, dans la substance spumeuse qui enveloppe les œufs, et celle-ci se ramollit à ce moment jusqu'à ce qu'ils aient accompli leur métamorphose. Au contraire, les jeunes des *Pipa*, *Hyla nebulosa* et *Gœldii*, *Hylella platycephala*, *Nototrema*, *Rana opisthodon* revêtent bien la forme classique de têtards dans l'œuf ; mais quand ils éclosent, ils ont perdu leurs branchies, acquis leurs pattes, et il ne leur reste plus, pour avoir accompli leur métamorphose, qu'à résorber un petit bout de leur queue.

Il peut même arriver que les choses s'accélèrent au point que les branchies externes et les fentes branchiales elles-mêmes cessent de se développer (*Hylodes martinicensis*, fig. 1971). Ainsi se prépare le mode d'évolution qui sera constant chez les Vertébrés supérieurs ; mais il ne présente ici qu'un caractère accidentel ; on trouve dans le même genre (*Hyla*), des espèces qui pondent dans l'eau, d'autres à terre, des espèces qui ne revêtent que lentement leur forme définitive, d'autres qui la réalisent avant d'éclore.

De plus, même dans les cas de la plus forte tachygénèse, l'embryon n'acquiert jamais d'enveloppe amniotique ; et si les branchies externes sont parfois supprimées au cours du développement, il arrive, au contraire, qu'elles acquièrent, comme nous l'avons dit, chez les Vermiformes, un énorme développement dans l'œuf, assurant ainsi elles-mêmes la respiration aérienne chez l'embryon (fig. 1956). Le plus souvent, d'ailleurs, les œufs pondus hors de l'eau sont enveloppés, on l'a vu plus haut, dans une gelée qui se liquéfie et dans laquelle les têtards, maintenus à l'abri de la sécheresse, attendent que les pluies les entraînent dans les eaux voisines.

De même que certains Vermiformes, le *Spelerpes fuscus* et la *Salamandra atra*, qui sont essentiellement terrestres, sont vivipares.

Néoténie. — Si la métamorphose peut être accélérée, chez les formes terrestres, au point qu'elle s'accomplit entièrement avant la naissance, elle peut, au contraire, chez les formes aquatiques, être indéfiniment retardée, ou même supprimée, et nous avons indiqué déjà (p. 2729) l'importance de ce phénomène chez les Batraciens. On peut, en les maintenant dans l'eau, retarder d'un an la métamorphose des têtards de *Pelobates fuscus*, *Bombinator pachypus*, *Pelodites punctatus*, *Alytes obstetricans*, *Hyla arborea*, *Rana esculenta*, *R. temporaria*, *Bufo vulgaris*, *B. viridis* ; mais ces têtards meurent sans se reproduire, si on s'oppose plus longtemps à leur métamorphose. Au contraire, un certain nombre d'Urodèles peuvent conserver leurs branchies jusqu'à l'état adulte et se reproduire sans les perdre ; on dit alors qu'il y a *néoténie* (νέος, jeune ; τείνειν, étendre : jeunesse prolongée). Tels sont les *Triton vulgaris*, *alpestris*, *cristatus*, *Boscæ* et le *Pleurodeles Waltlii* ; on arrive ainsi au cas de l'Axolotl, qui s'est réadapté à la vie aquatique et a conservé ses caractères infantiles, si bien qu'il faut l'habituer graduellement à respirer à l'air libre pour lui faire recouvrer sa forme primitive d'*Amblystoma punctatum*, alors que les Amblystomes ordinaires accomplissent en quelques semaines leur métamorphose. Les *Necturus* seraient de même une forme néoténique des *Batrachoseps*. Nous avons vu, à l'endroit indiqué plus haut, comment ce fait posait la question de l'origine des Pérennibranches. La différence que l'on observe entre les Anoures et les Urodèles au point de vue de la néoténie s'explique par le fait qu'un têtard d'Anoure n'est nullement comparable à une larve d'Urodèle. La forme adulte y est déjà à demi-réalisée à la naissance, comme l'indiquent les proportions relatives de la tête, du corps et de la queue chez les Urodèles d'une part, les Anoures de l'autre.

Parthénogénèse. — Les œufs des Batraciens comptent parmi ceux qu'on a conduits à se développer sans le secours d'aucun élément mâle. Les œufs de la Grenouille verte (*Rana esculenta*) sont ceux qui se prêtent le mieux aux expériences. Le procédé qui a donné à Bataillon (1) les meilleurs résultats consiste à débarrasser tout d'abord l'œuf de sa gangue, en le faisant macérer pendant 3 ou 4 heures dans une solution à 8,8 p. 100 de cyanure de potassium. On le lave ensuite pendant au moins une heure dans une solution à 7 p. 100 de sel marin; puis on le met en contact avec une substance organique, telle que de la pulpe fraîche de rate ou des globules blancs de sang, et on le pique avec une aiguille; l'œuf entre dès lors en évolution et arrive à produire un têtard parfaitement conformé; le noyau des leucocytes pourrait être ici le facteur déterminant de l'évolution (2). L'action de la chaleur, de certaines solutions salines hypertoniques, peut aussi provoquer un commencement de développement, mais qui n'aboutit pas.

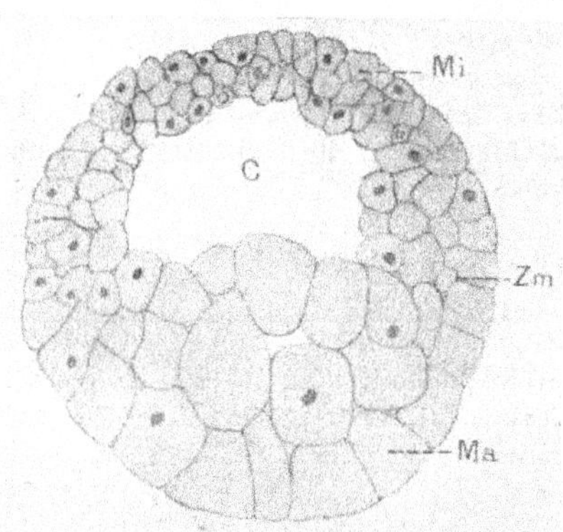

Fig. 1940. — Polyblastula d'Axolotl (coupe verticale) : *C*, cavité de segmentation ; *Mi*, micromères formant la calotte cinétique ; *Ma*, macromères formant la calotte trophique ; *Zm*, zone marginale ou blastopore virtuel (Brachet).

Développement (3). — Nous avons donné (p. 254) la description de la

(1) Bataillon, *C. R. Ac. Sc.*, t. CLVI, 1913; — *Ann. Inst. Pasteur*, t. XXX, 1916.

(2) De nombreux observateurs, en tête desquels il faut placer Jacques Lœb et Yves Delage, ont réalisé par des procédés très variés la parthénogénèse expérimentale, chez des espèces appartenant à des groupes nombreux du règne animal : des Insectes (*Bombyx mori*); des Annélides (*Chætopterus*, *Amphitrite*, *Nereis*, *Podarke*, *Polynoe*, *Ophelia*, *Thalassema*); des Échinodermes (*Strongylocentrotus*, *Sphærechinus*, *Arbacia*, *Asterias*, *Astropecten*, *Asterina*); des Mollusques Lamellibranches (*Mactra*, *Lottia*); des Tuniciers (*Phallusia*); des Poissons (*Petromyzon Planeri*); des Batraciens (*Rana*, *Pelodytes*, *Bufo*). De nombreuses théories ont été proposées pour expliquer ce phénomène. Voir Yves Delage et M. Golsmith, *La parthénogénèse naturelle et expérimentale*, 1913.

(3) La plupart des figures de ce chapitre ont été empruntées à Brachet, *Traité d'Embryologie des Vertébrés*, Paris, Masson, 1921; mais les légendes en ont été modifiées pour les mettre en harmonie avec l'interprétation d'Edm. Perrier (Note de l'éditeur).

segmentation de l'œuf de Grenouille comme type de la segmentation complète, géométrique et inégale, qui se retrouve, à quelques détails près, chez les Poissons Marsipobranches et les Ganoïdes (p. 2.566). La segmentation aboutit, en général, chez les Urodèles, à la formation d'une sphère creusée d'une cavité très excentrique : sa voûte, relativement mince, est formée d'une (*Megalobatrachus*), deux (*Triton*), ou plusieurs (*Siredon* [fig. 1940, *Mi*], Anoures) assises de petites cellules claires, irrégulières, superposées; elle correspond à la face dorsale du futur embryon, son plancher est au contraire un hémisphère solide formé par de grosses cellules, relativement opaques et granuleuses (*Ma*). On a comparé cette forme embryonnaire à une

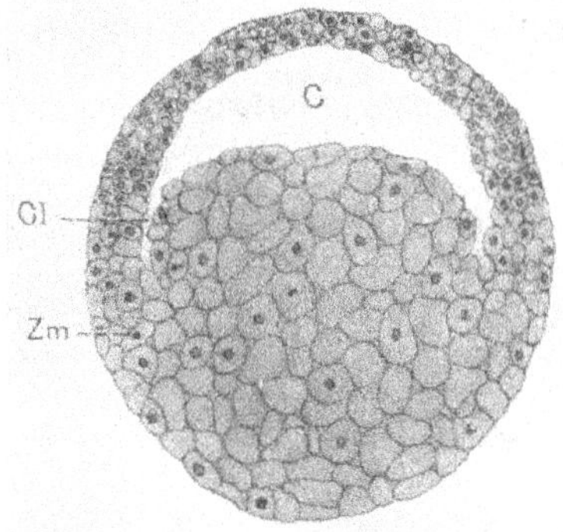

Fig. 1941. — Embryon d'Axolotl : Accroissement de la calotte cinétique par *clivage* des cellules trophiques, en *Cl*; les autres lettres comme dans la figure précédente (Brachet).

blastula et il existe même chez les Éponges des blastula présentant une répartition analogue des éléments de réserve (*amphiblastula*, p. 568) ; cette comparaison ne saurait être retenue : elle a conduit à une conception générale de l'embryogénèse des Vertébrés qui n'a fait que l'obscurcir. Une *blastula typique* est un ellipsoïde creux, dont la paroi est composée de cellules ciliées, semblables entre elles, et de forme cylindrique; l'embryon ainsi constitué nage en portant en avant une de ses extrémités, toujours la même; l'ellipsoïde qui le constitue a donc une calotte *antérieure* et une calotte *postérieure*. La calotte antérieure est celle qui détermine le mouvement par les battements de ses cils, ceux de la calotte postérieure sont nécessairement moins actifs, sans quoi ils arrêteraient le mouvement; il en résulte que la région antérieure de la blastula est une région de consommation, et que la réserve emmagasinée dans la calotte postérieure se transporte d'arrière en avant à travers la cavité de l'ellipsoïde. Ce mouvement ne peut se produire sans qu'il y ait entraînement des éléments constituant la calotte postérieure vers la calotte antérieure qu'elle tend à venir doubler. C'est l'explication probable de la transformation de la *blastula* en *gastrula*, et l'on comprend que, dans ces conditions, le blastopore chez les gastrula mobiles soit toujours postérieur, si bien qu'il devient habituellement l'anus, tandis qu'il devient, au contraire, la bouche, chez les gastrula qui se fixent par leur pôle antérieur, celles des Coralliaires, par exemple (p. 140).

On peut, d'après cela, appeler la calotte antérieure des blastula *calotte cinétique*, ou *kinosphère*, et la calotte postérieure, *calotte trophique*, ou *trophosphère*. Les cellules de la calotte trophique se spécialisant, par hérédité, dans l'accumulation des réserves nutritives, prennent un volume de plus en plus grand, si bien que l'invagination de la trophosphère dans la kinosphère devient matériellement impossible; il n'y a plus alors de blastopore proprement dit, et ce qu'on nomme ainsi, peut se comporter très différemment (p. 2058). Mais, là encore, il peut être question de *gastrula*.

Il n'en est plus ainsi dans le cas des Poissons Marsipobranches, des Ganoïdes et des Batraciens. La forme embryonnaire à laquelle aboutit la segmentation a de beaucoup dépassé le stade *blastula*, puisque la voûte même de la cavité de segmentation est composée de plusieurs couches de cellules superposées; il ne saurait être ici question d'un blastopore, la formation de cet orifice étant justement la conséquence de l'invagination qui vient doubler la calotte cinétique. La recherche du blastopore, de son mode de formation et de son mode d'évolution est donc vaine et ne peut conduire qu'à des assimilations inexactes. Toutefois, comme dans les cas simples, l'embryon présente ici une *calotte cinétique* et une *calotte trophique*; la première n'est plus caractérisée par l'aptitude au mouvement, mais par l'activité avec laquelle ses cellules se divisent. Cette multiplication rapide suppose une nutrition intense, qu'accuse d'ailleurs la formation de pigment dans les régions où se produit cette multiplication. Il en résulte un transfert abondant de substances de réserve de la calotte trophique aux éléments de la calotte cinétique; mais ce transfert, au lieu de provoquer l'invagination impossible de la masse trophique dans la calotte cinétique, a pour résultat de la désagréger, et même parfois de l'effeuiller cellule à cellule (*Siredon*). Dans le but de ramener les phénomènes de développement des Vertébrés supérieurs au type simple que présentent l'*Amphioxus* et les Vers Annelés, on a voulu voir là un phénomène de gastrulation, mais nous l'avons vu, le stade gastrula est déjà dépassé avant cet effeuillement.

Comme les bords du blastopore, au sens primitif du mot, correspondent à la zone marginale, c'est-à-dire à la ligne de séparation de la calotte cinétique et de la calotte trophique des *blastula*, on peut accepter, pour cette ligne de séparation chez les embryons de Poissons et de Batraciens (qu'on pourrait désigner sous le nom de *polyblastula*), la dénomination de *blastopore virtuel* (fig. 1940). Mais ce blastopore virtuel n'a rien à faire avec ce qu'on est convenu d'appeler le *blastopore réel*, qui lui-même, par malheur, n'est assimilable en rien aux blastopores des gastrula simples.

Le long du blastopore virtuel, la calotte cinétique s'accroît par la transformation graduelle en cellules cinétiques, des grosses cellules trophiques

(1) A. Brachet. Recherches sur l'ontogénèse des Amphibiens, *Archives de Biologie*, t. XIX, 1903.

avec lesquelles les cellules cinétiques déjà formées, sont en contact.

La calotte cinétique gagne ainsi en étendue par suite de la multiplication de ses propres cellules et de l'addition sur tout son pourtour des cellules graduellement modifiées de la calotte trophique (fig. 1942). En même temps, la surface de celle-ci formant le plancher de la cavité de segmentation cesse d'être concave ou plane pour devenir de plus en plus convexe (*Amblystoma*). En outre, sur tout son pourtour, une gouttière circulaire de plus en plus profonde la sépare du dôme formé par la calotte cinétique; de la sorte, la calotte trophique semble pénétrer dans la calotte cinétique; mais ce n'est là qu'une des formes que peuvent présenter les relations de ces deux calottes (1).

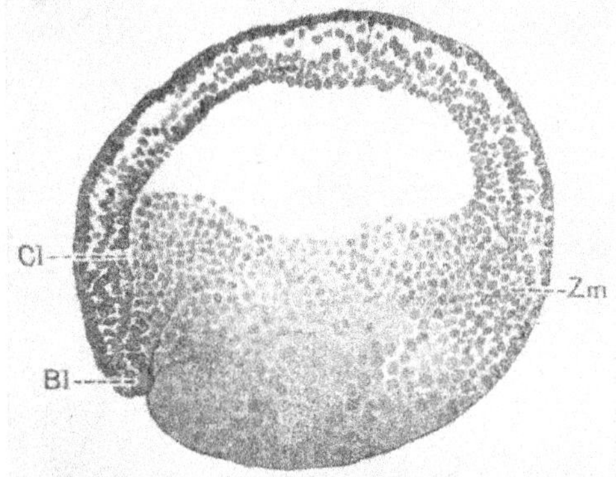

Fig. 1942. — Embryon de Grenouille au stade de prétendue gastrulation : — *Zm*, *Cl*, comme précédemment. *Bl*, lèvre terminale, extrémité postérieure du futur embryon ; au-dessous, la fente postérieure (blastopore des auteurs) (BRACHET).

Les cellules trophiques peuvent remonter le long de la paroi interne de la cavité de segmentation (*Triton*) et la tapisser entièrement avant toute autre modification (*Megalobatrachus*, *Bufo*, *Rana*, *Alytes*, *Pelobates*, *Bombinator*, *Rhacophorus*, etc.). On a assimilé ces processus à l'invagination de l'hémisphère trophique dans l'hémisphère cinétique lors de la transformation de la *blastula* primitive en *gastrula*. Pour Brachet, l'apparition de la gouttière qui se creuse entre la calotte cinétique et la calotte trophique serait, chez l'Amblystome, l'effet d'un *clivage gastruléen*, consistant dans une orientation spéciale des cellules en voie de modification de la trophosphère, orientation qui les éloigne, en les pressant les unes contre les autres, de celles de la calotte cinétique (fig. 1941 et 1942, en *Cl*).

Quand celle-ci a dépassé l'équateur de l'œuf, une légère saillie apparaît en un point de son pourtour, et au-dessous d'elle, une fente transversale à bords légèrement pigmentés (fig. 1942, *Bl*). Cette saillie marque l'extrémité postérieure du futur embryon, correspondant au segment terminal ou *telson*

(1) Dr Daniel DE LANGE junior, d'Amsterdam. Die Keimblattung Bildung des *Megalobatrachus maximus*. *Anatomische Hefte*, I Abteilung, 98 Heft. 1907.

de la trochosphère des Vers annelés. Comme elle forme le bord ou lèvre supérieure de la fente, nous lui donnerons le nom de *lèvre terminale*. La fente qui est située au-dessous d'elle a été considérée comme la première indication du blastopore et la lèvre terminale est dès lors ordinairement désignée sous le nom de *lèvre dorsale du blastopore*; mais ces interprétations demeurent douteuses et pour ne rien préjuger à son sujet, nous appellerons simplement *fente postérieure*, le prétendu blastopore. A ce moment, comme cela se produit pour les autres animaux à corps segmenté, les deux extrémités du corps sont déjà indiquées; la partie de l'embryon qui est en

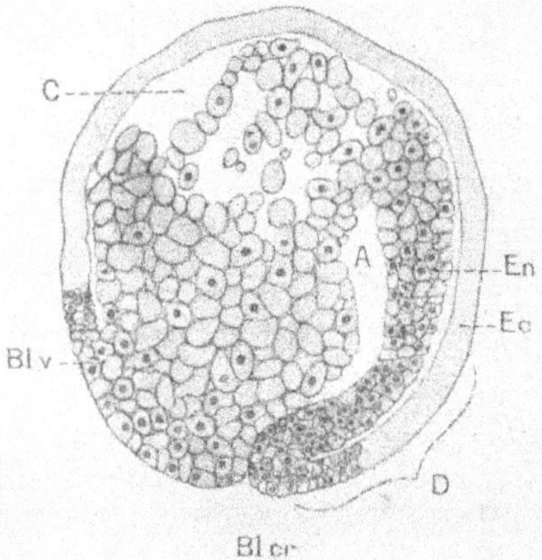

Fig. 1943. — Formation, chez l'Axolotl, de la voûte archentérique *D* avec ses deux feuillets, *Ec*, *En* : — *A*, cavité sous-jacente à la voûte archentérique ; *C*, cavité de segmentation ; *Blv*, bord antérieur du blastopore virtuel, qui se rapproche peu à peu de la fente postérieure ; *Blcr*, le cercle que forme ce blastopore diminuant peu à peu, jusqu'à ne plus former que le *cercle de Ecker* (voir fig. 1945 B et C) (Brachet).

train de s'organiser correspond au nauplius des Crustacés, à la trochosphère des Vers Annelés, c'est-à-dire qu'elle est constituée par la région céphalique et le telson; les premiers phénomènes de la différenciation porteront principalement sur la région céphalique. Aussi peut-on dire (1), que chez les Vertébrés, ainsi que cela a lieu chez les autres animaux segmentés, la tête se forme la première et Hubrecht a eu raison de distinguer cette première phase du développement sous le nom de *céphalogénèse* (2); les divers somites se forment ensuite successivement, s'ajoutant un à un à l'ensemble déjà formé, exactement comme les anneaux d'un Ver, le plus jeune des anneaux étant toujours au contact du telson.

Au niveau de l'extrémité postérieure du corps des embryons des Vers annelés et de l'*Amphioxus* (fig. 1157, p. 2157), il existe deux grandes cellules, desquelles partent deux bandes mésodermiques symétriques; le méso-

(1) Voir E. Perrier. *Les colonies animales*, 1882, p. 691.

(2) W. Hubrecht. *Die Säugetierontogenese in ihrer Bedeutung fur die Phylogenie der Wirbeltiere*, Iena 1909.

derme des Batraciens est de même en continuité avec la lèvre terminale, et, comme la face dorsale des Vertébrés correspond à la face ventrale des Invertébrés (1), il y a homologie complète entre ces formations mésodermiques. Les cellules qui constituent le mésoderme, se multiplient activement, probablement ainsi que les cellules de la masse trophique avec qui elles sont en contact, de sorte que la lèvre semble se replier en dedans (fig. 1944 et 1945 A, *M*); la formation du mésoderme peut donc être considérée comme se produisant d'une façon analogue dans les deux cas, avec cette différence cependant que l'exoderme et l'endoderme sont déjà constitués par plusieurs centres de cellules.

Au moment où apparaissent la lèvre terminale et la fente sous-jacente,

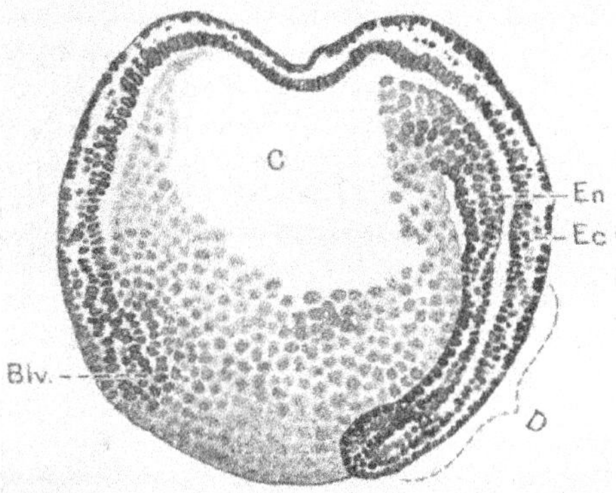

Fig. 1944. — Embryon de Grenouille au moment de la formation de la voûte archentérique; mêmes lettres que dans la figure précédente (Brachet).

des modifications importantes se produisent dans la masse trophique. Au voisinage de la lèvre terminale, les cellules se rapetissent, se divisent, se séparent de la masse sous-jacente et semblent prolonger la fente à l'intérieur, comme si la lèvre se repliait en dedans et s'allongeait en remontant, de manière à demeurer d'abord appliquée sur les autres cellules trophiques demeurées inaltérées (fig. 1943, *En*). Bientôt, une cavité (*A*) apparaît sous la lame ainsi repliée qui en forme la voûte, tandis que le plancher est constitué par les cellules trophiques non modifiées : la voûte [*voûte archentérique* de Brachet (*D*)], la cavité sous-jacente *A*, considérée souvent comme la *cavité archentérique*, constituent l'*invagination dorsale* (de Lange). Après que cette invagination s'est constituée, une nouvelle cavité se forme au sein de la masse trophique par écartement de ses cellules; c'est la véritable *cavité archentérique* (*Megalobatrachus*), dans laquelle la cavité de l'invagination dorsale ne tarde pas à s'ouvrir; mais il peut arriver que cette cavité se produise si près du fond de l'invagination dorsale et si irrégulièrement qu'elle en paraisse comme une simple extension (*Siredon*, fig. 1943). Quoi qu'il

(1) Voir p. 2.168.

en soit, la cavité archentérique s'agrandit et tantôt refoule peu à peu la cavité de segmentation, qui s'amoindrit et disparaît (*Triton*, *Rana* et probablement tous les Anoures), tantôt se confond avec elle par suite de la dissociation de la lame de cellules qui les sépare (*Siredon*, fig. 1943). Ces divers processus semblent pouvoir se rencontrer, suivant les circonstances, dans une même espèce.

La calotte cinétique gagne toujours sur la calotte trophique, entraîne avec elle, vers le bas, la lèvre terminale et la fente postérieure qui, finalement, se trouvent tout près du point qui formait le pôle inférieur lorsque la zone de séparation des deux calottes coïncidait avec l'équateur de la sphère (fig. 1945). La calotte cinétique gagne d'ailleurs en étendue, sur tout son pourtour, de sorte que la surface occupée par les cellules non modifiées se rétrécit de plus en plus. En même temps, la fente postérieure qui sépare des cellules trophiques les cellules qui font désormais partie de la calotte cinétique s'allonge latéralement et se courbe, de manière à se transformer finalement en une circonférence entourant le cercle des cellules trophiques non modifiées. Ce cercle constitue le *bouchon de Ecker* (fig. 1945 *B* et *C*).

L'espace limité par cette circonférence a été désigné très improprement sous le nom de blastopore. Comme, grâce à cet artifice de langage, le blastopore semble être une formation constante chez les embryons, dans tout le Règne animal, on a attaché une grande importance à la détermination de sa destinée ultérieure. Il devient en totalité l'anus chez divers Urodèles (1), se ferme en partie chez d'autres, ce qui en reste formant soit l'anus, soit le canal neurentérique (*Megalobatrachus*), soit encore l'un et l'autre (*Triton*). Il se ferme complètement, au moins pour un temps, chez les Anoures. Il n'a par conséquent rien d'essentiellement typique, comme ce serait le cas d'un véritable blastopore. Comme il correspond à l'extrémité postérieure du corps, on peut lui donner le nom de *notopore* (de Lange) ou mieux de *tergopore*, qui ne préjuge rien ni sur sa nature, ni sur sa destinée.

C'est sur le pourtour de ce tergopore que le mésoderme prend naissance, en correspondance avec ce qu'on voit chez les Invertébrés. Mais, du côté dorsal, son bord (prétendue lèvre dorsale du blastopore) est en continuité avec la voûte de l'archentéron (fig. 1945 *A*, à gauche de *B*), tandis que, sur tout le reste de son étendue, il est en contact direct avec les grosses cellules trophiques; il en résulte nécessairement une différence entre le mode de formation du mésoderme dans les diverses régions, et c'est ce qui a conduit à distinguer un *mésoderme gastral*, né par un dédoublement en *mésoblaste* et *hypoblaste* (fig. 1946 et 1947, *M* et *H*) des parties latérales de la voûte archentérique, qui demeure indivise tout le long de la ligne médiane dorsale (en *Ch*), et en *mésoderme péritonéal*, qui se relie directement sur le reste du pourtour du tergopore avec l'épiblaste. Dans toute cette région (fig. 1945, à droite de *B*), les cellules trophiques s'amoindrissent, se divisent, prennent un aspect qui rappelle de plus en plus celui des cellules épiblastiques, de telle sorte que les bords latéraux et ventral du tergopore semblent

(1) Sakujiro Ikida. Contributions to Embryology of Amphibia. *Journal of the College of Sciences Imperial University Tokyo*, Japan, vol. XVII, 1902.

se replier en dedans entre la masse des cellules trophiques et l'épiblaste, comme cela s'était produit pour la lèvre dorsale ; mais il ne s'agit pas d'un simple reploiement, les cellules modifiées et en voie de division de l'hypoblaste venant s'ajouter à celles qui pourraient provenir d'une multiplication des cellules épiblastiques qui forment le bord du tergopore. La portion du mésoderme ainsi formée se met d'ailleurs en continuité avec celle qui

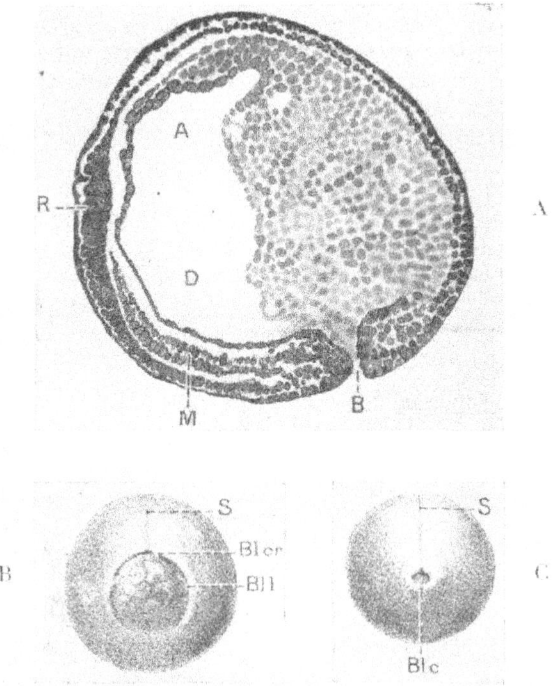

Fig. 1945. — *A*, embryon de Grenouille, à la fermeture du tergopore (blastopore réel des auteurs) *B* ; *A*, *D*, archentéron ; *M*, mésoblaste ; *R*, repli cérébral antérieur (voir fig. 1950) (BRACHET). — *B* et *C*, 2 stades de la fermeture du tergopore chez le *Crytobranchus* ; *Blcr*, *Bll*, *Blc*, les lèvres du tergopore ; *S*, sillon médian de la future gouttière nerveuse (BRACHET, d'après B.-G. SMITH).

résulte du dédoublement latéral de la voûte archentérique. En avant, celle-ci continue à se confondre avec l'hypoblaste, tandis qu'en arrière le mésoblaste s'isole de la masse trophique et forme deux bandes latérales, droite et gauche, se terminant en pointe vers le bas.

Le long de la ligne médiane dorsale, la voûte archentérique ne s'est pas dédoublée ; cette région non dédoublée est l'*endoderme cordal* de O. Hertwig, la *plaque cordale* de Brachet (fig. 1947, *Ch*). Cette plaque ne tarde pas à se creuser en une gouttière à cavité tournée vers celle de l'archentéron, ses bords se continuant avec ceux de la voûte archentérique (fig. 1946, *Ch*) ; la gouttière ainsi formée s'élève entre les deux bandes mésodermiques qu'elle sépare ; c'est la première indication de la *corde dorsale* ; ses bords ne tardent pas, en effet, à se rejoindre et elle forme alors un cordon plein qui s'isole complètement de la voûte archentérique (fig. 1946 à 1948, *Ch*). Cependant, dans la région correspondante, l'épiblaste s'épaissit et forme un cordon saillant intérieurement, première ébauche du système nerveux.

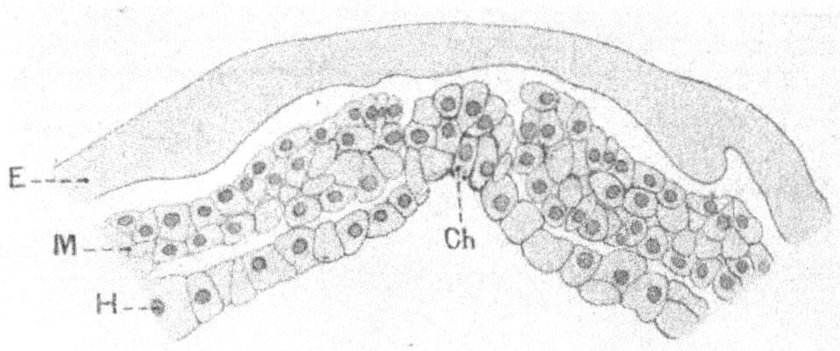

Fig. 1946. — Axolotl. Isolement de la corde (*Ch*) et du mésoblaste (*M*) : *E*, épiblaste ; *H*, hypoblaste.

La description précédente s'applique d'une façon particulière à l'Axolotl et aux Batraciens Urodèles, en général. Elle est applicable aussi, dans ses traits généraux, aux Anoures, mais l'œuf de Grenouilles est remarquable par la coloration foncée qu'il doit à l'abondance du pigment, que contient surtout sa région cinétique, après la formation de la *polyblastula*, il est principalement abondant dans une couche superficielle de cellules cubiques, qui s'étend sur l'hémisphère cinétique et à laquelle on donne souvent le nom de *feuillet corné* ou de *lame protectrice* (1).

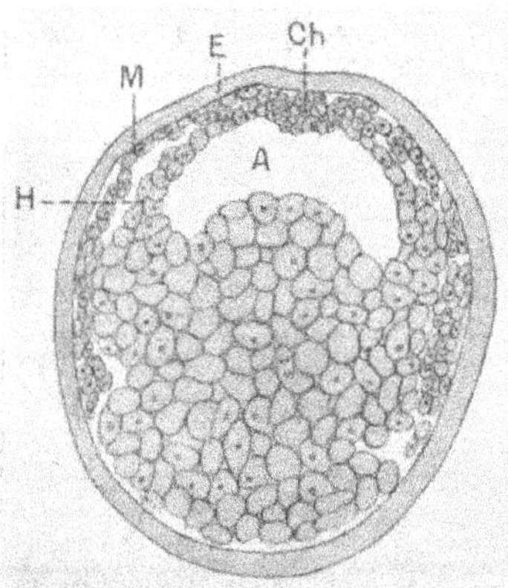

Fig. 1947. — Axolotl. Coupe transversale : *A*, archentéron ; *E*, *H*, *M*, épiblaste, hypoblaste, mésoblaste ; *Ch*, ébauche de la corde dorsale (BRACHET).

Le tergopore se ferme ici par le rapprochement graduel de ses lèvres latérales ; il prend d'abord la forme d'une fente allongée dans le sens dorso-ventral et dont les régions médianes se soudent de manière à limiter deux orifices, dont l'un dorsal est le canal neurentérique et dont l'autre se ferme, l'anus se formant plus tard à peu près à la même place.

La corde dorsale, qui, dès le début, apparaît, par tachygénèse, sous la forme de cordon plein, ne se sépare du mésoblaste et de l'hypoblaste qu'après que les deux feuillets se sont isolés latéralement. Elle ne dépasse pas en avant le bord postérieur du repli cérébral transverse. En même temps qu'elle

(1) La *Deckschicht* de Brachet.

s'isole d'arrière en avant, l'hypoblaste et le mésoblaste s'isolent eux-mêmes l'un de l'autre sur la ligne médiane. A ce moment, l'écusson médullaire et son sillon médian se caractérisent (fig. 1949) ; ce sillon résulte du cheminement et de la soudure des lèvres du tergopore. Celui-ci constitue le *canal neurentérique*. L'anus se forme au niveau de la lèvre ventrale du tergopore où il se constitue un vrai proctodæum, qui se perfore ensuite. Les lèvres latérales sont l'origine du bourgeon terminal qui constitue la partie postérieure du corps et la queue (1).

Pendant que ces phénomènes se déroulent, sous la membrane vitelline,

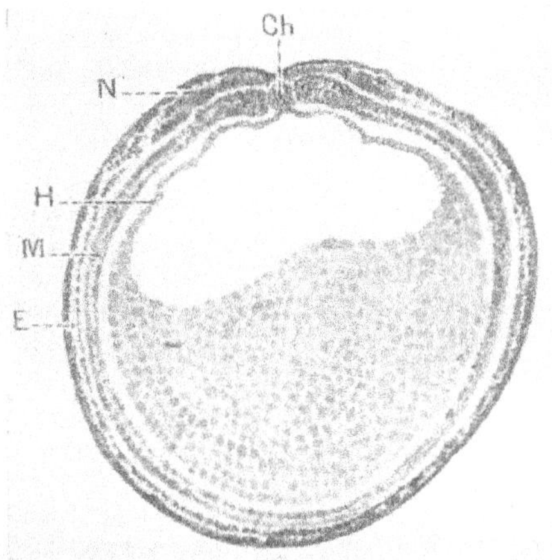

Fig. 1948. — Coupe transversale d'un embryon de Grenouille après la formation de la corde : *E*, *H*, *M*, épiblaste, hypoblaste, mésoblaste ; *Ch*, corde dorsale : au-dessus d'elle, le début de la formation de la gouttière médullaire et des lamelles neurales, *N* (Brachet).

l'œuf subit une lente rotation autour de son axe transverse horizontal, le point immobile marquant ce qui sera plus tard la face ventrale de l'embryon, et la lèvre dorsale du tergopore semble ramenée au point où elle a pris naissance. Cette rotation s'arrête vers le moment où se clôt le blastopore.

La région antérieure du corps de l'embryon se constitue aux dépens de l'hémisphère supérieur de l'œuf, la région postérieure aux dépens de l'hémisphère inférieur. Mais, à mesure qu'il se développe, son corps tend à s'individualiser par rapport à la masse vitelline. Les régions cervicale et céphalique font saillie en avant de cette masse et, en arrière de l'anus, la région caudale s'allonge de même de manière à dépasser de plus en plus le vitellus. Chez les Urodèles, le corps tend, en outre, à se courber en dessous, tandis qu'il se courbe en dessus chez les Anoures. La tête présente une flexion crânienne très accusée et, en arrière de l'œil, dans la région cervicale, apparaissent une

(1) Brachet. Recherches sur l'ontogénèse des Amphibiens. *Archives de Biologie*, t. XIX, 1903.

série d'arcs saillants : les arcs mandibulaire, hyoïdien et branchiaux. La bouche n'est pas encore constituée.

Après que l'épiblaste est arrivé à entourer l'œuf complètement, la région située au-dessous de l'archentéron s'épaissit le long de la ligne axiale dorsale et forme une plaque lyriforme (fig. 1949), dont les bords se soulèvent en deux replis longitudinaux. C'est la première indication du système nerveux et aussi de la délimitation extérieure de l'embryon. Les deux replis marchent l'un vers l'autre : ils finissent par se rejoindre et par se souder d'abord dans la région de jonction du cerveau avec la moelle ; la soudure gagne d'ailleurs rapidement vers l'arrière, de telle sorte qu'il se constitue très vite un tube nerveux aveugle en avant, mais qui demeure ouvert en arrière dans la région du tergopore encore ouvert. Ce tube n'est autre chose que l'ébauche de la moelle épinière, qui se forme ainsi un peu autrement que celle des Poissons Ganoïdes (p. 2571). Le tube neural une fois constitué, la région superficielle de l'épiblaste qui le constitue se scinde de manière que le futur épiderme se sépare de la couche nerveuse proprement dite (fig. 1950, en *ex*).

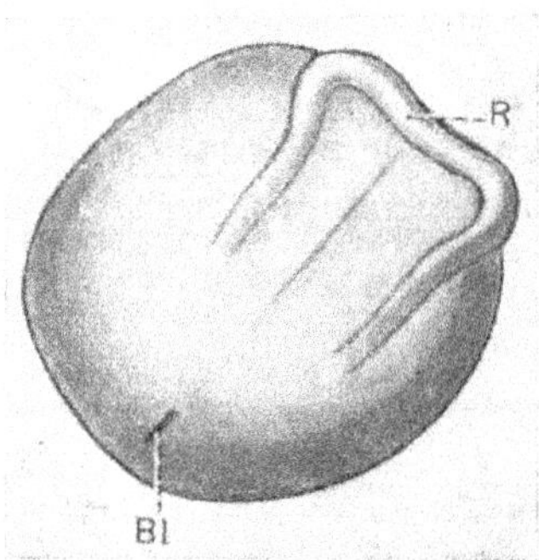

Fig. 1949. — Stade terminal de l'évolution du blastopore et de la voûte deutentérique chez la grenouille, d'après O. Hertwig : *Bl*, blastopore ; *R*, repli cérébral antérieur transvers.

L'épiblaste se couvre momentanément de cils vibratiles.

La plaque nerveuse se différencie plus tôt chez les Urodèles que chez les Anoures ; elle se caractérise déjà alors que l'épiblaste n'est formé que d'une seule rangée de cellules. Après la fermeture du canal neural, l'épiblaste latéral des Tritons se divise en deux lames, dont l'interne correspond à la lame nerveuse, qui existe d'emblée dans l'épiblaste de la Grenouille.

Le mésoblaste, après la disparition de la cavité de segmentation, est constitué par deux plaques latérales, séparées par l'ébauche de la corde dorsale (fig. 1947 et 1948, *M*).

Les plaques mésoblastiques, dont nous avons décrit le mode de formation, se scindent bientôt en deux lames cellulaires, séparées par une cavité, le *cœlome primitif*, qui communique avec celle de l'archentéron chez les Urodèles et rappelle ainsi l'origine entérocœlienne des ébauches mésodermiques. Les deux lames que sépare ce dernier sont : l'extérieure, la *somatopleure* et l'intérieure, la *splanchnopleure*. Les deux poches mésodermiques ainsi constituées évoluent comme il a été indiqué déjà pages 2159 et 2573 pour les Poissons. Van Vijhe (p. 2577) a appelé *épimère* (fig. 1950, *ep*) la portion dorsale des sacs mésodermiques, divisée en *somites* ou *métamérides* ; *mésomère* la portion rétrécie en gouttière (*mm*) ; *hypomère*, la partie inférieure, continue, des deux sacs, constituant les *plaques latérales* (*hypm*). Les cavités correspondant à ces régions sont de même dénommées *épi-*

cœlome, *mésocœlome* et *cœlome proprement dit* (*ec*, *mc*, *cœ*); ce dernier correspondant à la cavité des plaques latérales. La paroi externe de chaque somite est le *somatoderme*; sa paroi interne le *planchnoderme*; les parties correspondantes des plaques latérales sont la *somatopleure* et la *splanchnopleure* proprement dits (*som*, *spl*).

La région mésomérique est particulièrement importante. Chacune de ses lames peut être divisée en deux régions : des régions supérieures de chacune d'elles, naissent les cellules mésenchymateuses qui fournissent les tissus conjonctifs et le squelette; elles peuvent être désignées sous le nom de *sclérotome* (*sct*). La région inférieure de la lame externe donne naissance aux tubes néphridiens; c'est le *néphrotome* (*nt*); la région inférieure de la

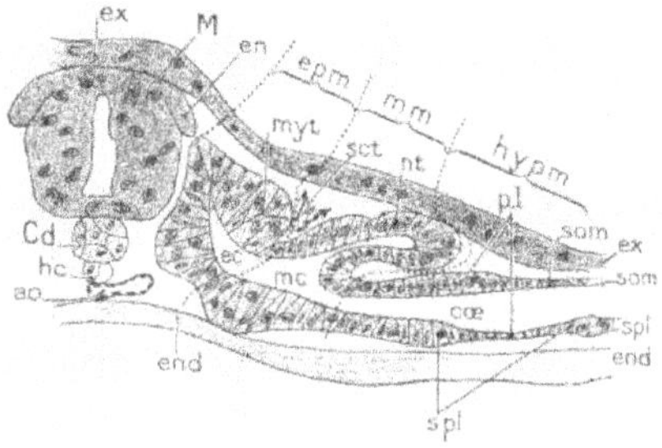

Fig. 1950. — Section transversale d'un embryon très jeune d'Amblystome (Axolotl), au milieu du 7e somite : — *ec*, exoderme; *M*, moelle épinière; *en*, crête nerveuse; *Cd*, corde dorsale; *hc*, hypocorde; *ao*, aorte; *end*, endoderme; *epm*, *mm*, *hypm*, épimère, mésomère et hypomère; *ec*, *mc*, *cœ*, épicœlome, mésocœlome et cœlome; *myt*, myotome; *sct*, sclérotome; *nt*, néphrotome; *pl*, plaques latérales; *so*, somatopleure; *sp*, splanchnopleure; (R.-W. HALL).

lame interne est le point de départ de l'ébauche génitale; elle est formée par les *cellules germinales*. Les épimères se séparent rapidement des plaques latérales par suite du rétrécissement du mésomère, qui aboutit à leur sectionnement, et ces épimères, devenus indépendants, constituent les *myotomes* (*myt*). Les myotomes, une fois séparés des plaques latérales, se développent en se prolongeant vers le bas, de manière à passer entre elles et le tégument et à les recouvrir; leur nombre augmente graduellement par suite de la différenciation de nouveaux myotomes en arrière de ceux qui sont déjà formés, de manière que le myotome le plus éloigné de la tête est toujours le plus jeune. La métamérie s'accuse ainsi de la façon la plus nette.

La *région céphalique* du corps est divisée en segments comme le tronc, mais ses segments apparaissent plus tardivement. Elle comprend la bouche, les organes des sens, le cerveau; elle est immédiatement suivie de la *région branchiale* ou respiratoire; mais il est difficile d'établir, entre ces deux régions, autre chose qu'une séparation conventionnelle.

Les considérations développées pages 2576 et 2588 relativement à la métaméridation de la tête et du cerveau des Sélaciens s'appliquent exactement aux Amphibiens. Le nombre des métamérides céphaliques (1) est de 10 dans

(1) FRÉDÉRIC HOUSSAY. Études d'embryologie chez les Vertébrés, *Archives de Zoologie expérimentale*, 2e série, t. VIII, 1890.

les deux cas. La métaméridation se manifeste déjà dans l'épiblaste avant la fermeture du canal neural. Immédiatement au-dessous du sommet des replis épiblastiques destinés à former le canal neural et le cerveau, sur la face interne de la région par laquelle ils se continuent avec l'épiblaste se détache une lamelle (fig. 1951, *cnd*) au-dessous de laquelle, toujours sur sa face interne (*cg*), l'épiblaste demeure saillant. La lamelle est la première ébauche des racines dorsales des nerfs médullaires; la saillie persistante au-dessous d'elle, celle d'un ganglion.

L'ébauche du nerf demeure attachée au fond du repli cérébro-médullaire

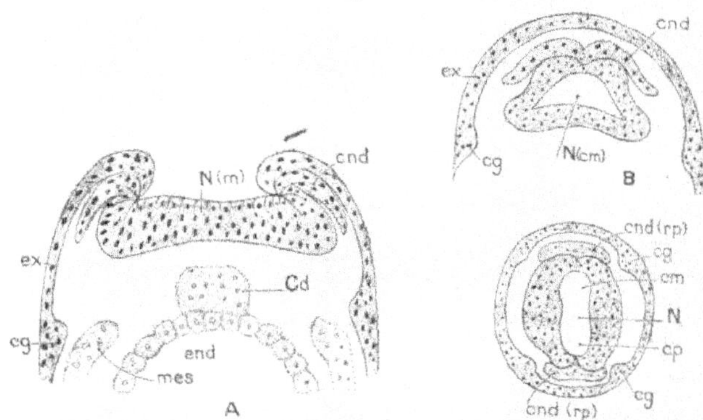

Fig. 1951. — Développement du système nerveux chez l'Axolotl. — *A*, coupe transversale d'un jeune embryon, dans la région de la moelle : la gouttière médullaire n'est pas fermée en canal. — *B*, coupe du même dans la région du cerveau moyen : la gouttière médullaire s'est fermée en canal. — *C*, coupe dans la région supérieure du même embryon : en raison de la flexion crânienne, on retrouve en avant et en arrière la portion dorsale du canal nerveux ; *ex*, exoderme ; *end*, endoderme ; *mes*, mésoderme ; *N*, gouttière et tube nerveux ; *m*, moelle ; *cm*, cerveau moyen ; *cp*, cerveau postérieur ; *cnd*, crête nerveuse dorsale donnant les racines dorsales des nerfs rachidiens (*rp*) ; *cg*, cordon ganglionnaire appelé à donner les ganglions spinaux ; *C*, corde dorsale (Houssay).

et le suit à mesure qu'il s'élève pour rejoindre son symétrique et se souder à lui. Dans la région médullaire, quand la soudure a eu lieu et que le tube neural s'est séparé de l'épiderme, les deux lames sont devenues contiguës à leur base et se sont allongées latéralement; elles constituent une sorte de crête dorsale double (B, *cnd*) et continue, qui demeure un certain temps au repos, et qui grandit entre la moelle et les plaques musculaires du tronc jusqu'au moment où le mésoderme de cette région se divise en myotomes. Quand ces derniers sont au nombre de huit, le tube médullaire présente un renflement au niveau de chacun d'eux, et il apparaît ainsi nettement métaméridé; chacun de ses segments constitue un *neurotome* (fig. 1952). Les deux bords de la crête dorsale se déchirent alors, de manière à former autant de languettes qu'il y a de myotomes.

Le même processus se retrouve dans la région céphalique avec quelques modifications de détail. Les deux replis neuraux sont ici beaucoup plus espacés que dans la région dorsale et ils croissent plus rapidement. Dans leur croissance rapide, ils entraînent avec eux la lame nerveuse détachée du neuro-épithélium qui leur correspond, tandis que la saillie dont elle s'est séparée demeure en place. Cette saillie s'étend, sur une certaine longueur, sous forme d'un bourrelet latéral, qui demeure continu et indivis jusqu'à ce que, les replis nerveux s'étant rejoints, le cerveau se sépare de l'épiderme sous forme d'une vésicule à peu près ellipsoïdale. De cette vésicule une constriction annulaire sépare d'abord une première vésicule, le *cerveau antérieur*;

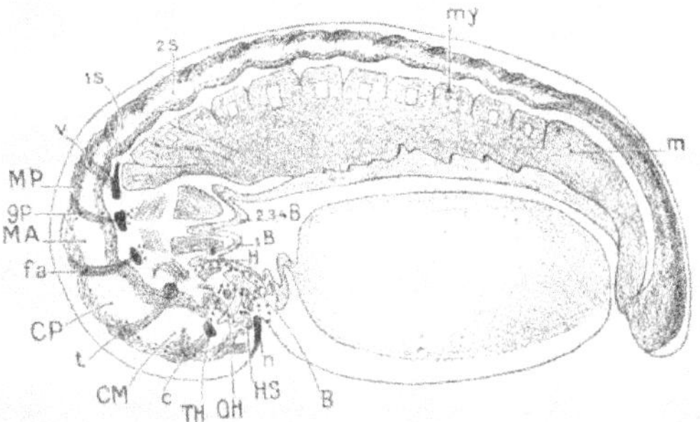

Fig. 1952. — Reconstitution d'un embryon un peu avancé d'Axolotl, montrant les rapports des différents éléments métamériques de la tête. — *B*, bouche; *H*, hyoïde; *1B*, 1er arc branchial; *2 3 4 B*, les 3 arcs suivants, indivis; *n*, région olfactive; *HS*, hémisphères; *OH*, évagination oculo-hypophysaire; *TH*, thalamencéphale; *CM*, cerveau moyen; *CP*, cerveau postérieur; *MA*, moelle allongée antérieure; *MP*, moelle allongée postérieure; *c*, nerf ciliaire; *t*, trijumeau; *fa*, facial-auditif; *gp*, glossopharyngien; *v*, vague; *1s*, *2s*, les deux premiers neurotomes spinaux; *my*, myotomes; *m*, masse musculaire indivise (Houssay).

la vésicule suivante se subdivise à son tour en deux autres, une *vésicule moyenne* et une *vésicule postérieure*. La vésicule antérieure se divise en deux, tandis que la vésicule moyenne demeure indivise; la troisième se divise en trois autres, dont l'antérieure et la postérieure se divisent aussi chacune en trois autres. Cela porte à dix le nombre total des vésicules cérébrales. Les

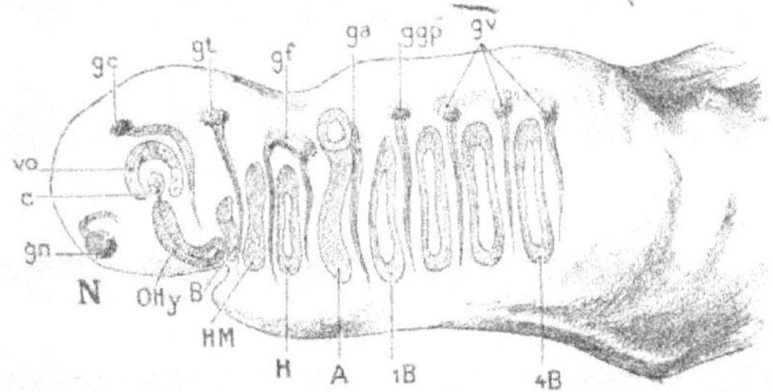

Fig. 1953. — Reconstitution de la tête d'un embryon d'Axolotl plus avancé que celui de la figure précédente. — Fentes branchiales : *N*, nasale; *OHy*, oculo-hypophysaire (*c*, cristallin; *vo*, vésicule optique); *B*, bouche; *Hm*, hyomandibulaire; *H*, hyoïde; *A*, auditif, *1B-4B*, 1re-4e fentes branchiales. — Nerfs et ganglions : *gn*, nasal; *gc*, ciliaire; *gt*, trijumeau; *gf*, les 2 faciaux; *ga*, auditif; *ggp*, glosso-pharyngien; *gv*, vague (Houssay).

deux premières constituent le cerveau antérieur; la 3e, le cerveau moyen; les sept autres, le cerveau postérieur.

A mesure que se forment ces vésicules, les lames nerveuses fixées au fond des replis neuro-épithéliaux se divisent en autant de nerfs, et les cordons latéraux précédemment indiqués en autant de ganglions qu'il y a de vésicules. De sorte que la métaméridation est ici parfaite. Au cerveau antérieur (protencéphale et thalamencéphale) correspondent les sections olfactive et ciliaire des cordons latéraux; au cerveau moyen, ou mésencéphale, le trijumeau; au cerveau postérieur les sections faciale, acoustique, glosso-pharyngienne et vague, cette dernière correspondant à 3 neurotomes.

Pendant que l'appareil cérébral se développe ainsi, des somites apparaissent dans le mésoderme, et les organes des sens, la bouche, les fentes branchiales se constituent. Les cordons latéraux subissent des modifications correspondantes et se divisent en autant de ganglions qu'il y a de vésicules cérébrales, de myotomes, de fentes branchiales ou d'organes sensoriels correspondants, de sorte que l'on peut établir le tableau suivant de ces correspondances (fig. 1952 et 1953) :

Neurotomes.	*Fentes branchiales.*	*Ganglions et nerfs*
—	—	—
Protencéphale	Nez.	Olfactif.
Thalamencéphale.	Cristallo-hypophysaire.	Ciliaire.
Mésencéphale.	Bouche.	Trijumeau.
Cerveau postérieur	Hyo-mandibulaire.	Facial 1.
— —	Hyoïde.	— 2.
—	Oreille.	Auditif.
Moelle allongée antérieure . .	1re fente branchiale.	Glossopharyngien.
— — postérieure . .	2e — —	Vague 1.
— — — . .	3e — —	— 2.
— — — . .	4e — —	— 3.

D'une manière générale (1), *chaque racine dorsale de nerf crânien ou spinal est attachée au système central* derrière *le neurotome de son segment; c'est plus tard seulement qu'elle vient s'insérer sur le neurotome du segment qu'elle innerve.*

La tête des Vertébrés supérieurs, chez qui les fentes branchiales disparaissent au cours de la période embryonnaire, comprend les dix segments que nous venons d'énumérer. Ces segments, qui peuvent être plus ou moins complets, se forment indépendamment des segments du tronc. Cette métaméridation indépendante des diverses régions du corps se rencontre d'ailleurs chez tous les animaux segmentés (2). Les segments du tronc lui-même ne se forment pas exclusivement en avant du telson; cette origine exclusive est déjà infirmée par ce que nous venons de dire de l'indépendance de la tête et des régions du corps; elle peut être transgressée même dans le tronc, tout en demeurant exacte pour l'allongement postérieur de celui-ci.

Formation des membres. — Les membres des Batraciens ont chacun pour origine un massif de cellules indifférenciées, dont il serait intéressant de déterminer exactement l'origine. Les massifs correspondant aux pattes antérieures sont situés en arrière des branchies; ceux des pattes postérieures, de chaque côté de la région dorsale. Ces massifs, en s'allongeant, forment autant de moignons dont on retrouve les traces, même chez les Batraciens Vermiformes, chez qui d'ailleurs, elles ne tardent pas à s'effacer; mais leur

(1) Houssay, *loc. cit.*, p. 194.

(2) Voir l'embryogénie des Crustacés (p. 973) et le mode scissipare de génération des Syllidiens (p. 1618) et des Naïdiens (p. 1713).

apparition indique clairement que ces Batraciens ne sont devenus apodes que par une régression des membres, et la présence chez leurs larves d'une queue rudimentaire, ainsi que celle de branchies externes chez les embryons, indiquent qu'ils descendent d'Urodèles aquatiques. Les membres antérieurs des Anoures demeurent longtemps cachés dans la cavité branchiale. De très bonne heure, la partie axiale du rudiment des pattes se différencie de la région périphérique; ses cellules s'aplatissent et forment un cordon axial, ébauche de l'humérus ou du fémur. Peu de temps après, l'extrémité du membre se divise en deux bourgeons, qui sont les rudiments du 4ᵉ et du 5ᵉ doigts (1); les choses s'arrêtent là à la patte postérieure, pour le *Proteus anguineus*, tandis qu'un 3ᵉ doigt se forme rapidement à la patte antérieure; d'ordinaire, les 3ᵉ et 2ᵉ doigts apparaissent successivement du côté ulnaire (*Amblystoma*, *Necturus*, *Triton*); le 1ᵉʳ doigt ne se forme pas dans la patte antérieure des Urodèles, qui ne possède que 4 doigts. Il est possible que ce soit là le résultat d'un avortement, car, dans les cas de régénération de la patte sectionnée, le 1ᵉʳ doigt réapparaît souvent (*Triton tæniatus*).

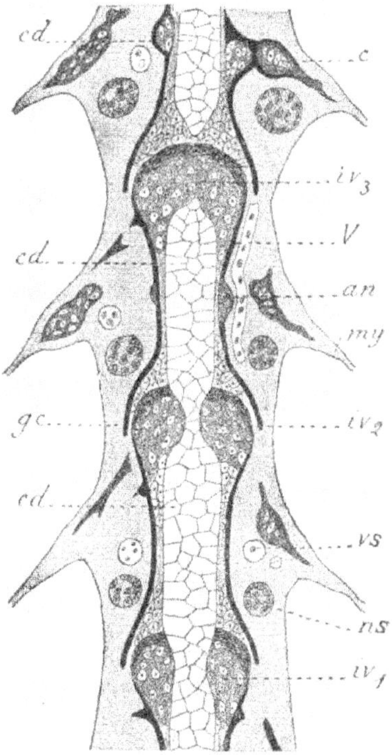

Fig. 1954. — Développement des vertèbres opisthocèles chez un Batracien (*Triton*) : — *cd*, corde dorsale; *gc*, gaine conjonctive de la corde; *V*, corps primitif de la vertèbre (amphicèle); *an*, arc neural; *iv*, pièces intercalaires à différents états de développement (en iv_1, début de formation, autour de la corde dorsale; en iv_2, la pièce intercalaire étrangle la corde en iv_3, la corde est définitivement coupée), *my*, myocommes; *ns*, coupe des nerfs rachidiens; *c*, côte; *vs*, vaisseaux sanguins (Schauinsland).

Chez les Anoures, les doigts se séparent les uns des autres par des incisions dans la partie terminale du moignon, dont l'extrémité correspond au 4ᵉ doigt. Les différentes parties du squelette des pattes se développent simultanément, aux dépens d'une ébauche primitive commune; mais les centres de différenciation des divers cartilages sont distincts avant que la forme extérieure soit achevée. Le *préhallux* est une différenciation spéciale du pied des Anoures; il a été considéré comme le rudement d'un 6ᵉ orteil; mais l'histoire paléontologique des Batraciens semble être tout à fait contraire à cette interprétation (2).

(1) Zwick. Beitr. z. Kenntniss des Baues... der Amphibiengliedmassen, *Zeitschr. f. wiss. Zool.*, t. LXIII, 1897.

(2) Brans. *Die Entwickelung der Form der Extremitäten und des Extremitätenskeletts.* Handbuch der Entwicklungslehre der Wirbelthiere, von O. Hertwig. Bd. III, 2ᵉ Heft. 1904.

Développement du crâne cartilagineux des larves. — L'étendue du crâne des larves des Batraciens est sensiblement la même que chez les Sélaciens. Les derniers nerfs qui traversent la paroi sont, en effet, les nerfs vagues. Sa paroi cartilagineuse consiste d'abord en une lame enveloppant la corde et qui se prolonge en avant pour constituer les trabécules, généralement unis entre eux en divers points. Le crâne demeure membraneux à sa base, sur une étendue assez grande chez les Urodèles, plus restreinte chez les Anoures, et il existe également une fontanelle frontale. La région ethmoïdale prend un développement plus grand que chez les Sélaciens; les capsules nasales sont même presque indépendantes chez les Pérennibranches (*Menobranchus*), et ont des parois perforées comme chez les Dipnés (1).

La réduction des arcs branchiaux chez tous les Batraciens et leur faible durée chez la plupart d'entre eux entraînent vraisemblablement, par tachygenèse, la disparition du squelette operculaire; un simple repli tégumentaire recouvre les branchies internes. L'hyomandibulaire n'ayant plus à porter aucune pièce de protection, se réduit considérablement, et sa réduction entraîne l'union directe du palato-carré avec le crâne. Ce cartilage palato-carré se prolonge en avant, chez les Anoures, en deux longues branches, qui s'unissent de nouveau au crâne dans la région préorbitaire; le cartilage a ainsi une étendue analogue à celle qu'il présente chez les Poissons; sa soudure avec le crâne à ses deux extrémités, dont l'antérieure demeure indépendante de sa congénère au lieu de s'unir à elle, constitue une disposition différente tout à la fois de ce qu'on observe chez les Sélaciens où les deux branches palato-carrées se soudent en avant et chez les Chimères où ce cartilage est tout entier confondu avec le crâne; cette disposition rappelle, au contraire, celle que l'on trouve chez les Ganoïdes osseux ou chez les Téléostéens (p. 2607). Elle est d'ailleurs particulière aux Anoures et à quelques formes d'Urodèles (*Ranodon*): chez les SALAMANDRIDÆ, le processus antérieur du palato-carré, se réduit à une apophyse triangulaire, libre en avant et qui ne dépasse pas le milieu de la longueur du crâne; l'apophyse elle-même fait complètement défaut chez les PÉRENNIBRANCHES, et le palato-carré se réduit à sa partie quadratique, servant uniquement à rattacher au crâne le cartilage mandibulaire.

Un dernier reste de l'appareil hyomandibulaire est représenté par un cartilage, auquel le nom d'*operculum* est resté, et qui se développe au-dessus d'une fente du cartilage cranien. De l'*operculum* part un processus tantôt cartilagineux, tantôt fibreux, qu'on appelle la *columelle*, tandis qu'une autre pièce, tantôt discoïdale (*Dactylethra, Pipa*), plus souvent annulaire, représentant le cartilage de l'évent des Sélaciens, apparaît dans la région acoustique, à la place du tympan. Ces trois pièces, ayant perdu leur fonction pri-

— WINTREBERT. Sur l'ordre d'apparition des orteils et le 1er développement des membres chez les Anoures. *C. R. de la Société de Biologie*, t. LIX, 1905. — SCHMALHAUSEN. *Die Entwickelung des Skeletts der hinteren extremitäten der Anuren Amphibien*, Anat. Anzeiger, t. XXXIII, 1908.

(1) PH. STÖHR. Zur Entwickelungsgeschichte des Urodelenschädels, *Zeitsch. f. w. Zoolog.* Bd. XXXIII, 1880. — ID. Zur Entwick. gesch. des Anurenschädels. *Ibid.* Bd. XXXVI, 1881. — GAUPP. Primordialcranium und Kieferbogen von *Rana fusca*, *Morph. Arbeit.*, Bd. II, 1893.

mitive, entrent, en raison de leur position même, au service de l'appareil de l'ouïe.

En avant des deux longs prolongements du palato-carré, qui atteignent la région ethmoïdale, il se développe, dans l'épaisseur de la lèvre supérieure une paire de *cartilages labiaux*, ou *cartilages rostraux*, qui se recouvrent d'un bec corné. Le cartilage de la mâchoire inférieure, dont l'articulation avec le cartilage palato-carré est reportée très en avant, prend, dans sa région moyenne, la forme d'un arc, il s'affronte avec son symétrique, et tous deux portent des dents cornées, à l'exclusion de la partie proximale du cartilage maxillaire. Ce cartilage semble avoir éprouvé une sorte de refoulement sur lui-même, qu'on a essayé d'expliquer par une poussée postérieure, provenant du développement secondaire des branchies internes; mais,

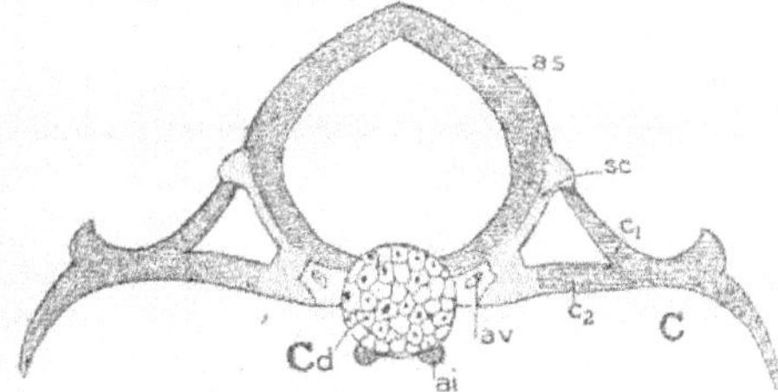

Fig. 1955. — Coupe de la colonne vertébrale (région du tronc) de *Salamandra maculosa* : — *Cd*, corde dorsale ; *as*, arcs supérieurs (neuraux); *ai*, arcs inférieurs (hémaux); *C*, côte et ses deux racines c_1, c_2; *sc*, support de la côte; *av*, artère vertébrale (GÖPPERT).

dans cette poussée, l'extrémité antérieure de la tête ne rencontrant aucun obstacle, la tête aurait dû s'éloigner simplement du tronc sans éprouver de déformation. Il est plus vraisemblable que le refoulement est dû, au contraire, à une poussée d'avant en arrière, dont la cause est simplement que, l'animal étant dépourvu de membres, sa bouche est appliquée par les mouvements de sa queue, celle-ci la poussant en avant contre les corps solides sur lesquels il broute et auxquels il peut se fixer par ses ventouses. La pression de l'animal sur ces corps explique tout à la fois la déformation du cartilage maxillaire, et, d'après les principes exposés précédemment, le développement du bec corné. Il est à remarquer d'ailleurs que la même déformation s'observe sur des Pérennibranches (*Siredon*), pour lesquels il est difficile d'invoquer une intercalation tardive des branchies internes.

Développement de la colonne vertébrale. — La colonne vertébrale des Batraciens conserve toujours dans son axe des restes de la corde dorsale. Les vertèbres se forment autour de celle-ci d'une façon différente, suivant qu'il s'agit des Vermiformes, des Urodèles ou des Anoures. Dans les premiers groupes, par une exception unique chez les Vertébrés marcheurs, elles ne possèdent pas de corps proprement dits (*vertèbre pseudocentriques* (fig. 1955); la presque totalité de la vertèbre est constituée, dans le tronc par les arcs neuraux, dans la queue par les arcs neuraux et hémaux, qui se rejoignent, se fusionnent et sont ensuite englobés dans une commune ossification. Ces arcs apparaissent, à l'état cartilagineux, au-dessus et au-dessous de la corde, dans la gaîne de laquelle pénètre leur base. Peu après se montrent en arrière de leur partie basilaire, deux paires de pièces intervertébrales; les pièces intervertébrales dorsales apparaissant les premières.

Les pièces d'une même paire s'unissent ensuite : les dorsales au-dessus de la corde, les ventrales au-dessous, formant ainsi respectivement des demi-anneaux, qui se fusionnent eux-mêmes un peu plus tard en anneaux complets. Ces anneaux intervertébraux demeurent distincts de ceux que forment les ébauches basilaires des arcs; ils formeront les *cartilages intervertébraux*. Les ébauches basilaires des arcs ventraux disparaissent dans le tronc; dans la queue, elles s'allongent vers le bas pour constituer les *hémapophyses*, qui finissent par s'unir deux à deux au-dessous des vaisseaux caudaux, formant, par leur ensemble, le canal hémal; en outre, par la calcification et l'ossification des parties latérales de la couche squelettogène, elles s'unissent aux ébauches basilaires des arcs neuraux.

Il suit de ce que nous venons de dire que les vertèbres du tronc sont exclusivement formées de pièces cartilagineuses supracordales. A mesure que l'on se rapproche de l'extrémité de la queue, les pièces cartilagineuses qui leur correspondent prennent des contours de plus en plus indécis et finissent par se confondre en une formation cartilagineuse continue, comme chez les Chimères ou les Dipnés. On doit conclure de là que c'est à ce stade très précoce de l'évolution des Poissons, que les Batraciens s'en sont séparés; et, tandis que les Poissons continuaient à évoluer dans l'eau, de manière à donner les types si variés des Poissons Osseux, les Batraciens évoluaient parallèlement sur terre, donnant naissance par des processus différents, d'une part aux Reptiles, ancêtres des Oiseaux et d'autre part, aux Mammifères.

Les vertèbres des Anoures se constituent tout autrement que celles des Urodèles. Il s'y forme aussi des ébauches cartilagineuses des arcs dorsaux (*arcualia dorsalia*), mais ces ébauches grandissent à leur base en avant et en arrière, si bien qu'elles finissent par se fusionner et par former deux bandes cartilagineuses longitudinales, symétriques, embrassant la région supérieure de la corde, surmontée métamériquement par les arcs neuraux qui demeurent séparés. Les parties des lames cartilagineuses correspondant aux intervalles des arcs dorsaux, et qui représentent elles-mêmes des *interdorsales*, s'épaississent de manière à étrangler la corde soit latéralement (*Rana*), soit obliquement de haut en bas et en dedans (*Hyla, Bufo*). Un peu après, les arcs ventraux s'ébauchant à peine, une bande cartilagineuse impaire se forme d'emblée au-dessous de la corde et présente également bientôt des épaississements médians, correspondant à ceux des bandes dorsales; c'est un mode tachygénétique de formation des *interventrales*, dont les rudiments ne tardent pas à se fusionner en un *cartilage hypocordal*. Les bords supérieurs de ces renflements s'allongent de manière à se rapprocher des cartilages dorsaux sans s'unir à eux; mais les ébauches d'interventrales et les interdorsales sont bientôt englobées en une seule masse, par suite de l'ossification de la couche squelettogène qui les enveloppe. Les interdorsales forment presque à elles seules les centres des vertèbres, qui sont, de ce fait, dites *notocentriques*.

Il peut même arriver qu'ils soient exclusivement formés par elles, la corde persistant alors au-dessous de la colonne vertébrale sous forme d'un cordon aplati et les formations cartilagineuses ventrales disparaissant d'une manière complète (AGLOSSA, *Discoglossus, Bombinator, Alytes*). La vertèbre est dite alors *épicordale*.

Le corps des vertèbres des *Pelobates*, qui sont aussi épicordales, demeure après l'ossification, indépendant du reste de la vertèbre.

En s'unissant chacun avec son symétrique, les épaississements intervertébraux constituent des disques correspondant à ceux des Urodèles, avec cette différence cependant qu'ils sont exclusivement constitués par les pièces cartilagineuses interdorsales.

Les cartilages intervertébraux des Urodèles peuvent demeurer indivis, ou se partager chacun en une masse en forme de lentille biconvexe et une capsule soudée à la partie postérieure de la vertèbre précédente et dans laquelle la lentille peut se mouvoir (fig. 1954, iv_3); les disques intervertébraux des Anoures forment aussi une masse lenticulaire qui peut se souder soit à la vertèbre qui la précède, soit, plus souvent, à celle qui la suit; c'est ainsi que prennent naissance les vertèbres *procèles* ou *opisthocèles*. La plupart des vertèbres opisthocèles sont aussi épicordales.

Dans la queue, destinée à disparaître, des têtards d'Anoures, la colonne vertébrale demeure dans un état tout à fait primitif, conformément aux règles de la tachygénèse. La corde dorsale et la moelle épinière se prolongent jusqu'à son extrémité; mais elles y sont simplement entourées d'une gaine de tissu conjonctif, sans formations cartilagineuses.

Les épaississements cartilagineux qui préparent la formation des vertèbres empiètent plus ou moins sur la corde; ils l'entourent à peine chez les *Necturus*, les *Cæcilia*, les larves (*Siredon*) d'Amblystomes; la corde persiste, en présentant des étranglements au milieu des vertèbres et des moulures de leurs extrémités chez les Urodèles; elle est complètement résorbée au niveau des cartilages intervertébraux chez les Anoures, où elle se conserve seulement sous forme d'une lentille allongée vers le milieu des vertèbres.

Les parties osseuses des vertèbres recouvrent les parties cartilagineuses que nous venons de décrire, et l'évolution des vertèbres chez les Batraciens suit assez exactement celle qui a été déjà décrite chez les Poissons, de sorte que les deux groupes semblent avoir évolué parallèlement. Effectivement, dans un premier groupe de Batraciens Stégocéphales de la période primaire, celui des LÉPOSPONDYLES, les arcs supérieurs sont bien ossifiés, et portent, outre les apophyses épineuses, deux apophyses articulaires, ou *zygapophyses*; les arcs inférieurs, également ossifiés, se relient, par une suture latérale, aux arcs supérieurs, et contribuent avec eux à former les apophyses transverses qui portent les côtes; ils forment autour de la corde un corps vertébral osseux d'une seule pièce. Chez les *Branchiosaurus*, ce corps est réduit à un faible anneau osseux et la corde conserve son diamètre dans toute son étendue. Chez les *Hylosaurus, Limnerpeton*, etc., la couche osseuse s'épaissit surtout dans sa région moyenne et la corde s'y rétrécit corrélativement; chez les *Keraterpeton* et *Urocondylus* le rétrécissement de la corde est plus accusé, et celle-ci disparaît chez les *Ophiderpeton*, dont les vertèbres sont amphicèles, comme celles des Poissons; ce processus d'ossification rappelle celui de la calcification chez les Sélaciens Cyclospondyles.

Dans un autre groupe de Stégocéphales, celui des TEMNOSPONDYLES, chaque vertèbre est composée de trois paires d'éléments : deux correspondant aux deux arcs dorsaux et à leurs pièces basilaires; une aux pièces basilaires des arcs ventraux. Ces éléments forment respectivement les arcs neuraux, le *centrum* qui les supporte, et *l'intercentrum* ou *hypocentrum*, qui porte les arcs hémaux. Si les deux pièces composant le *centrum* demeurent séparées, constituant ainsi deux *pleurocentrums*, la vertèbre est dite *rachitome* (*Archegosaurus*, *Enchirosaurus*.). Si les pleurocentrums se soudent en une seule pièce la vertèbre est *embolomère* (queue des *Diploverterbron*, *Cricotus*, etc.). Si enfin le centrum et l'hypocentrum se soudent, la vertèbre est *stéréospondyle* (DENDRERPETIDÆ, ANTHRACOSAURIDÆ, MASTODONTOSAURIDÆ) par opposition aux précédentes, dites *temnospondyles*. Les stéréospondyles étaient temnospondyles dans le jeune âge, et, dans presque toutes les familles, les larves étaient même rachitomes, sauf celles des DENDRERPETIDÆ, qui étaient embolomères. Cette famille est justement celle qui a persisté le plus longtemps, elle ne s'éteint qu'au jurassique avec les *Rhinosaurus*.

Développement de l'appareil circulatoire (1). — La métaméridation qui se manifeste chez les embryons des Batraciens par la formation des myotomes, par celle des neurotomes et par l'apparition momentanée, sur toute la longueur du tube digestif, de poches équivalentes aux poches branchiales, mais qui se résorbent au lieu d'évoluer, se poursuit dans la formation de l'appareil vasculaire. Sur l'hypoblaste, avant que les myotomes se soient séparés des plaques latérales, apparaissent de nouvelles saillies métamériquement disposées en face des myotomes (fig. 1956, p_1-p_3).

La partie médiane de ces saillies constitue *l'hypocorde* (*hc*), dont l'existence est éphémère; les parties latérales s'isolent de l'hypoblaste et constituent autant de cordons métamériques pleins, les *angiotomes*, dont les régions dorsale et ventrale sont légèrement renflées. Chaque angiotome envoie jusqu'à l'épiblaste une *file de cellules* (*Siredon pisciformis*) qui deviendra un petit *vaisseau intermétamérique* (fig. 1956 B *vi*); les files successives se dilatent dans leur région externe (*vl*), et ces dilatations se fusionnent en une ligne longitudinale continue dans laquelle se creusera le *vaisseau latéral*. Les angiotomes, d'abord indépendants, ne tardent pas à se souder eux-mêmes par leurs parties renflées dorsales et ventrales *ve*, *vsi*, qui se creusent de manière à constituer deux paires de vaisseaux symétriques, réunis entre eux, dans chaque métamère, par un *vaisseau transversal*, le *vaisseau de Mayer* (même fig., *vm*). Le vaisseau dorsal est lui-même uni au vaisseau latéral; il ne tarde pas à se dédoubler, de manière à constituer d'une part *l'aorte* (même fig., *ao*), d'autre part, la *veine cardinale*, *vc*, mais ce dédoublement n'a pas lieu dans la région préorale de la tête ; dans la région post-

(1) HOUSSAY. Études d'embryologie des Vertébrés : développement et morphologie du parablaste et de l'appareil circulatoire. *Arch. zool. exp.*, 3e série, t. I, 1883.

orale, il se fait de telle façon que le vaisseau intermétamérique demeure attaché à la veine cardinale, et le vaisseau latéral à l'aorte. Dans le tronc, l'aorte et la veine cardinale demeurent unis métamériquement par de petits *vaisseaux réunissants*. La séparation est plus précoce dans la tête que dans le tronc, où elle se produit d'avant en arrière. Le prolongement, en avant de l'hypophyse, du vaisseau dorsal qui ne se dédouble pas constitue la *carotide interne* (fig. 1958, *ci*); elle donne naissance à trois vaisseaux intermétamériques, qui se bifurquent sur l'œil : ils lui fourniront un appareil vasculaire, chaque

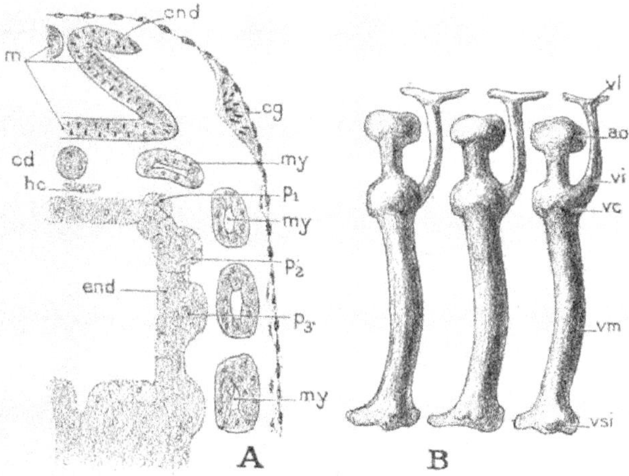

Fig. 1956. — Premiers stades du développement de l'appareil circulatoire chez l'Axolotl. — *A*. Coupe horizontale (perpend. au plan de symétrie) : *M*, moelle ; *cg*, cordon ganglionnaire latéral ; *cnd*, crête neurale ; *my*, myotomes successifs ; *cd*, corde dorsale ; *hc*, subnotocorde ou hypocorde ; p_1-p_3, saillies endodermiques, premières ébauches des angiotomes. — B. Trois angiotomes primitifs : *vm*, vaisseaux métamériques de Mayer ; *vsi*, renflements qui, en s'abouchant, formeront la veine sous-intestinale ; *ao*, *vc*, des renflements semblables qui deviendront l'aorte et la veine cardinale ; *vi*, vaisseaux intermétamériques ; *vl*, ébauches du vaisseau latéral (HOUSSAY).

branche de la bifurcation allant rejoindre une des branches du vaisseau latéral, lui-même bifurqué dans cette région. Ces trois vaisseaux portent au nombre de 10, égal à celui des myotomes, le nombre des vaisseaux intermétamériques céphaliques.

Les deux veines ventrales et les deux aortes se soudent finalement : les deux premières jusqu'au delà du cœur, de manière à constituer une *veine sous-intestinale* impaire, *vsi*, les deux secondes, en arrière des branchies, de manière à constituer une aorte également impaire, *ao*. A ce premier stade, l'appareil vasculaire est nettement métaméridé et formé de parties aussi strictement équivalentes que celles qui constituent l'appareil vasculaire d'un Ver Annelé.

L'apparition de la bouche détermine la localisation de la respiration dans les poches branchiales antérieures, qui se compliquent, à mesure que les postérieures disparaissent; elle a pour conséquence la régularisation du cours du sang d'arrière en avant dans la veine sous-intestinale. Celle-ci, d'abord contractile sur toute sa longueur, doit accomplir un travail de plus en plus intense en arrière des branchies, à mesure que celles-ci se compliquent ; la contractilité se localise en ce point dans une région qui ne tarde pas à se recourber en anse (C), sous l'influence de la poussée d'arrière en avant qui résulte de l'afflux du sang revenant de l'arrière et de la résistance qu'il

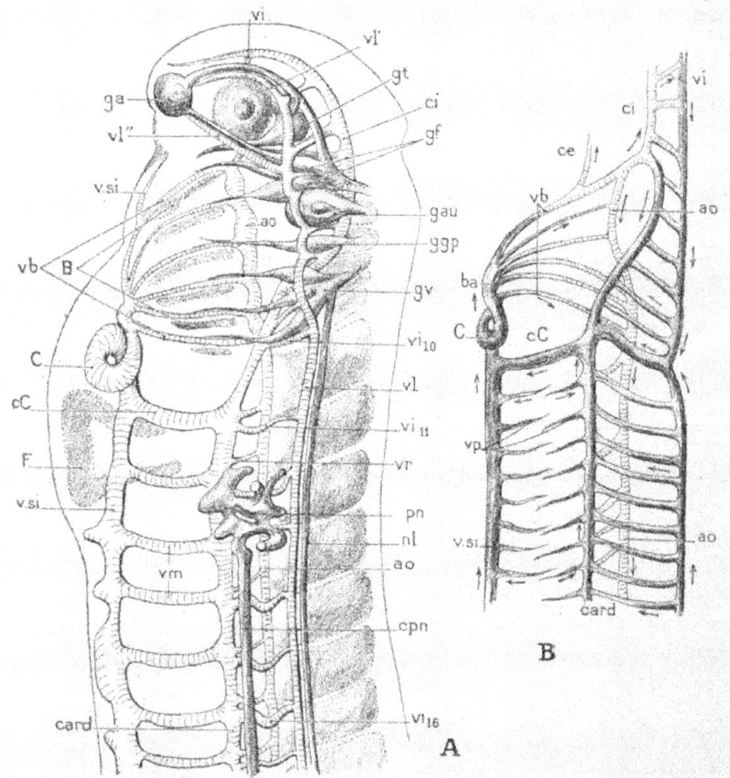

Fig. 1957.—A. Reconstitution d'un embryon d'Axolotl, à la période du pronéphros.— *C*, cœur, *v. si*, veine sous-intestinale ; *B*, les 6 fentes branchiales, *vb*, les vaisseaux branchiaux correspondants ; *ao*, aorte ; *card*, veine cardinale ; *vr*, vaisseau réunissant ; *vl*, vaisseau latéral ; *vl'*, *vl''* ses deux branches, au dessus et au-dessous de l'orbite ; vi-vi_{10}, les 10 vaisseaux intermétamériques de la tête ; vi_{11}, un des vaisseaux intermétamériques du tronc ; *pn*, pronéphros ; *cpn*, son canal ; *ga*, ganglion olfactif ; *gt*, *g*. du trijumeau ; *gf*, les deux g. du facial ; *gau*, g. auditif ; *ggp*, g. du glosso-pharyngien ; *gv*, les 3 ganglions du vague ; *nl*, nerf latéral ; *F*, foie. — B. Un stade ultérieur de l'appareil circulatoire. Mêmes lettres ; en outre : *ba*, bulbe artériel ; *ce*, carotide externe ; *vp*, veines du péritoine ; *cC*, canal de Cuvier (Houssay).

éprouve à passer dans les branchies. Houssay a expliqué ce fait par des différences de vitesse du sang dans la région dorsale et dans la région ventrale de l'aorte primitive, résultant de l'afflux du sang branchial dans le premier, du passage d'une partie du sang du second dans les vaisseaux intermétamériques.

Les vaisseaux intermétamériques disparaissent plus tard et les vaisseaux de Mayer deviennent vraisemblablement les *veines mésaraïques*. Les cardinales antérieures deviennent les veines jugulaires et la veine-cave supérieure; les cardinales postérieures deviennent les *veines azygos* et *demi-azygos*; le tronçon du canal latéral antérieur au canal de Cuvier devient la *jugulaire externe*, qui se réunit par un canal intermétamérique persistant avec la veine cave supérieure : tantôt le tronçon postérieur demeure veineux (*Siredon*), parfois il s'anastomose avec l'artère sous-clavière qui le croise (*Triton cristatus*) et devient ainsi une artère peaussière. La veine sous-intestinale persiste et contribue à la formation de la veine porte hépatique.

Nous avons décrit précédemment l'appareil circulatoire des larves d'Urodèles et des larves d'Anoures et les transformations qu'il subit, lorsque les branchies disparaissent.

Développement de l'appareil néphridien. — Le développement de l'appareil néphridien comprend, comme chez les Sélaciens, deux phases successives : 1° la formation du *pronéphros*; 2° celle du *mésonéphros*.

Le pronéphros est formé de tubules plus ou moins pelotonnés, qui s'ouvrent dans la cavité générale par des pavillons vibratiles ou *néphrostomes*. Le nombre de canalicules du pronéphros s'élève à dix chez les Vermiformes (*Ichthyophis glutinosus*) où ils sont demeurés le plus près des dispositions primitives; on en compte même 13 chez l'*Hypogeophus rostratus* (fig. 1958); mais les 5 derniers n'entrent jamais en communication avec le canal collecteur. Il n'y en a plus que trois, correspondant aux 2e, 3e et 4e myotomes, après la vésicule auditive chez la plupart des Anoures, (*Rana, Bufo*) et deux seulement, correspondant aux 3e et 4e myotomes chez les Urodèles (*Triton*); accidentellement, il s'en ajoute un 3e correspondant au 5e myotome (1); de même qu'il y en a quelquefois quatre chez les Anoures.

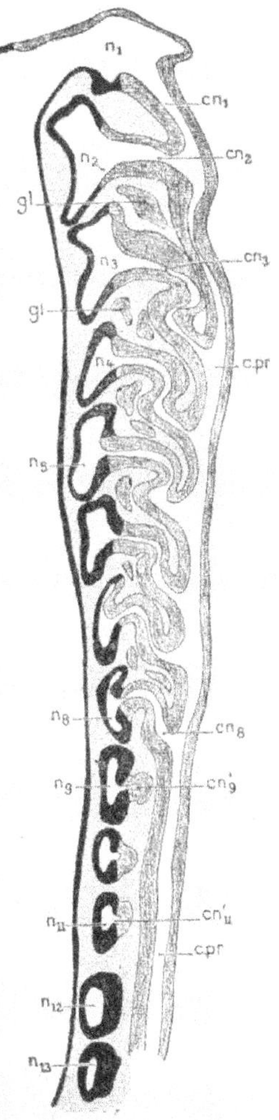

Fig. 1958. — Reconstitution du pronéphros de l'*Hypogeophis rostratus*. — n_1, 1er néphrotome, ouvert dans le cœlome; *s*, somatopleure; n_2-n_8, autres néphrotomes s'ouvrant dans le canal du pronéphros, *c. pr*, par leurs canalicules, cn_2-cn_8; n_9-n_{11}, 3 autres néphrotomes, ayant des canalicules incomplètes; cn'_{9-11}, ne s'ouvrant plus dans le canal du pronéphros; n_{12}-n_{13}, les deux derniers néphrotomes, où les canalicules ne se forment plus (BRAUER).

Le mode de développement du pronéphos et du mésonéphros confirme la parenté des Batraciens avec les Poissons primitifs et ne diffère que par des

(1) H. H. FIELD. The development of the pronephros and segmental duct in the Amphibia, *Bulletin of comparative Zoology at Harvard College*, vol. XXI, 1892. Ce mémoire contient un résumé complet des discussions auxquelles le sujet a donné lieu.

points peu importants, déterminés surtout par la tachygénèse, de ce que nous avons décrit p. 2633 pour ces Poissons. La principale différence résulte de ce que les évaginations métamériques du mésomère qui donnent naissance aux tubules du pronéphros chez les Sélaciens sont remplacées par un cordon cellulaire plein qui se développe le long des mésomères sur lesquels apparaîtront plus tard les tubes pronéphridiens. Ces modifications ne sont pas encore réalisées chez les *Ichthyophis*, auxquels s'applique presque exactement la description de la page 2633 et les dispositions figurées aux n°s 1 et 2 de la figure 1844.

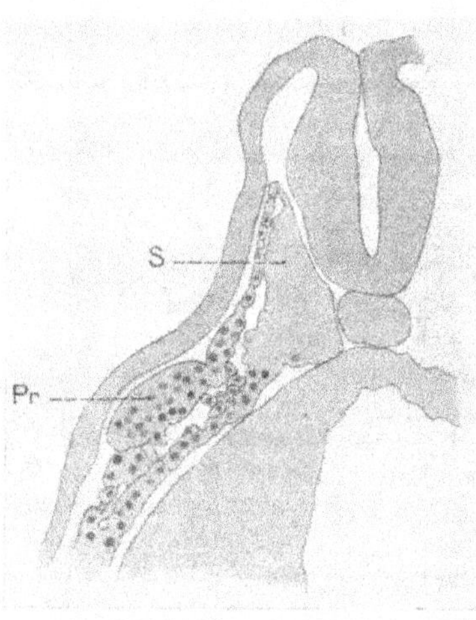

Fig. 1959. — Embryon de *Rana sylvatica*. (Coupe transversale) : *Pr*, la région du pronéphros ; *S*, scléromyotome (Field).

Chez les autres Batraciens, la première indication du pronéphros apparaît avant toute constitution des myotomes. C'est un épaississement longitudinal qui se produit dans la région correspondant aux futurs mésomères, c'est-à-dire à la zone de jonction du myotome et des plaques latérales, sur la lame externe du mésoderme (fig. 1959, *Pr*). Lorsque les myotomes se caractérisent, cet épaississement correspond chez les Anoures, aux myotomes II, III et IV. Mais à mesure que les myotomes se multiplient, l'épaississement s'étend sur eux ; il s'arrête au XIIe myotome, où il se détache de la paroi de la somatopleure pour s'ouvrir dans le cloaque, qui s'est, à son tour, constitué par une invagination exodermique. La portion de cet épaississement correspondant aux myotomes II, III et IV donne

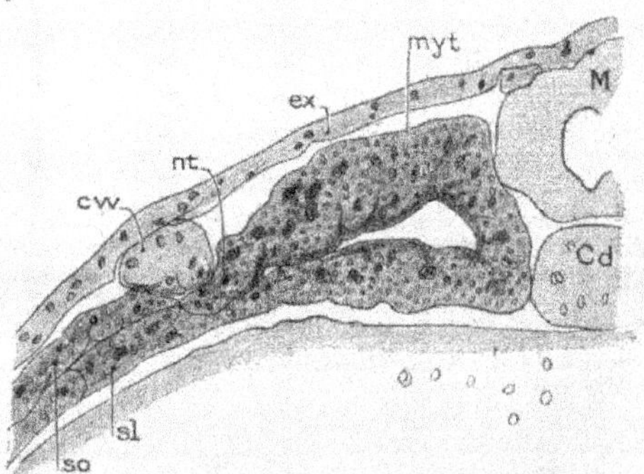

Fig. 1960. — Développement du pronéphros : *M*, moelle ; *Cd*, corde dorsale ; *ex*, exoderme ; *myt*, myotome ; *nt*, néphrostome ; *CW*, canal de Wolff ; *so*, somatopleure ; *sl*, splanchnopleure (Brauer).

naissance à la partie active du pronéphros, le reste de l'épaississement à son canal excréteur, le *canal segmentaire* ou canal collecteur. On a donc attribué à tort à ce tube une origine exodermique (Beard, Haddon, Rueckert, Boveri), ce qui aurait permis une assimilation plus étroite de l'appareil néphridien des Vertébrés avec celui des Vers Annelés; mais cet argument n'est pas nécessaire pour établir la parenté de ces deux groupes d'animaux (p. 2168).

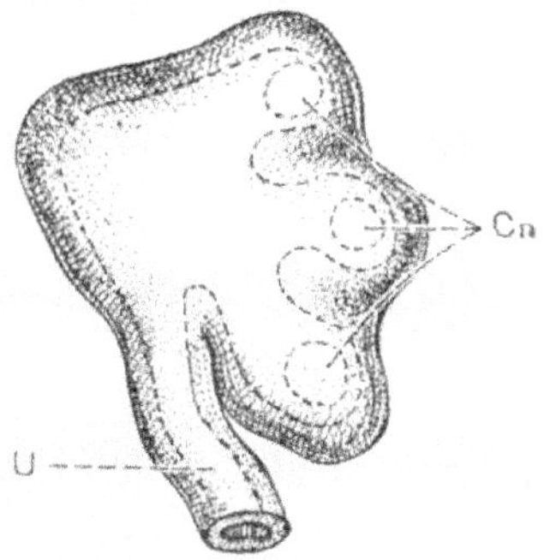

Fig. 1961. — Reconstruction du pronéphros d'un embryon de *Rana sylvatica* d'après Field. *Cn*, néphrostomes ; *U*, uretère primaire.

Lorsque le nombre des myotomes a dépassé 14, une cavité apparaît dans l'épaississement qui doit donner naissance à la partie active du pronéphros et cet épaississement se transforme ainsi, chez les Anoures, en une poche légèrement bosselée (fig. 1961); trois fentes apparaissent aussi dans la région de la paroi qui est en contact avec la somatopleure (fig. 1962); à ces fentes correspondent, sur la paroi interne de celle-ci, autant de petits enfoncements en

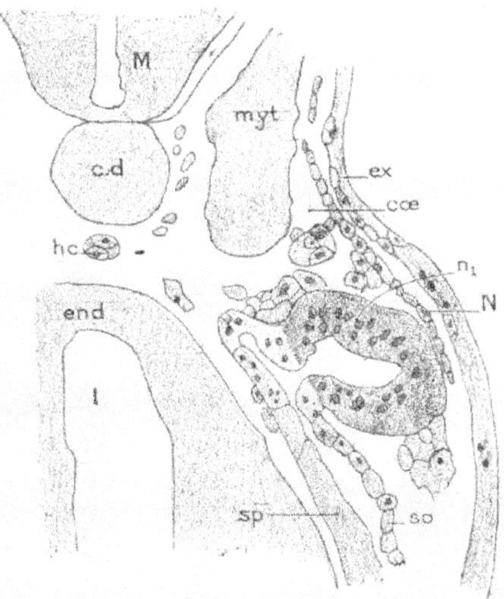

Fig. 1962. — Formation du 1er néphrostome dans un embryon de *Rana sylvatica* de 5-6 millimètres. — *ex*, exoderme; *end*, endoderme; *I*, intestin; *M*, moelle épinière; *cd*, corde dorsale; *hc*, hypochorde; *myt*, myotome; *so*, somatopleure; *sp*, splanchnopleure; *cœ*, cœlome; *N*, ébauche de la capsule pronéphrique; n_1, 1er néphrostome (Bracher).

forme d'ostioles. Les ostioles et les fentes se mettent en continuité et forment ainsi des canaux qui font communiquer la cavité de la poche pronéphridienne (en n_1) avec le cœlome; plus tard, des indentations apparaissent sur la paroi de la poche qui touche celle du cœlome et il se constitue ainsi trois tubes, qui se substituent à la poche, à mesure que les indentations deviennent plus profondes. Les *tubules pronéphridiens* sont dès lors constitués; ils se forment directement chez les Urodèles (*Siredon*). Ces tubules (fig. 1963, n_1-n_3) demeurent en communication par un canal ou *tronc*

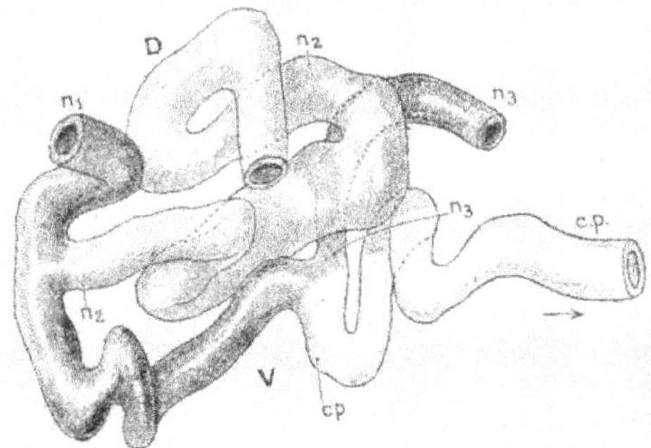

Fig. 1963. — Pronéphros de *Rana sylvatica*, montrant les circonvolutions des 3 tubules pronéphridiens n_1, n_2, n_3; *cp*, canal commun du pronéphros (FIELD).

commun qui se continue lui-même avec le canal segmentaire (*cp*). Les tubules et le tronc commun s'allongent, deviennent extrêmement flexueux et forment ensemble un peloton que ne tarde pas à envelopper une capsule, dont les éléments sont fournis par la couche des cellules mésenchymateuses : celles-ci

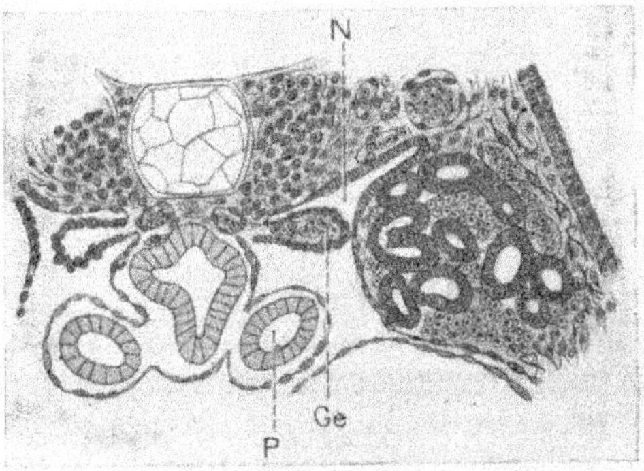

Fig. 1964. — Larve d'Amphibien. Coupe transversale du pronéphros (d'après FURBRINGER) : *G*, Glomus; *N*, néphrostome interne ; *P*, poumons.

forment, autour des myotomes, une sorte de mince épithélium, duquel peuvent se détacher des cellules migratrices : elles formeront le *mésenchyme*, dans lequel se creuseront les vaisseaux et, aux dépens des cellules qui y sont demeurées libres, les globules du sang.

Un repli de la splanchnopleure situé un peu au-dessous de son bord dorsal, en face du peloton des tubules pronéphridiens, est la première indication du *glomus* (fig. 1964). Il apparaît chez des embryons à 14-17 myotomes, possédant les rudiments de quatre paires de branchies, et s'étend du premier au troisième néphrotome environ; il contient au début quelques cellules migratrices; mais sa structure devient rapidement compacte; il fait saillie dans la cavité péritonéale et il est formé essentiellement par un massif de cellules, dont les limites sont difficiles à distinguer. Entre ce massif et la paroi de la cavité péritonéale, on observe des cellules allongées, renflées dans leur région moyenne, qui ressemblent assez à des cellules analogues que contient l'aorte, pour qu'on puisse les considérer comme des corpuscules sanguins embryonnaires, ce qui donnerait au glomus la signification d'un sinus sanguin. L'aorte passe d'ailleurs au voisinage du glomus et lui envoie de fins rameaux, ainsi qu'un vaisseau courant entre l'endoderme et la splanchnopleure. Plus tard, l'espace compris entre la masse compacte des cellules et la paroi péritonéale s'emplit d'un tissu conjonctif lâche, dont les mailles, qui sont parfois endiguées comme des vaisseaux, contiennent de vrais corpuscules sanguins. Ce système sanguin est moins développé chez le Crapaud que chez la Grenouille. La veine cardinale postérieure, encore mal délimitée, accompagne sur toute sa longueur le canal du pronéphros et forme sous celui-ci un large sinus ventral. En avant, le pronéphros est en rapport avec deux veines, l'une ventrale, continuation de la veine cardinale, qui aboutit à l'ébauche du canal de Cuvier, en avant du pronéphros, l'autre dorsale, qui se met en rapport avec la précédente par les sinus intertubulaires; c'est probablement la jugulaire interne.

L'organisation du pronéphros de l'*Hylodes martinicensis*, dont le développement s'accomplit hors de l'eau et dont les jeunes naissent avec leur forme définitive, est assez différente de celle des autres Anoures. Les deux organes ne sont pas symétriques l'un par rapport à l'autre. Le tronc commun ne se contourne pas, mais se dilate en culs-de-sac irréguliers, avant d'aboutir au canal segmentaire.

Le développemement du pronéphros des Urodèles (*Siredon*) diffère peu de celui des Anoures. Seulement, l'épaississement pronéphridien du mésomère ne comprend que deux ou trois cellules d'épaisseur; la poche pronéphridienne est plus irrégulière (Houssay) et moins développée, et la formation des cavités des tubules est assez précoce pour qu'on ait pu se demander si les tubules n'étaient pas des invaginations de la somatopleure; le cloaque est en forme de T et les branchies latérales reçoivent les canaux segmentaires au niveau des somites XX ou XXI.

L'existence du pronéphros n'est que temporaire; il se résorbe peu à peu et est remplacé par le *mésonéphros*, qui, chez les Batraciens, demeure permanent comme chez les Poissons, tandis que chez les Vertébrés définitivement aériens, il est lui-même remplacé par le métanéphros. Le mésonéphros est composé, lui aussi, de tubules plus ou moins pelotonnés, s'ouvrant par un pavillon vibratile dans la cavité générale et accompagnés de glomérules vasculaires qui représentent le *glomus* du pronéphros. Mais, en général, ces tubules qui apparaissent à quelques myotomes de distance des tubules du pronéphros ne sont plus égaux en nombre aux myotomes; il s'en forme plusieurs pour chacun de ces derniers, de sorte que la disposition métamérique primitive est masquée.

Comme le pronéphros, le mésonéphros dérive de la région mésomérique du mésoderme (1), mais il ne se différencie qu'au moment où la splanchnopleure et la somatopleure se sont réunies pour préparer la séparation des myotomes des plaques latérales, et c'est dans la région où ces deux lames se soudent qu'il fait son apparition. Un canal existe en ce point chez les *Ichthyophis*, comme chez les Sélaciens; il ne se forme que plus tard chez l'Axolotl.

Les rudiments des tubules mésonéphriques primaires que nous appellerons *néphroblastes primaires* se développent sensiblement de la même façon chez les *Ichthyophis* et chez les *Pristiurus* (p. 2.635). Chez les Axolotls, les néphroblastes primaires naissent aussi des mésomères, mais ici le mésomère, au moment où il se détache de l'épimère, n'est pas encore creusé de la cavité qu'on observe chez les *Ichthyophis* et les *Pristiurus*; elle n'apparait que lorsque le néphroblaste s'est détaché. Les néphroblastes primaires sont constitués par de petites masses de cellules, qui se détachent de la portion postérieure des mésomères à partir du 9e segment jusqu'à l'extrémité du canal segmentaire; ils forment deux séries dans l'une desquelles ces néphroblastes sont métamériquement disposés.

Il résulte de l'apparition précoce des néphroblastes de second ordre que ceux-ci, au lieu d'être formés par bourgeonnement de néphroblastes de 1er ordre comme chez les *Ichthyophis*, naissent directement des mésomères, par tachygénèse; il en est de même des néphroblastes des 3e et 4e ordres. La métamérie primitive semble ainsi disparaître, mais la disposition nouvelle s'y rattache étroitement.

Formes larvaires. — Les Batraciens, au sortir de l'œuf, sont en général, franchement aquatiques, respirent à l'aide de branchies et sont dépourvus de pattes. Ce sont des *larves*; ces larves sont fort différentes suivant qu'il s'agit des Vermiformes, des Urodèles ou des Anoures : elles n'ont de commun que l'absence de membres et la présence de branchies, quand celles-ci n'ont pas disparu avant la naissance (p. 2839).

Parmi les Vermiformes, les larves d'*Ichthyophis* (fig. 1965) sont anguilliformes, aquatiques, blanches d'abord, puis brunes, ce qui est à rapprocher du changement de couleur des Protées suivant qu'ils demeurent à l'obscurité ou qu'ils sont exposés à la lumière. Dans l'œuf, elles présentent trois paires de branchies roses, finement pectinées, atteignant le tiers de la longueur du corps; elles coexistent (A) avec un sac vitellin postérieur que l'embryon possède encore lorsqu'il arrive, sans sortir de l'œuf, à une longueur de 7 centimètres. Lorsqu'elles commencent à régresser, une petite fente branchiale apparaît à la base de la 3e paire (B), mais il ne se développe pas de branchies internes. A l'éclosion, les branchies ont disparu; le corps se termine par une courte queue munie d'une nageoire verticale (C). De

(1) R. W. Hall. The development of the mesonephros and the mullerian ducts in Amphibia, *Bulletin of the Museum of Comparative Zoology at Harvard College*, t. XLV, 1904.

chaque côté, on compte une cinquantaine d'organes de la ligne latérale ; il y en a aussi un cercle autour des yeux et d'autres disséminés sur la tête. Après une existence aquatique qui paraît longue, la queue et ces organes s'atrophient ; l'animal acquiert ses tentacules et il quitte les eaux pour vivre

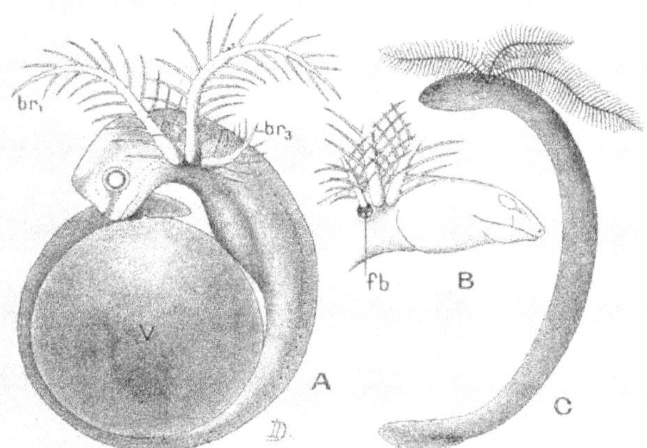

Fig. 1966. — Stades larvaires d'*Ichthyophis glutinosus*. — A, avant l'éclosion : br_1, br_3, branchies externes ; *V*, bosse vitelline. — B, après l'apparition de la fente branchiale, *fb*. — C, après l'éclosion (P. et J. SARASIN).

à la façon d'un Ver de terre ; il est promptement asphyxié, si on le rejette à l'eau.

Les choses se passent tout autrement chez les *Hypogeophis*. Les embryons acquièrent dans l'œuf quatre fentes branchiales situées : la première entre l'arc hyoïdien et le premier arc branchial, la dernière entre le 3ᵉ et le 4ᵉ arcs branchiaux ; il s'y ajoute un évent entre l'os carré et l'arc hyoïdien. En même temps que les fentes se constituent, il apparaît, sur chacun des trois premiers arcs, un bourgeon qui se développe en une branchie ; celle du 3ᵉ arc demeure rudimentaire et cachées par les précédentes (fig. 1966). Les trois paires de branchies disparaissent et les fentes branchiales se ferment avant la naissance. Les jeunes n'ayant pas de phase aquatique, il ne se développe pas de nageoire caudale larvaire.

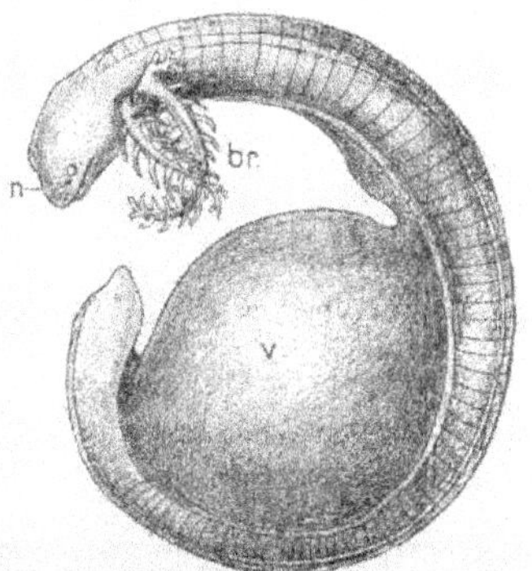

FIG. 1966. — Embryon d'*Hypogeophis rostratus* : *br*, branchies externes ; *n*, narines ; *v*, bosse vitelline (BRAUER).

Les *Typhlonectes* sont vivipares et les embryons, avant la naissance, peuvent atteindre près de 16 centimètres de long, la mère n'ayant qu'une longueur triple. Les trois paires de branchies s'unissent ici, de chaque côté, en un sac aplati en forme de raquette dans les parois duquel se ramifient les vaisseaux (fig. 1967). Les embryons, longs de 55 millimètres, n'ont pas d'organes sensitifs latéraux; mais leur peau est richement glandulaire; il est probable que les sacs branchiaux tombent, sans se résorber, avant la naissance.

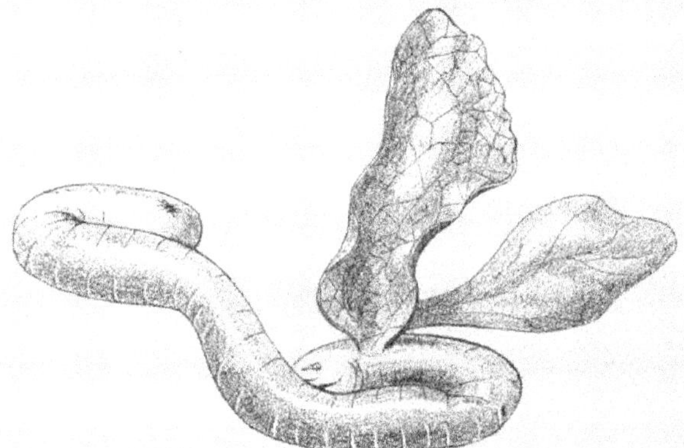

Fig. 1967. — Larve de *Typhlonectes compressi cauda* (P. et J. Sarasin).

Les larves d'Urodèles (fig. 1915, p. 2807) ne diffèrent des adultes que par la présence de branchies et l'absence de membres; les membres se développent avant la disparition des branchies, les membres antérieurs apparaissant les premiers. Nous avons vu, page 2839, que les divers stades larvaires pouvaient persister toute la vie et les Batraciens Vermiformes eux-mêmes semblent n'être que le résultat de la persistance de l'état larvaire apode.

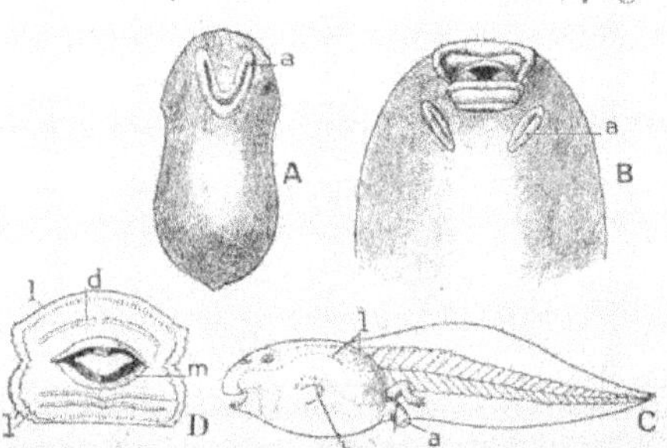

Fig. 1968. — A et B, Deux stades successifs du développement de *Bufo vulgaris* : *a*, organe cémentaire unique chez l'embryon A, se divisant ensuite, chez la larve B, en deux parties. — C, Têtard de *Pelobates fuscus* : *a*, l'anus médian; *b*, le spiracle unique, placé sur le côté gauche et dirigé en haut et en arrière; *l*, organes de la ligne latérale. — D, Bouche d'un têtard de *Bufo vulgaris* : *l*, *l'*, lèvres supérieure et inférieure avec des rangées de papilles; *d*, rangées de dents; *m*, les mâchoires cornées entourant la bouche.

Bien différentes sont les larves d'Anoures (fig. 1968). Elles sont essentiellement caractérisées par le grand développement qu'acquiert de bonne heure la partie du corps qui doit persister toute la vie, relativement à la queue qui doit disparaître; le nom de *têtard* donné à ces larves a été inspiré par cette disproportion, le corps tout entier étant pris pour la tête.

En même temps que cette région du corps a subi les effets de la tachygénèse, elle a été également affectée de diverses façons par l'armogénèse, et les têtards présentent ainsi des caractères temporaires d'adaptation qui disparaissent au moment de la métamorphose. Avant la formation de la bouche et de la queue, il se développe, en général, en arrière de la région où la première apparaîtra, un double repli en forme de croissant à concavité dirigée en avant. Les cornes de ce croissant se séparent de sa partie médiane et forment ainsi deux disques elliptiques, symétriques, qui demeurent en arrière de la bouche (*Bufo*, *Rana*), s'avancent sur ses côtés (*Hyla*) ou reculent au contraire et peuvent se réunir de nouveau (*Bombinator*, *Discoglossus*). Ces organes sont essentiellement glandulaires et constituent un *appareil adhésif* (B, *a*), produisant une sécrétion qui permet aux jeunes larves de se fixer soit aux coques vides des œufs, soit aux plantes aquatiques (1). Ils disparaissent vers l'époque où les branchies et la queue deviennent fonctionnelles, ou quelquefois se transforment en un disque ventral compliqué (*Rana cavitympanum*, *natatrix* et *Whiteheadi* de Bornéo, *R. jerboa* de Java, *R. afghana* de l'Himalaya) (2). Ces têtards sont pourvus d'un tube respiratoire s'ouvrant un peu en avant de la base de la queue, de sorte qu'il demeure libre lorsque l'animal se fixe par son disque ventral.

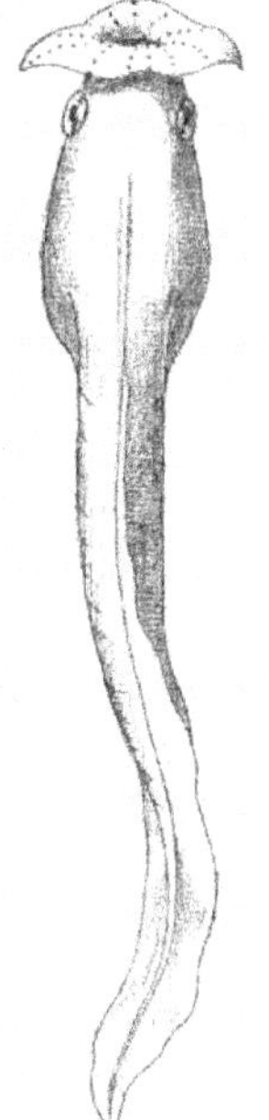

Fig. 1969. — Têtard de *Megalophrys montana*, avec sa bouche en entonnoir (Gadow).

Quelque temps après la naissance (un ou deux jours chez la *Rana temporaria*), au-dessus de l'organe adhésif, apparaît une fossette peu profonde, qui prend la forme d'un losange au centre duquel se forme la bouche, tandis que les mâchoires se constituent dans la région de ses sommets médians et s'entourent d'un repli épidermique. Sur ce repli se trouvent des sillons transversaux entre lesquels se développent diverses papilles et, vers le 10e jour, des rangées de dents cornées (fig. 1968 D), serrées les unes contre les autres, recourbées en griffe aiguë, denticulée et dont chacune se développe aux dépens d'une cellule. Ces dents sont caduques, mais rapidement renouvelées, celles qui se développent sur le tégument des mâchoires sont très serrées, non denticulées et constituent le *bec*; l'animal use de ce bec comme d'une râpe, tandis que ses autres dents lui servent à accrocher et à fixer sa nourriture. Le nombre de ces dents est toujours considérable; on en compte 560 chez l'*Hyla arborea*, 640 chez la *Rana temporaria*, plus de 1.100 chez le *Pelobates fuscus*. Elles recouvrent chez le *Borborocœtes tæniatus* des espèces de cloches dont la disposition rappelle celle des sonnettes d'un Crotale. Chez le têtard de la *Megalophrys montana* (fig. 1969), les lèvres s'épanouissent en une large membrane formant une sorte d'entonnoir, qui, en s'épanouissant, permet à l'animal de se tenir verticalement ou de ramper sous les feuilles des plantes aquatiques, ou même sous la lame limitante de la surface; la surface supérieure de cette membrane est gar-

(1) Ce sont des organes adhésifs analogues, qui ont déterminé la fixation définitive des Cirripèdes et des Tuniciers et les transformations qui en ont été la conséquence.

(2) Toutes ces espèces ont les doigts fortement palmés et élargis en disque à leur extrémité.

nie de dents. Le tube digestif est très long et enroulé en une spirale très régulière; l'anus s'ouvre soit à l'extrémité d'un tube saillant en avant de la queue, soit sur la ligne médiane (*Bufo* (fig. 1968 C, *a*), *Discoglossus*, *Pelobates*), soit un peu à droite (*Hyla*, *Rana*). Ce tube digestif subit, à la fin de la vie larvaire, une histolyse, à la suite de laquelle il est reconstruit de toutes pièces, plus large et réduit à un sixième environ de sa longueur primitive. En même temps, le régime alimentaire se modifie : le têtard se nourrissant de limon, de diatomées, de conferves, de matières animales ou végétales en décomposition, le batracien adulte ne mangeant que des proies vivantes.

Les têtards du *Xenopus* (fig. 1916) présentent un aspect tout particulier; leurs nageoires impaires s'arrêtent souvent brusquement avant d'atteindre l'extrémité de la queue et, à chacun des angles de leur bouche, est inséré un tentacule pouvant atteindre 30 μ de long, soutenu par un axe cartilagineux relié à l'ethmoïde. Ces tentacules se réduisent rapidement à l'époque de la formation des membres antérieurs. Ils sont probablement les équivalents des balanciers des larves de Vermiformes, de Tritons et d'Amblystomes (p. 2807).

La queue des têtards est constituée par un cône allongé, le long des génératrices médianes ventrale et dorsale duquel se dresse une membrane verticale translucide, la *nageoire* (fig. 1968). L'axe du cône est occupé par un prolongement volumineux, également conique, de la corde dorsale, au-dessus duquel la moelle épinière se continue sous forme d'un grêle filament, tandis qu'au-dessous se trouve l'aorte finale, à peu près de même diamètre que le filament médullaire. De chaque côté de ces organes, les muscles de la queue forment une couche puissante, recouverte par les téguments. Une cloison conjonctive médiane, qui se divise au-dessus de la moelle et au-dessous de l'aorte caudale pour les embrasser, et entoure ensuite la corde, les divise en deux moitiés symétriques; des cloisons conjonctives parallèles disposées en chevron à angle antérieur, se détachent de la cloison médiane, pour rejoindre comme elles le derme et diviser plus ou moins complètement la masse musculaire en segments. Au-dessus et au-dessous des masses musculaires, deux veines courent le long de la base de chaque nageoire.

Au moment où les pattes commencent à se développer, la hauteur des nageoires diminue peu à peu, jusqu'à se réduire à de petites crêtes saillantes qui persisteront jusqu'à la disparition de la queue. Celle-ci diminue ensuite de longueur, à mesure que se développent les pattes postérieures, et elle devient tout à fait inerte lorsqu'elle a été réduite au tiers de sa longueur primitive. On a attribué à diverses causes la disparition de la queue. Bataillon pense que, chez les Anoures, les changements profonds survenus dans l'appareil circulatoire, lors du passage de ces animaux de la vie aquatique à la vie terrestre, détermine un insuffisant apport d'oxygène dans la queue et par conséquent une asphyxie qui amène sa disparition. Mais le lien que nous venons d'indiquer entre le développement des membres et la réduction de la queue ne saurait être négligé : la substitution du saut à la marche chez les Anoures, le développement exceptionnel des membres postérieurs, qui a rendu cette substitution possible, et qui, du même coup, a amené l'inertie de la queue, aussi bien dans la locomotion terrestre que dans la natation, suffisent à expliquer, chez les Batraciens sauteurs, l'atrophie de cet organe. Les

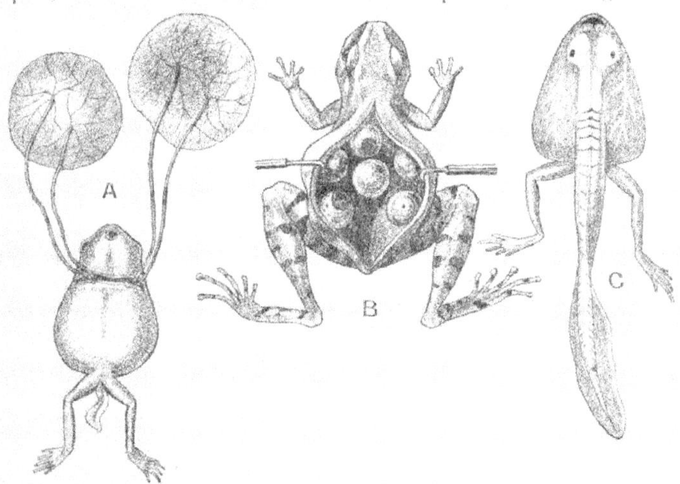

Fig. 1970. — Incubation chez les *Nototrema* et têtards qui en résultent : — A, Tetard de *Nototrema oviferum*, extrait de la poche incubatrice, montrant les plaques respiratoires : — B, *Nototrema pygmæum*, montrant les œufs dans la poche dorsale, dont la longue fente dorsale a été élargie par simple écartement des lèvres qui la bordent, pour montrer les œufs très volumineux ; — C, Tetard de *Nototrema marsupiatum*, extrait de la poche incubatrice (BRANDES SCHOENICHEN).

membres postérieurs ne peuvent acquérir la puissance et les dimensions exceptionnelles qu'exige le saut qu'à la condition de détourner vers eux, au cours de leur développement une partie importante des substances nutritives

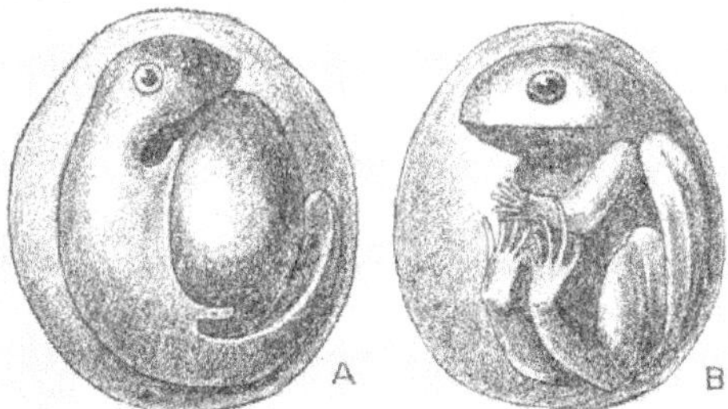

Fig. 1971. — Deux stades du développement d'*Hylodes martinicensis*, qui se fait presque entièrement dans l'œuf (PETERS).

et de dériver à leur profit une partie du sang qui s'y rendait. L'absence actuelle de toute forme intermédiaire entre les Urodèles et les Anoures ne permet malheureusement pas de suivre les étapes de l'évolution progressive des membres postérieurs et de l'évolution régressive de la queue qui l'accompagne; mais il y a là un exemple frappant de ces *balancements d'organes* sur lesquels Etienne Geoffroy Saint-Hilaire a appelé l'attention et que l'on a, après lui, trop négligés; c'est en même temps une preuve de l'influence que l'activité ou l'inertie des organes exerce, suivant le principe de Lamarck, sur leur degré de développement.

Il est à remarquer que, chez les Batraciens Anoures, les membres postérieurs qui servent à sauter et dont le développement doit être considérable, apparaissent les premiers: c'est le contraire chez les Urodèles, où, suppléés par la queue, ils sont devancés par les membres antérieurs.

Le mécanisme de la régression de la queue a été, après discussion des travaux antérieurs, précisé par A. Guieysse (1). Il consiste dans l'évolution du tissu muqueux caudal en tissu sénile, plus condensé, et dans la transformation du tissu musculaire, dont les fibres musculaires sont résorbées, en tissu inerte fibreux. Il en résulte une rétraction mécanique de tout l'organe, qui s'accompagne de la dégénérescence de la chromatine et de la mort de tous les éléments anatomiques, dont les déchets sont ensuite enlevés par les cellules migratrices, ainsi que le pigment.

Ce mode normal du développement des Anoures se modifie naturellement dans les espèces où les œufs se développent dans une cavité incubatrice.

Des expériences récentes ont établi que, s'il était possible de retarder la métamorphose, il était aussi possible de l'accélérer par l'administration de certaines substances. C'est ainsi que des têtards de Grenouille nourris de pulpe de corps thyroïde (Gudernatsch, 1912) ou de préparations iodées (Morse, 1914) commencent leur métamorphose plusieurs semaines en avance sur les individus témoins. Inversement, des têtards auxquels on a enlevé le corps thyroïde, grandissent beaucoup plus rapidement et atteignent, en un an, 70 millimètres de long, mais gardent leur aspect de têtards. On comprendra tout l'intérêt de semblables observations, si l'on remarque que chez l'Axolotl, d'après les observations de Jensen (1920), le corps thyroïde entre en dégénérescence de bonne heure.

(1) A. Guieysse. Étude de la régression de la queue chez les têtards des Batraciens Anoures. *Archives d'Anatomie microscopique*, t. VII, 1905.

CLASSIFICATION

I. — ORDRE

VERMIFORMES (APODA, GYMNOPHIONA)

Pas de membres; queue rudimentaire; mâles pourvus d'un pénis. — Batraciens vermiformes, vivant sous terre à la façon des Lombrics.

Fam. **CÆCILIIDÆ**. — Famille unique.

I. — *Des écailles cycloïdes sous la peau.*

Ichthyophis, Fitz. Yeux distincts; tentacule conique, exsertile, entouré par une fossette annulaire, situé près de la lèvre, entre les narines et les yeux; deux séries de dents à la mâchoire inférieure; squamosaux en contact avec les pariétaux. *I. glutinosus*, Inde. — *Uræotyphlus*, Peters. *Ichthyophis* à tentacule placé au-dessous de la narine, à squamosaux séparés des pariétaux. Des dents petites et nombreuses sur le palais et la mâchoire supérieure. *U. africanus*, Afrique occidentale. — *Cæcilia*, L. *Ichthyophis* à tentacule aplati, situé sous la narine et entouré d'une fossette en fer à cheval, *C. tentaculata*, Surinam. — *Hypogeophis* Peters. *Cæcilia* à tentacule situé en arrière de la narine. *H. rostratus*, Seychelles. — *Dermophis*, Peters. *Ichthyophis* à tentacule globuleux, entouré d'une fossette annulaire, situé au-dessous et en avant des bras. *D. mexicanus*, Amérique centrale. *D. Thomensis*, Afrique occidentale. — *Gymnophis*, Peters. Des écailles cycloïdes dans la peau; yeux au-dessous des os du crâne; tentacule des *Dermophis*, plus rapproché de la commissure des mâchoires que de la narine. *G. unicolor*, Cayenne. — *Herpolde*, Peters. *Gymnophis* à tentacule plus rapproché de la narine que de la commissure des mâchoires. *H. squalostoma*, Gabon.

II. — *Pas d'écailles sous la peau.*

Scolecomorphus, Boulgr. *Gymnophis* a une seule série de dents; squamosal séparé du pariétal, *S. Kirkii*. Territoire du Tanganyika. — *Boulengerula*, Tornier. *Scolecomorphus* à squamosal contigu, au pariétal; une seule série de dents à la mâchoire inférieure. *B. Boulengeri*. Territ. du Tanganyika. — *Gegenophis*, Peters. Yeux situés sous les os du crâne; deux séries de dents; tentacule situé en arrière et au-dessous de la narine, *G. carnosus*, Wynand. — *Siphonops*, Wagler. Tentacule situé en avant des yeux, plus près des yeux que de la narine; une seule série de dents. *S. annulatus*, Guyane. — *Typhlonectes*, Peters. *Siphonops* à tentacule situé derrière la narine; extrémité du corps comprimée. *T. compressicauda*, Guyane. — *Chthonerpeton*, Peters. Tentacule situé à égale distance de la narine et de l'œil; squamosaux séparés des pariétaux. *C. Petersii*, Amazone supérieure.

II. — ORDRE

URODÈLES (CAUDATA)

A l'état adulte, deux ou quatre membres et une queue.

Fam. **SIRENIDÆ**. — Branchies persistantes; pas de paupières, maxillaires absents; intermaxillaires et mandibules sans dents, vertèbres amphicèles.

Siren L. Trois fentes branchiales de chaque côté; deux pattes antérieures seulement, à quatre doigts. *S. lacertina*, S. E. États-Unis. — *Pseudobranchus*, Gray. Une seule fente branchiale de chaque côté; trois doigts. *P. striatus*, Géorgie.

FAM. **PROTEIDÆ**. — SIRENIDÆ à intermaxillaires et mandibules dentés.

Necturus, Rafin. (*Menobranchus*, Harlan). Yeux visibles; quatre doigts à tous les pieds. *N. maculatus* (*Menobr. lateralis*), Canada. — *Proteus*, Laurenti. Yeux cachés; 3 doigts; 2 orteils. *P. anguinus*, lacs souterrains de la Carniole. — *Typhlomolge*, Stejneger *Proteus* à 4 doigts, cinq orteils. *T. Rathburni*, lacs souterrains du Texas.

FAM. **AMPHIUMIDÆ**. — Branchies caduques; des maxillaires; des dents aux deux mâchoires; vertèbres amphicèles; pas de paupières.

Amphiuma Garden. Une seule fente branchiale apparente; membres très courts; 2 ou 3 doigts à tous les pieds. *A. tridactyla* (= *means*), Louisiane. — *Cryptobranchus*, Leuckart (*Menopoma* Harl.) *Amphiuma* à 4-5 doigts. *C. alleghaniensis*, affluent du Mississipi. — *Megalobatrachus*, Tschudi (*Sieboldia*, Bonaparte, *Cryptobranchus* v. d. Hœven). *Cryptobranchus* sans fente branchiale. *M. maximus* (= *Crypt. japonicus*, Japon.

FAM. **SALAMANDRIDÆ**. — AMPHIUMIDÆ pourvus de paupières.

Trib. AMBLYSTOMATINÆ. Dents palatines en séries transverses ou convergeant en arrière, insérées sur le bord postérieur ou sur la région postérieure des vomers; parasphénoïde sans dents; vertèbres amphicèles. — *Amblystoma*, Tschudi. Dents palatines formant une série transversale rectiligne, ou disposées en une série angulaire ininterrompue. Une vingtaine d'espèces américaines à évolution rapide. *A. tigrinum*; la forme larvaire, capable de reproduction, est l'*Axolotl* (*Siredon pisciformis*), des lacs du Mexique et de Californie. — *Hynobius*, Tsch. Dents palatines disposées en un V à base postérieur et à branches légèrement infléchies en arrière à leur extrémité; cinq orteils. *H. nævius*, Japon. — *Salamandrella*, Dybowsky, *Hynobius* à quatre orteils. *S. Kayserlingii*, lac Baïkal. — *Onychodactylus*, Tschudi. Branches du V des dents palatines couchées chacune en demi-cercle; doigts terminés par des ongles noirs. *O. japonicus*. — *Ranidens*, Kessler. Arcs formés par les dents palatines courts et ne se rejoignant pas sur la ligne médiane; cinq orteils. *R. sibiricus*, Sibérie orientale, Chine septentrionale. — *Batrachypenis*, Boulenger. *Ranidens*, à quatre orteils. *B. sinensis*, Chine. — *Decamptodon*, Strauch, *Ranidens* à arcs dentaires palatins longs. *D. ensatus*, Californie.

Trib. PLETHODONTINÆ. Dents palatines en séries transverses sur la portion postérieure des vomers; des plaques dentigères sur les parasphénoïdes; vertèbres amphicèles. — *Autodax* Blgr. (= *Anaides*, Baird). Langue attachée sur toute la longueur de sa ligne médiane; cinq orteils; dents maxillaires et mandibulaires peu nombreuses, très grandes, comprimées. *A. lugubris*, Amérique du Nord occidentale. — *Plethodon*, Tschudi, *Autodax* à dents normales. *P. erythronotus*, États-Unis. — *Batrachoseps*, Bonap. *Plethodon* à quatre orteils. *B. scutatus*, États-Unis. — *Spelerpes*, Rafin. Langue seulement attachée par un pédicelle central; cinq doigts. *S. ruber*, États-Unis. — *Manculus*, Cope. *Spelerpes* à quatre doigts. *M. quadridigitatus*, Caroline du Nord, Floride.

Trib. DESMOGNATHINÆ. Comme les PLETHODONTINÆ, mais vertèbres opisthocèles. — *Desmognathus*, Baird. Langue attachée le long de sa ligne médiane. *D. fuscus*, États-Unis. — *Thorius*, Cope. Langue attachée seulement par un pédicelle central; narines très grandes. *T. pennatulus*, Mexico. — *Typhlotriton* Stejn. Aveugle. *T. spelæus*, Rock-house Cave, Missouri.

Trib. SALAMANDRINÆ. Dents palatines en deux séries longitudinales, divergeant en arrière, insérées sur le bord interne de deux processus palatins qui se prolongent beaucoup postérieurement; parasphénoïdes sans dents; vertèbres opisthocèles. — *Pachytriton*, Boul. Ptérygoïdes longuement unis avec les maxillaires; arc fronto-squamosal ligamenteux en arrière; bord antérieur de la langue libre; cinq doigts. *P. brevipes*, Kiansi. — *Tylotriton*, And. Ptérygoïdes appliqués contre les maxillaires; maxillaires atteignant les carrés; arc fronto-squamosal osseux; langue petite, subcirculaire, libre sur les côtés et légèrement en arrière; cinq doigts; côtes perforant parfois la peau (*T. Andersoni* des îles Loo-Choo). *T. verrucosus*, Yunnan. — *Salamandrina*, Fitz. Maxillaires et ptérygoïdes séparés; ces derniers n'atteignant pas les carrés; arc fronto-squamosal osseux; quatre orteils; langue grande, triangulaire, fixée seulement par la moitié antérieure de sa ligne médiane. *S. perspicillata*, Italie. — *Molge*, Merrem (*Triton*, Laurenti). Maxillaires et ptérygoïdes de *Salamandrina*; un arc fronto-squamosal osseux ou ligamenteux; cinq orteils; langue libre sur les côtés, adhérente ou plus ou moins libre en arrière ; — S.-g. *Molge*, Merrem. Mâles avec une crête dorsale; langue libre sur ses bords seulement, pas d'arc fronto-squamosal. *M. cristata*, Fr. *M. Blasii*, Bretagne. *M. marmorata*. — S.-g. *Triton*, Laur. *Molge* avec un arc fronto-squamosal ligamenteux. *T. alpestris*, France; *T. vulgaris*, Fr. sept. — S.-g. *Lissotriton*, Bell. *Triton* à arc fronto-squamosal osseux.

L. palmatus, France. — S.-g. *Euproctus*, Bon. Mâle sans crête dorsale ; arc fronto-squamosal osseux ; côtes normales. *E. Boscæ*, Espagne, Portugal. — S.-g. *Megapterna*, Savi. *Euproctus* à arc fronto-squamosal ligamenteux. *M. montana*, Corse. — S.-g. *Pleurodeles*, Mich. *Euproctus* à côtes très longues, pointues et perforant fréquemment la peau ; dents palatines commençant en avant de la ligne des narines internes. *P. Waltlii*, Portugal. Espagne. — *Chioglossa*, Bocage, *Molge* sans arc fronto-squamosal, à moitié postérieure de la langue libre ; cinq doigts ; queue comprimée à son extrémité. *C. lusitanica*, Espagne, Portugal. — *Salamandra*, Laurillard. *Chioglossa* à langue adhérente ou à peine libre en arrière ; à queue arrondie dans toute sa longueur. *S. maculosa*, France. *S. atra*, vivipare, Alpes.

III. — ORDRE

ANOURES (ANURA, ECAUDATA)

A l'état adulte, quatre membres et point de queue.

Div. I. **AGLOSSA**. — *Point de langue ; vertèbres opisthocèles ; diapophyses sacrées dilatées ; des côtes. Trompes d'Eustache s'unissant, pour s'ouvrir par un orifice commun dans la portion postérieure du palais ; doigts postérieurs largement palmés, sauf chez les Hymenochirus.*

Fam. **PIDADIDÆ**. — Famille unique. — *Pipa*, Laurenti. Point de dents, doigts antérieurs entièrement libres, terminés par une membrane étoilée. *P. americana*, Guyane. — *Hymenochirus*. Point de dents ; doigts des quatre pieds à demi-palmés ; les trois orteils internes munis de petits ongles noirs. *H. Bœttgeri* Congo français. — *Xenopus*, Wagler (*Dactylethra* Cuv.). Des dents à la mâchoire supérieure ; doigts antérieurs libres. *X. lævis*, Afrique australe.

Div. II. **PHANEROGLOSSA**. — *Langue bien développée.*

A) Arcifera. — Les deux moitiés de la ceinture scapulaire chevauchent l'une sur l'autre à la face ventrale.

Fam. **DISCOGLOSSIDÆ**. — Phalanges terminales non en forme de griffes. Langue discoïdale, arrondie, adhérente par presque toute sa surface inférieure, non protractile ; mâchoire supérieure et vomer pourvus de dents ; des côtes.

Discoglossus, Otth. Peau lisse ; tympan caché par la peau. *D. pictus*, Corse ; Algérie. — *Bombinator*, Wagl. Peau finement verruqueuse ; pas de tympan. *B. pachypus*, Europe. — *Alytes*, Wagl. Tympan visible ; pupille verticale. *A. obstetricans*, France. — *Ascaphus*, Stejneger. Tympan non visible ; sternum constitué par une étroite bande cartilagineuse ; dents vomériennes en 2 petits groupes, entre les arrière-narines ; parotoïdes bien développés. *A. Traci*, Humptulips, Washington.

Fam. **PELOBATIDÆ**. — Diffèrent des Discoglossidæ par leur langue ovale, libre en arrière et protractile ; pupille verticale.

Pelobates, Wagl. Orteils très largement palmés ; pas de tympan ; une baguette osseuse dans le sternum. *P. fuscus*, Europe centrale. — *Scaphiopus*, Holbr. Un tympan plus ou moins caché sous la peau ; un sac vocal ; sternum entièrement cartilagineux. *S. multiplicatus*, Mexico. — *Pelodytes* (Fitz.) Bonap. Orteils presque libres ; membres postérieurs allongés ; corps finement verruqueux ; vertèbres procèles, les vertèbres sacrées s'articulant par un seul condyle avec le coccyx. *B. punctatus*, France. — *Batrachopsis*, Boul. *Pelobates* à vertèbres sacrées s'articulant par deux condyles avec le coccyx. — *Leptobrachium*, Tschudi, *Batrachopsis* à pupille verticale ; langue arrondie, légèrement échancrée en arrière ; dents vomériennes quelquefois absentes ; tympan indistinct ; tarse avec un tubercule arrondi ; omosternum petit, cartilagineux. *L. carinense*, atteint 18 centimètres de long ; mange des rats. Karen Hills. — *Megalophrys* Ruhl. Vertèbres opisthocèles. *M. montana*, Malaisie. — *Asterophrys*, Tschudi. *Megalophrys* à langue entièrement adhérente, à orteils non palmés. *A. turpicola*, Nouv. Guinée. — *Ophryophryne*, Blgr. Bouche petite, sans dents ; tympan apparent ; diapophyses sacrées très développées. *O. microstoma*, Tonkin.

Fam. **BUFONIDÆ**. — Diffèrent des précédents par l'absence de dents aux deux mâchoires.

Notaden, Günther. Tympan invisible; pupille se contractant en forme de fente horizontale, doigts et orteils non dilatés, des dents vomériennes; omo- et métasternum rudimentaires. *N. Benetti*, Australie orientale. — *Pseudophryne*, Fitz. *Notaden* sans dents vomériennes, sans omosternum, à métasternum cartilagineux. *P. australis*, Australie. — *Engystomops*, Espada. Pupille se contractant en fente horizontale; doigts et orteils légèrement renflés; omosternum étroit et cartilagineux; une baguette osseuse dans le métasternum. *E. Petersi*, Amérique centrale. — *Nectophryne*, Buchh. et Peters. Pupille des précédents; doigts et orteils palmés, terminés en un disque adhésif et parfois avec plusieurs saillies lamellaires ou en forme de coussinet; point de tympan, point d'omosternum; métasternum cartilagineux. *N. afra*, Cameroun. — *Nectes*, Cope. Doigts libres; orteils palmés; phalanges terminales simples; un tympan; le reste comme *Nectophryne*. *N. subasper*, Java, dépasse 18 centimètres. — *Bufo*, Laur. Doigts libres; orteils incomplètement palmés; leur extrémité simple ou à peine discoïde; pupille en fente horizontale; langue piriforme, élargie en avant, libre et entière en arrière, protractile; omosternum nul ou rudimentaire; métasternum parfois ossifié dans sa région moyenne; peau verruqueuse contenant des glandes à venin. *B. vulgaris*, *B. viridis*, *B. calamita*, France. — *Myobatrachus*, Schleg. Pupille verticale; point de dents vomériennes; phalanges terminales simples et pointues; un tympan; pas d'omosternum; métasternum calcifié dans sa région médiane. *M. Gouldi*, Australie. — *Rhinophrynus*, Dum. et Bibr. *Myobatrachus* sans tympan, à métasternum rudimentaire. *R. dorsalis*, Mexique. — *Cophophryne*, Boulenger. *Rhinophrynus*, ayant un omosternum et un métasternum avec une baguette médiane ossifiée. *C. sikkimensis* Himalaya. — *Atelophryne*, Blgr. *Bufo* à 3e et 4e doigts et orteils rudimentaires, le 5e orteil absent; une légère palmure entre les orteils. *A. minuta*, Fernando-Po.

Fam. **HYLIDÆ**. — Phalanges terminales en forme de griffe, renflées à la base et soutenant un coussinet adhésif, arrondi.

Trib. Hylinæ. — Mâchoire inférieure sans dents. — *Hyla*, Laurillard. Pupille en fente horizontale; coussinets adhésifs et doigts très grands; des dents vomériennes; pas de poche dorsale chez la femelle. *H. arborea* (Rainette), Europe. *H. vasta*, Haïti, atteint 15 centimètres de long. — *Nototrema*, Günther. *Hyla* à femelles munies d'une poche dorsale. *N. marsupiatum*, Amérique du sud. — *Hylella*, Rheinard et Lutken. *Hyla*, sans dents vomériennes. *H. tenera*, Brésil. — *Chorophilus*, Baird. Pupille horizontale; disques adhésifs, très petits; langue libre en arrière; tympan distinct. *C. cuzeanus*, Pérou. *C. ocularis*, Caroline du Sud, n'atteint pas 3 centimètres. — *Acris*, Dum. et Bibron. *Chorophilus* sans tympan. *A. gryllus*, Amérique septentrionale. — *Thoropa*, Cope. Pupille horizontale; extrémités des doigts simplement renflées, sans disque adhésif. *T. miliaris*, Brésil. — *Phyllomedusa*, Wagl. Pupille verticale; langue très libre en arrière; pouces opposables aux quatre membres; tous les doigts terminés par de grands disques adhésifs. *P. Jheringi*, Brésil. — *Agalychnis*, Cope, *Phyllomedusa* à pouces non opposables. *A. Moreletii*. Amérique centrale. — *Nyctimantis*, Blgr. *Agalychnis* à langue discoïdale, entièrement adhérente. *N. rugiceps*, Amérique équatoriale. — *Triprion*, Cope. Tête prolongée en museau aplati; des dents en rangée longitudinale, sur le parasphénoïde; de grands disques adhésifs. *T. petasatus*, Yucatan. — *Diaglenia* Cope. *Triprion* avec une rangée transversale de dents palatines outre les dents vomériennes. *D. petasata*, Mexique. — *Corythomantis*, Boulg. *Diaglena* sans dents sur le parasphénoïde; pupille en losange. *C. Greeningi*, Brésil. — *Pternohyla*, Boulng. *Corythomantis* sans disques adhésifs. *P. fodiens*, Mexique.

Trib. Amphignathodontinæ. Des dents aux deux mâchoires. — Genre unique : *Amphignathodon*, Boulenger. *A. Güntheri*, Équateur.

Fam **CYSTIGNATHIDÆ**. — Phanéroglosses à arcs scapulaires chevauchant sur la face ventrale, mais à diapophyses sacrées cylindriques; phalanges terminales ordinairement non en forme de griffe.

Trib. Hemiphractinæ. — Des dents sur les deux mâchoires et les palatins; langue légèrement libre en arrière; tympan distinct. — *Hemiphractus*, Wagl. Tête grande, en forme de casque; face supérieure des os du crâne sculptée, l'ossification ayant envahi la peau; orbites complètes : phalanges terminales simples; langue petite, arrondie; des dents vomériennes. *H. scutatus*, Colombie. — *Ceratohyla*, Espada. Tête de même, mais prolongée en un long museau bifide et portant parfois deux cornes; des disques adhésifs aux doigts. *C. bubalus*, Equateur. — *Amphodus*, Peters. Des dents sur les parasphénoïdes, non sur le vomer; langue cordiforme, libre en arrière; tête peu sculptée. *A. Wucheri*, Bahia.

Trib. Cystignathinæ. Des dents à la mâchoire supérieure seulement. — *Centrolene*, Espada. Pupille en forme de fente horizontale; tympan visible: doigts terminés par de grands disques soutenus par l'extrémité des phalanges en forme d'Y: pas d'omosternum; métasternum sans manubrium étroit. *C. geckoideum*, Équateur. — *Elosia*, Tschudi. Fente pupillaire horizontale; des disques digitaux soutenus par les phalanges terminales en forme de T, et présentant une fossette dorsale; des dents vomériennes. *E. bufonia*, Brésil. — *Syrrhopus*, Cope. *Elosia* sans dents vomériennes. *S. lutosus*. Amérique du Sud. — *Hylodes*, Fitzinger. *Elosia* à disques sans fossette. *H. martinicensis*, Martinique. — *Pseudis*, Laurillard. Pupille de même; tympan caché; disques digitaux petits ou nuls: phalanges terminales simples; 1er doigt opposable aux autres. *P. paradoxa*, S. Amérique. — *Cyclorhamphus*, Tschudi. Pupille et pièces sternales de même; point de disques terminaux: tympan caché; une grande glande aplatie de chaque côté du corps. *C. fuliginosus*, Brésil. — *Calyptocephalus*, Dum. et Bibron. *Cyclorhamphus* à tympan visible, à tête rugueuse, entièrement osseuse. *C. Gayi*, Chili. — *Telmatobius*, Wiegmann. *Cyclorhamphus* sans glandes latérales, à langue arrondie, non échancrée et libre en arrière; doigts palmés. *T. peruvianus*. Am. S. occident. — *Ceratophrys* (Boie) Wied. *Telmatobius* à langue cordiforme. *C. Boiei*, Brésil. — *Borborocœtes* Bell. *Telmatobius* à doigts libres. *B. nodosus*, Chili. — *Zachænus*, Cope. Pupille, sternum et extrémités digitales des précédents; tympan distinct: langue entièrement adhérente. *Z. parvulus*, Brésil. — *Plectromantis*, Peters. Pupille et disques digitaux des *Elosia*: tympan distinct; une baguette osseuse métasternale. *P. Wagneri*. Andes, Équateur. — *Edalorhina*, Espada. Pupilles de même. Point de disques digitaux nets; tympan distinct; une baguette métasternale. Diapophyses sacrées légèrement dilatées. *E. Perezii*, Équateur. — *Leptodactylus*, Fitzinger. *Edalorhina* à diapophyses sacrées non dilatées. *L. gracilis*, Montevideo. — *Paludicola*, Wagler. *Edalorhina* sans tympan. *P. Bibioeni*. S. Am. — *Limnomedusa*, Cope. Pupilles verticales; doigts sans disques; langue légèrement échancrée. *L. macroglossa*, Chili. — *Hylorhina*, Bell. *Limnomedusa* à doigts très longs, à langue entière, mais libre en arrière. *H. sylvatica*, Chili. — *Phanerotis*, Blgr. Pupille horizontale; phalanges terminales simples; un tympan; des dents vomériennes; omosternum rudimentaire; métasternum cartilagineux. *Ph. Flechteri*, Australie. — *Cryptotis*, Günther. *Phanerotis* à tympan caché. *C. brevis*, Australie. — *Crinia*, Tschudi. Comme les précédents; des dents vomériennes rudimentaires; un omosternum. *C. brevis*, Australie. — *Chiroleptes*, Günther. *Phanerotis*, à premier doigt opposable aux autres. *C. platycephalus*. Australie centrale. — *Mixophyes*, Günther. Pupille verticale; tympan distinct; doigts palmés; des dents vomériennes; omosternum bien développé. *M. fasciolatus*, Australie. — *Heliopórus*, Gray. *Mixophyes* à tympan caché, à métasternum à demi-ossifié. *H. albopunctatus* Australie centrale. — *Limnodynastes*, Fitzing. *Heliopórus* à doigts à peu près libres. *L. dorsalis*, Australie. — *Hyperolia*, Gray. Pupille verticale; phalanges terminales simples: pas de dents vomériennes; omosternum rudimentaire; métasternum cartilagineux. *H. marmorata*, Australie. — *Liopelma* Fitzinger. Point de tympan, ni de trompe d'Eustache; pupille triangulaire; langue légèrement libre en arrière. *L. Hochstetteri*, Nouvelle-Zélande. — *Oocormus*, Blgr. Comme les précédents. Dents vomériennes formant un chevron transversal ouvert en arrière des choanes; sternum sans stylet osseux. *O. microps*, Brésil.

Trib. Dendrophryniscinæ. Dents absentes aux deux mâchoires.

Dendrophryniscus, Espada. Langue entière, mais libre en arrière. Pas de tympan, phalanges terminales dilatées. *D. brevipollicatus*, Brésil. — *Batrachophrynus*, Peters. Pas de tympan, ni de trompe d'Eustache. Langue entièrement adhérente. Doigts, sans disques terminaux. *B. brachydactylis*, Pérou.

B) Firmisternia. — Les deux moitiés de la ceinture scapulaire s'affrontent, sans s'entrecroiser, sur la ligne médiane ventrale et sont unies par une suture solide.

Fam. **ENGYSTOMATIDÆ.** — Diapophyses sacrées dilatées; dents absentes sur la mâchoire inférieure, ou très petites et localisées sur son bord antérieur.

Trib. Genyophryninæ. Pas de dents à la mandibule supérieure; de très petites dents à la portion antérieure de la mâchoire inférieure.

Genyophryne, Blgr. Genre unique. *G. Thomsoni*, Ile Sud-Est entre la Nouvelle Guinée et l'archipel de la Louisiane.

Trib. Engystomatinæ. Point de dents à la mâchoire supérieure.

Callula, Gunth. Pupille arrondie; doigts libres, quelquefois terminés par des disques supportés par une phalange terminée en T; langue arrondie, entière, libre en arrière; os palatins formant sur le palais une crête transversale, aiguë, quelquefois dentée; deux crêtes dermiques en avant de l'œsophage; point de précoracoïde, ni d'omosternum; métasternum cartilagineux. *C. pulchra*, Inde, Indo-Chine, Ceylan. — *Cophixalus*, Bœttg. *Callula* à pupille horizontale; membres postérieurs courts et faiblement palmés; ni précoracoïdes, ni omosternum; coracoïde allongé; tympan indistinct. *C. geislerorum*, Nouvelle-Guinée. — *Callulops*, Blgr. Pupille verticale; palatins formant en travers du palais une crête anguleuse, armée d'une série de petites dents; tympan distinct, la ceinture scapulaire comme le précédent. *C. Doriæ*, Nouvelle-Guinée. — *Hypopachus*, Keferst. *Callulops* à tympan distinct et à précoracoïdes présents, bien que très faibles. *H. variolosus*, Amérique tropicale. — *Xenorhina*, Peters. *Callula* à langue allongée, ovale, avec une fossette profonde. *X. oxycephala*, Nouvelle-Guinée. — *Stereocyclops*, Cope. Pupille arrondie; sclérotique ossifiée autour de la cornée; membres très courts; des précoracoïdes; métasternum allongé au point d'entrer en contact avec le bord postérieur des coracoïdes; pas d'omosternum. *S. inossatus*, Rio-de-Janeiro. — *Rhinoderma*, Dum. et Bib. Partie antérieure de la tête prolongée en une pointe longue et étroite; omosternum et précoracoïdes présents; pupille horizontale; phalanges simples; langue cordiforme, libre en arrière. *Rh. Darwini*, Chili. — *Engystoma*, Peters. Pas de précoracoïde; pupille verticale. *E. carolinense*, États-Unis. — *Pseudohemisus*, Mocq. Coracoïdes très dilatés à leur extrémité interne; précoracoïdes grêles; diapophyses sacrées assez dilatées; phalanges courtes, terminées en pointe. *P. obscurus*, Madagascar. — *Rhombophryne*, Bœttg. Pupille horizontale; des précoracoïdes; des dents palatines. *R. testudo*. Madagascar. — *Breviceps*, Merr. Pupille horizontale; des papilles sur le palais; précoracoïdes très forts, unis par une longue et forte symphyse, que continue un long omosternum cartilagineux, et qui touche en avant celle des précoracoïdes; ceux-ci disposés transversalement et bien développés; coracoïdes étroits, très longs, convergeant en arrière, pour s'unir en une étroite symphyse; pas d'omosternum. Langue longue, ovale, légèrement libre en arrière. *B. mozambicus*. Mozambique. — *Scaphiophryne*, Blgr. Pupille horizontale; des précoracoïdes; des plis dermiques palatins. *S. marmorata*, Madagascar. — *Calophrynus*. Tschudi. Pupille et précoracoïdes de même; des plis dentelés au palais. *C. pleurostigma*, Bornéo. — *Sphenophryne* Peters et Doria. Comme *Calophryne*, mais palais lisse. *S. cornuta*, Nouvelle-Guinée. — *Liophryne*, Blgr. Diffère du *Sphenophryne* par l'absence de dents vomériennes. *L. rhombodactyla*, Nouvelle-Guinée. — *Phrynella*, Blgr. Pupille horizontale. Tous les doigts terminés en un disque, supporté par une phalange se terminant en T; les antérieurs libres; les postérieurs largement palmés; langue cordiforme, libre en arrière; palais sans dents, ni papilles; point de précoracoïdes; métasternum cartilagineux. *P. pollicaris*, presqu'île de Malacca. — *Mantophryne*, Blgr. Voisin de *Xenorhina*, mais grands yeux; allure de Grenouille. *M. lateralis*, Nouvelle-Guinée. — *Cacosternum*, Blgr. Coracoïdes allongés, mais sternum très petit; pupille horizontale; langue piriforme, libre et encochée en arrière; tympan caché; doigts et orteils libres, non dilatés. *C. nanum*, Sud de l'Afrique. — *Melanobatrachus*, Beddon. Pupille verticale. Langue elliptique. entière et libre en arrière. Palais lisse; pas de disque tympanique; doigts libres, orteils palmés, non dilatés; phalanges terminales simples. *M. indicus*, Sud-Ouest de l'Inde. — *Hemisus*, Günther. Rappellent les *Breviceps* par leur étrange ceinture scapulaire; précoracoïdes extrêmement longs, formant une large symphyse, de laquelle part un long omosternum cartilagineux; coracoïdes étroits, très longs, convergeant en arrière en une étroite symphyse, unie à la précédente par une étroite bande cartilagineuse; pas de métasternum; pupille verticale; tous les doigts libres et pointus; langue triangulaire à sommet postérieur; muqueuse buccale formant deux replis transversaux, l'un sur le palais, l'autre en avant de l'œsophage. *H. sudanense*, Afrique méridionale. — *Cacopus* Gunth. Point de précoracoïde; langue ovale; pupille verticale; narines très grandes, munies d'un opercule mobile, deux petites saillies osseuses au niveau du bord postérieur des narines et une papille en arrière. *C. systoma*. Inde. — *Microhyla*, Tschudi. Point de précoracoïde; langue elliptique, entière, libre en arrière; point de dents vomériennes; pupille verticale; orteils plus ou moins palmés. *M. ornata*, Inde. — *Glyphoglossus*, Günther. Diffèrent des *Microhyla* par leur langue marquée d'un sillon longitudinal. *G. molossus*, Birmah. — *Phrynomantis*, Peters. Pupille verticale; tous les doigts terminés en disque; point de précoracoïdes; langue échancrée en arrière. *P. bifasciata*, Afrique. — *Oreophrynella*, Blgr. Orteil interne opposable aux autres doigts (comme chez les *Phyllomedusa*); tympan absent; coracoïde et précoracoïde très forts, largement suturés l'un à l'autre et limitant un petit foramen circulaire; pas d'omosternum; sternum cartilagineux. *O. Quelchii*, Mont Roraima, entre la Guyane britannique et le Vénézuéla. — *Atelopus*, Dum. et Bibr. (= *Phryniscus* Wiegm). Pupille horizontale; tympan absent; pas d'omosternum; sternum cartilagineux; phalanges terminales simples; diapophyses sacrées modérément dilatées. *Phr. nigricans*, Paraguay.

TRIB. DYSCOPHINÆ. — Des dents à la mâchoire supérieure.

Dyscophus Grandidier. Pupille verticale; tous les doigts pointus; dents palatines en longues séries transverses; précoracoïdes ossifiés, sternum très large. *D. Antongili*, *D. insularis*,

Madagascar. — *Calluela*, Stolitska. *Dyscophus* à sternum étroit. *C. guttulata*, Burmah. — *Plethodontohyla*, Blgr. *Dyscophus* à doigts retroussés, terminés en disques, à précoracoïdes non ossifiés. *P. inguinalis*, Madagascar. — *Mantipus*, Peters. Pupille horizontale; tous les doigts libres, dilatés à l'extrémité; dents palatines en longues rangées transverses; précoracoïdes entièrement ossifiés. *M. Hildebrandtii*, Madagascar. — *Platyhyla*, Blgr. *Mantipus* à doigts palmés à leur base; précoracoïdes à demi-ossifiés. *P. verrucosa*, Madagascar. — *Phrynocara*, Peters. Différent des précédents par leurs doigts pointus et leur précoracoïde non ossifié. *P. tuberatum*, Madagascar. — *Platypelis*, Boulenger. Pupille horizontale; extrémité des doigts dilatée; deux petits groupes de dents palatines. *P. Cowani*, Madagascar. — *Caphyla*, Bœttger. *Platypelis* à un seul groupe médian de dents palatines. *C. notosticta*, Madagascar. — *Anodontohyla*, F. Muller. *Platypelis*, sans dents palatines. *A. Boulengeri*.

FAM. **RANIDÆ.** — Diffèrent des ENGYSTOMATIDÆ par leurs diapophyses sacrées cylindriques.

TRIB. CERATOBATRACHINÆ. Des dents aux deux mâchoires.

Ceratobatrachus, Blgr. Genre unique. Pupille horizontale; tympan distinct; langue largement échancrée et libre en arrière; dents de la mâchoire inférieure presque toutes insérées sur l'os articulaire; tête énorme, triangulaire; une épine courbe à l'angle des mâchoires; un lobe dermique triangulaire, à l'extrémité du museau, un autre au-dessus de chaque paupière. *C. Güntheri*. Iles Salomon.

TRIB. RANINÆ. Des dents à la mâchoire supérieure seulement.

I. — *Pupille verticale.*

a. — Des dents vomériennes.

Nannobatrachus, Blgr. De petits disques digitaux; omosternum très étroit et cartilagineux. *N. Beddonii*, Inde, Ceylan. — *Nyctibatrachus*, Blgr. De petits disques digitaux; métatarsiens externes unis par une membrane; omosternum avec une baguette osseuse. *N. pygmæus*, Inde méridionale. — *Cassina*, Girard. Doigts sans disques terminaux, présentant des phalanges supplémentaires; métatarsiens externes soudés; un stylet osseux dans l'omosternum. *C. senegalensis*, Afrique. — *Hylambates*, Duméril. *Cassina* à disques digitaux supportés par des phalanges en forme de griffe. *H. maculatus*, Afrique. — *Trichobatrachus*, Blgr. *Cassina* à doigts sans phalanges supplémentaires, palmés, à flancs couverts de villosités. *T. robustus*, Congo français. — *Gampsosteonyx*, Blgr. *Trichobatrachus* sans villosités, à doigts libres terminés par des griffes acérées, formées par l'extrémité saillante de la phalange. *G. Batesi*, Congo français. — *Nyctibates*, Blgr. Métatarsiens externes soudés; omosternum et sternum cartilagineux; phalanges terminales simples, obtuses. *N. corrugatus*, Sud du Cameroun. — *Heleophryne*, Sclater. Langue libre, arrondie en arrière; tympan non distinct; doigts libres, les orteils entièrement palmés. Extrémités des doigts et des orteils considérablement dilatées en disques réguliers. *H. Purcelli*, Sud-Africain.

b. — Point de dents vomériennes.

Megalixalus Gunth. Des disques digitaux; métatarsiens externes soudés; des phalanges supplémentaires. *M. flavomaculatus*, Afrique.

II. — *Pupille horizontale.*

a. — Des dents vomériennes.

Rana, Linné. Doigts libres; orteils palmés; métatarsiens externes unis par une membrane. *R. temporaria* (Grenouille rousse); *R. agilis*; *R. esculenta* (Grenouille verte), France. — *Rhacophorus*, Kuhl. Grenouilles à disques digitaux, à pieds plus ou moins palmés, souvent des lobes membraneux aux talons. Doigts assez longs pour que leur palmure ait été considérée comme pouvant servir de parachute. *R. pardalis* (Grenouille volante), Bornéo. — *Chiromantis*, Peters. *Rana* à longues pattes postérieures; à doigts terminés en pelote; deux d'entre eux opposables aux autres. *C. rufescens*, Afrique. *C. xerampelina*, Mozambique. — *Cornufer*, Tschudi. Métatarsiens externes soudés; une baguette osseuse dans le métasternum; des disques adhésifs terminaux, plus grands aux doigts qu'aux orteils, qui sont libres les uns et les autres. *C. Johnstoni*, Cameroun. — *Petropedetes*, Reichenow. *Cornufer* à disques adhésifs cordiformes en dessus. Mâles avec de larges glandes sous les cuisses. *P. cameronensis*, Cameroun. — *Nannophrys*. Günther. Point de baguette osseuse dans le métasternum. *N. ceylanensis*, Ceylan. — *Phrynopsis*, Pfeffer. Langue épaisse, libre, encochée en arrière; tympan distinct; métatarsiens non réunis; sternum et omosternum cartilagineux. *P. Boulengeri*, Mozambique. — *Mantidactylus*, Blgr. Doigts libres; orteils palmés; phalanges distales en forme de T; omosternum et sternum avec un stylet osseux. *M. guttulatus*, Madagascar. — *Bulua*, Blgr. Voisin de *Petropedetes*. Tympan distinct; phalanges terminales simples, obtuses; dents vomériennes en séries transversales en arrière des choanes; omosternum et sternum cartilagineux. *B. ventrimarmorata*, Cameroun.

b. — Point de dents vomériennes.

Oxyglossus, Tschudi. Langue étroite, entière; point de disques adhésifs; métatarsiens externes unis par une membrane. *O. lima*. Inde. — *Batrachylodes*, Blgr. Langue ovale, faiblement échancrée; de grands disques. *B. vertebralis*, îles Salomon. — *Phrynoderma*, Boulgr. Langue ovale, très faiblement échancrée en arrière: tympan distinct. *P. asperum*. Collines de Karin. — *Phrynobatrachus*, Günther. Langue profondément échancrée, disques petits ou nuls. *P. plicatus*, Guinée. — — *Oreobatrachus*, Blgr. *Phynobatrachus* à phalanges distales en forme de T. *O. baluensis*, Nord de Bornéo. — *Micrixalus*, Blgr. Des disques normaux, ainsi que le nombre de phalanges. — *Ixalus*. Dum. et Bib. *Micrixalus* avec une phalange surajoutée. *I. fuscus*, Inde. — *Chirixalus* Blgr. Deux doigts opposables. *C. Doriæ*, Collines de Karin. — *Arthroleptis*. Smith. Langue cordiforme; doigts et orteils grêles, libres; disques peu développés; pattes grêles et très allongées. *A. macrodactylus*, Afrique. — *Rappia*, Gunther. Langue de même; doigts plus ou moins palmés, avec disques adhésifs; des phalanges supplémentaires. *R. marmorata*, Afrique tropicale. *R. Norstockii*, Madagascar. — *Hylixalus*, Espada. Langue cordiforme; doigts à disques adhésifs portant une paire d'écailles dermiques; un stylet osseux dans l'omosternum; métasternum petit, cartilagineux ou membraneux, *H. Bocagei*. Équateur. — *Phyllobates*. *Hylixalus* à doigts libres. *P. Trinitatis*, Vénézuéla. — *Prostherapis* Cope. *Hylixalus* à langue entière. *P. inguinalis*, Colombie. — *Phyllodromus*, Espada. Diffère du précédent par son omosternum sans baguette osseuse, *P. pulchellus*. Équateur — *Colosthetus*, Cope. Diffère des précédents par l'absence d'écailles sur ses disques et par le manque d'omosternum. *C. latinosus*, Colombie.

Trib. Dendrobatinæ. — Point de dents; tous les doigts libres avec disques adhésifs; pupille horizontale; un tympan; omo- et métasternum bien développés; diapophyses sacrées cylindriques.

Dendrobates, Wagler. Langue allongée, entière et libre en arrière; un stylet osseux dans l'omosternum. *D. tinctorius* (Le poison des glandes cutanées est utilisé pour teindre en jaune certaines parties du corps du Perroquet gris de l'Amazone) Amérique tropicale. — *Mantella*, Bigr. Langue libre, nettement tronquée en arrière. *M. madagascariensis*, Madagascar. — *Cardioglossa*, Blgr. Coloré en blanc et noir. *C. gracilis*, Gabon.

TABLE DES MATIÈRES DU SEPTIÈME FASCICULE

COULOMMIERS

IMPRIMERIE ERNEST DESSAINT

www.ingramcontent.com/pod-product-compliance
Ingram Content Group UK Ltd.
Pitfield, Milton Keynes, MK11 3LW, UK
UKHW022110260726
13993UKWH00001B/421